中 等 职 业 教 育 国 家 规 划 教 材
全国中等职业教育教材审定委员会审定
全国建设行业中等职业教育推荐教材

建筑装饰制图基础

（建筑装饰专业）

主编　谭伟建
审稿　叶桢翔　吕宝宽

中国建筑工业出版社

图书在版编目（CIP）数据

建筑装饰制图基础/谭伟建主编．—北京：中国建筑工业出版社，2003（2020.12重印）
中等职业教育国家规划教材．建筑装饰专业
ISBN 978-7-112-05397-1

Ⅰ．建…　Ⅱ．谭…　Ⅲ．建筑制图—专业学校—教材　Ⅳ．TU204

中国版本图书馆CIP数据核字（2003）第047544号

本书为全国中等职业技术教育建筑装饰专业的推荐教材。书中主要介绍了正投影及其投影规律、平面体、曲面体、组合体、轴测图、形体剖切等基本知识及房屋建筑施工图、室内装饰施工图、室内设备施工图的识读等内容；其中施工图部分均结合实例做了详细的介绍。建筑形体的表面交线、表面展开和剖切轴测图、房屋结构施工图的识读，可根据实际需要作为选学内容。

本书不仅适用于建筑装饰专业教学，还可供建筑设计、室内设计、环境艺术等专业作为教学参考书及土木建筑工程一线施工人员自学用书。

中 等 职 业 教 育 国 家 规 划 教 材
全国中等职业教育教材审定委员会审定
全国建设行业中等职业教育推荐教材
建筑装饰制图基础
（建筑装饰专业）
主编　谭伟建
审稿　叶桢翔　吕宝宽
*
中国建筑工业出版社出版、发行（北京西郊百万庄）
各地新华书店、建筑书店经销
北京同文印刷有限责任公司印刷
*
开本：787×1092毫米　1/16　印张：17½　插页：1　字数：314千字
2003年8月第一版　2020年12月第二十次印刷
定价：**29.00**元（含习题集）
ISBN 978-7-112-05397-1
（14995）

中等职业教育国家规划教材出版说明

为了贯彻《中共中央国务院关于深化教育改革全面推进素质教育的决定》精神，落实《面向21世纪教育振兴行动计划》中提出的职业教育课程改革和教材建设规划，根据教育部关于《中等职业教育国家规划教材申报、立项及管理意见》（教职成［2001］1号）的精神，我们组织力量对实现中等职业教育培养目标和保证基本教学规格起保障作用的德育课程、文化基础课程、专业技术基础课程和80个重点建设专业主干课程的教材进行了规划和编写，从2001年秋季开学起，国家规划教材将陆续提供给各类中等职业学校选用。

国家规划教材是根据教育部最新颁布的德育课程、文化基础课程、专业技术基础课程和80个重点建设专业主干课程的教学大纲（课程教学基本要求）编写，并经全国中等职业教育教材审定委员会审定。新教材全面贯彻素质教育思想，从社会发展对高素质劳动者和中初级专门人才需要的实际出发，注重对学生的创新精神和实践能力的培养。新教材在理论体系、组织结构和阐述方法等方面均作了一些新的尝试。新教材实行一纲多本，努力为教材选用提供比较和选择，满足不同学制、不同专业和不同办学条件的教学需要。

希望各地、各部门积极推广和选用国家规划教材，并在使用过程中，注意总结经验，及时提出修改意见和建议，使之不断完善和提高。

教育部职业教育与成人教育司

2002年10月

前　　言

本书是全国建设行业中等职业教育建筑装饰专业推荐教材。

本书是在建设部制定的中职教育培养方案、中职建筑装饰类专业《建筑装饰制图基础》课程教学大纲的基础上，按照国家颁发的现行有关制图标准、规范和规定的要求编写的。

本书编写中注意到中职建筑装饰类专业的特点，从教材的通俗化、图解化和易读性出发，同时为适应不同培养方向的选用，教材编排内容在体系上作了调整，采用了模块结构，包括了理论知识基础模块、选用模块。基础模块是在课堂上讲授，选用模块则由各学校根据实际需要选择模块中的教学内容，并认真体现制图基本原理、基本知识和基本技能，满足教学的需要。

为了巩固学习内容，另编有《建筑装饰制图基础习题集》与本书配套使用。

本书由湖南省城建职业技术学院谭伟建主编，四川建筑职业技术学院张华参编。书中绪论、第一、二、三、四、五、九章由谭伟建编写，第六、七、八、十章由张华编写。江西省建筑工程学校寇方洲主审。受教育部委托清华大学叶桢翔、吕宝宽对文稿进行了审稿。在编写过程中，湖南城建职业技术学院高级讲师朱向军给予了大力的支持与指导，在此表示衷心的感谢。

本书编写过程中参考了一些书籍（目录列后），在此特向有关编著者表示衷心的感谢。

由于编者水平有限，教材中如有疏漏和差错之处，诚望读者指评指正。

目　录

绪　　论

在工程技术界，人们根据投影法及国家颁布的制图标准画出的图，称为工程图样，简称图样。

图样已成为工程技术上不可缺少的重要文件资料，是表达设计意图、进行技术交流和保证生产正常进行的一种特殊语言工具，也是人类智慧和语言高度发展的具体体现。因此，无论是从事工程技术工作的人员，还是生产第一线的技术工人和基层技术管理人员，都应该有学习和具备识读本专业工程图样的能力。否则，看不懂装饰工程图，不了解图纸内容和要求，工作时就会感到困难重重。中等职业学校建筑装饰工程类的学生，只有学好装饰制图课程与其他专业课，熟悉建筑装饰工程图及建筑装饰技术“语言”，并有较强的识图能力，才能胜任今后的本职工作。

一、本课程的目的和任务

《建筑装饰制图基础》是一门中等职业学校装饰工程类专业必修的课程。它是一门既有制图基础理论又有较多实践的基础技术课。本课程的内容包括：房屋建筑制图标准中有关制图基本规定的知识；投影的基本知识。其中，投影的基本知识是建筑装饰制图的理论基础，它用投影的方法在平面上表达空间形体和在平面图形上解决空间几何问题；另一方面还能培养学生的空间想像能力和读图能力。在学好投影的基础知识后，学一点形体的表达方法、读图和一般绘图方法，为学习建筑施工图、室内装饰施工图、设备施工图的识读打下基础。因此，本课程的目的是培养学生具备所必需的建筑装饰工程图的识读与绘制的基本知识和技能，为学习后续专业知识和职业技能打下基础。

本课程的主要任务为：

1. 学习平行投影表示空间形体的图示方法，包括正投影法、轴测投影法等方法，其中掌握正投影法为主要任务。

2. 贯彻《房屋建筑制图统一标准》（GB/T 50001—2001）等六项国家标准和建筑装饰制图的一般规定，培养学生在读图或绘图时正确掌握有关制图标准的能力。

3. 培养学生掌握建筑装饰形体的表达方法，有较强的读图能力和一般绘图能力。

4. 培养学生的空间想像能力和审美能力，使其初步具备分析问题、解决问题的能力。

5. 培养学生认真负责的工作态度和一丝不苟的工作作风，将良好的全面素质培养和思想品德培养贯穿于教学全过程。

二、本课程的学习方法

本教材内容按照模块结构编写，分为基础模块和选用模块。基础模块的内容是在课堂上讲授的知识；选用模块则由各学校根据实际需要有选择地组织教学。学习时应注意以下几点：

1. 要明确学习目的，端正学习态度，振奋精神，刻苦认真，锲而不舍，才能继续前进。

2. 学习制图，首先要熟悉制图标准中的一般规定，有些内容必须强记，如线型的名称和用途、比例和尺寸标注的规定、各种图用符号的表示内容、各种图例以及各类构、配件的图示规定等。

3. 制图课程特点之一是系统性和实践性很强，务必要按规定完成一定数量的制图作业，从易到难循序渐进。做作业时一定要认真，切莫粗枝大叶，马虎潦草。

4. 做作业时，要独立思考。可借助于一些模型，加强图、物对照得到感性认识，有时可绘制轴测图来帮助读投影图，并按照投影规律加以分析，想像投影图与空间形体的对应关系。若遇到疑难问题或模糊不清的地方要多问老师，不可轻易放过。

5. 本课程的另一个特点是图多，教材中图文并茂，不少地方是以图助文。教师在讲课时，一般是边讲、边画、边写且以画图为主。上课时应做好记录便于课后复习，要注意讲课中的重点、难点。预习时要边看边思考以提高自学能力。只有在平时学习中多思考、多读、多画才能掌握和运用投影原理，提高空间想像能力，从而达到良好的学习效果。

6. 工程图纸是施工制作的依据，往往由于图纸上一条线或一个数字的识读差错，造成返工浪费。因此，要求从学习制图课程时开始就应严格要求自己，自觉养成耐心细致、认真负责、严谨、工整的工作态度和学习作风。

7. 适当阅读参考书，扩大视野，培养自学能力。

第一章　制图基本知识和技能

第一节　制 图 工 具 及 用 品

目前，尽管装饰工程设计、施工中所使用的施工图大多是以计算机绘制的。但在学习制图时仍然要了解和熟悉传统的制图工具和用品的性能、特点、使用方法等。

一、常用制图工具

（一）图板

图板用于固定绘图纸，要求图板角边相互垂直，图板板面平滑无节。常用的图板规格有 0 号（900mm × 1200mm）、1 号（600mm × 900mm）、2 号（450mm × 600mm），绘制时应根据图纸幅面的大小来选择图板。

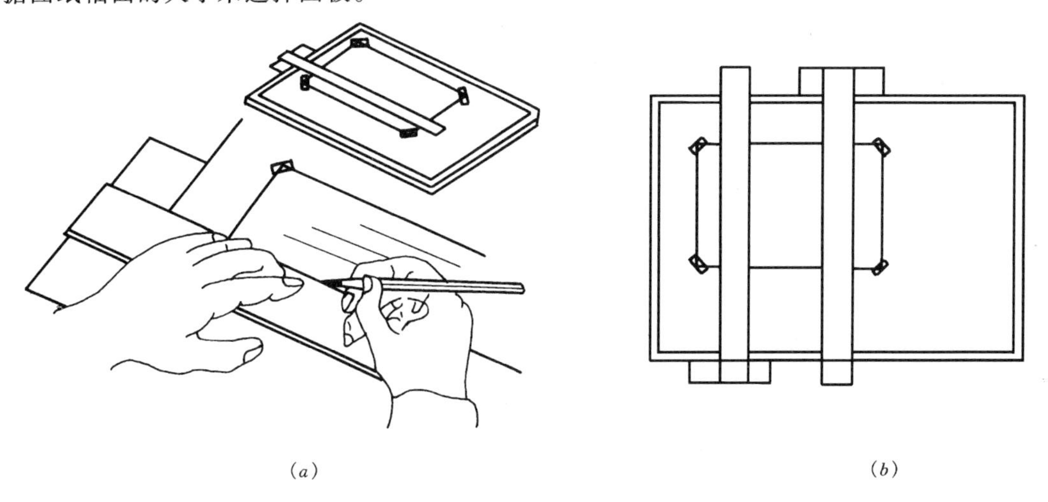

图 1-1　图板丁字尺的用法

（*a*）正确；（*b*）错误

（二）丁字尺

丁字尺和图板相配合主要用来画水平线。应当注意，画水平线时，尺头内侧必须紧靠着图板的左边，线条沿着尺身的工作边自左向右画出，如图 1-1（*a*）所示。不允许将尺头靠在图板其他侧边画线，以避免图板各边不垂直时，画出的图线不准确，如图 1-1（*b*）所示。选择丁字尺时，应使尺头与尺身保持垂直，丁字尺的工作边须平直，不得出现凹凸不平的缺口。

（三）三角板

三角板是制图的主要工具之一。三角板与丁字尺配合使用时，可用来画垂直线和画特殊角度（15°、30°、45°、60°、75°）线，如图 1-2（*a*）所示。用两块三角板配合使用时，也可以画平行线或垂直线，如图 1-2（*b*）所示。

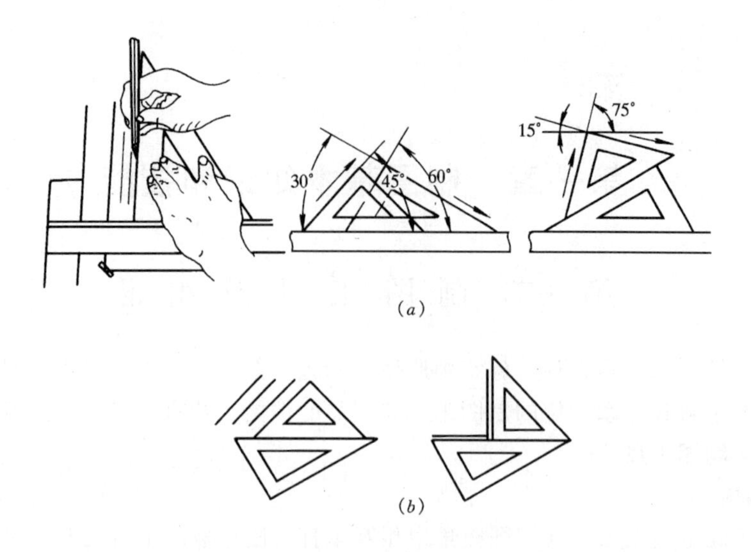

图 1-2　三角板的使用方法

(*a*) 用三角板画垂直线和 15°、30°、45°、60°、75°斜线；(*b*) 用三角板画平行线和垂直线

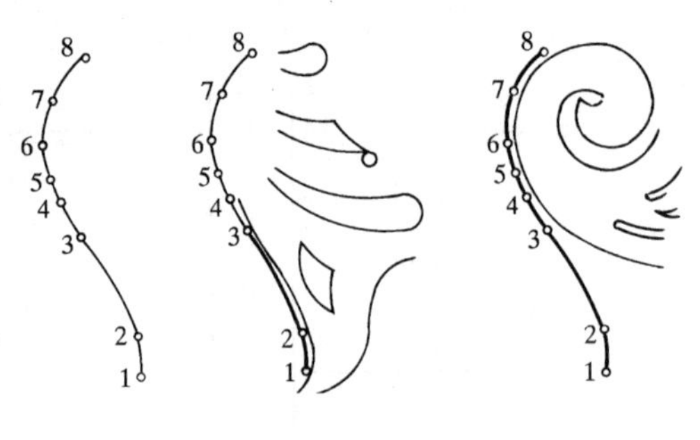

图 1-3　曲线板的用法

(四) 曲线板

曲线板是用来画非圆曲线的工具。画图时，先定出要画曲线上的若干点，并用铅笔徒手顺着各点轻轻地、流畅地画出曲线，然后选用曲线板上曲率合适的部位，从起点到终点按顺序分段逐步加深。每段至少有三个点与曲线相吻合，并留出一小段作为下次连接其相邻部分之用，以保证曲线流畅光滑，如图 1-3 所示。

(五) 模板

为了提高画图速度和质量，把图样上常用的一些符号、图例和比例等，刻在透明胶质板上，制成模板使用。常用的模板有建筑模板、装饰模板、结构模板等不同用途的模板。建筑模板如图 1-4 所示。

(六) 比例尺

比例尺又称三棱尺，如图 1-5 (*a*) 所示。它是根据一定比例关系制成的尺子。尺的度量单位为米 (m)，尺身分为六个面，分别标有不同的比例，通常有：1:100、1:200、1:300、1:400、1:500、1:600 等。在用比例尺时，要注意放大或缩小比尺和实长的关系，如 1m 长的构件画成 1:100 的图形，即图形只画出原构件实长的 1% (即 1cm)；又如图 1-5 (*b*) 所示：1:500 的尺面刻度 25 表示 25m。当图样比例为 1:50 时，仍然读 1:500 的尺面刻度 25 则表示 2.5m；1:5000 的比例在该尺面刻度 25 上表示 250m。

(七) 圆规

圆规是画圆或画圆弧的工具，如图 1-6 (*a*) 所示。画图时，圆规应稍向运动方向倾斜，如图 1-6 (*b*) 所示；画较大圆时，应使圆规两脚均与纸面垂直，如图 1-6 (*c*) 所示，必要时可接延长杆。

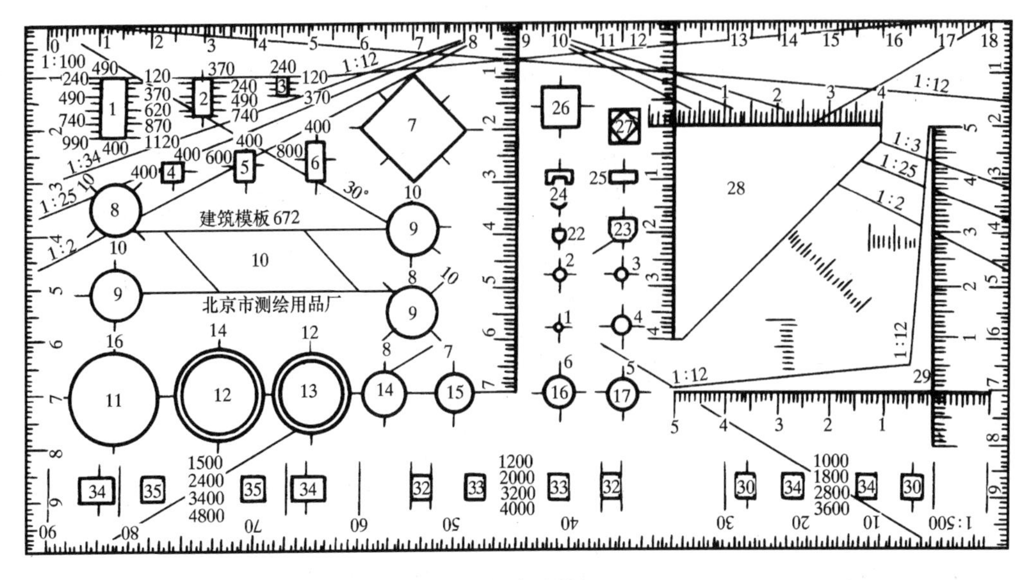

图 1-4　建筑模板

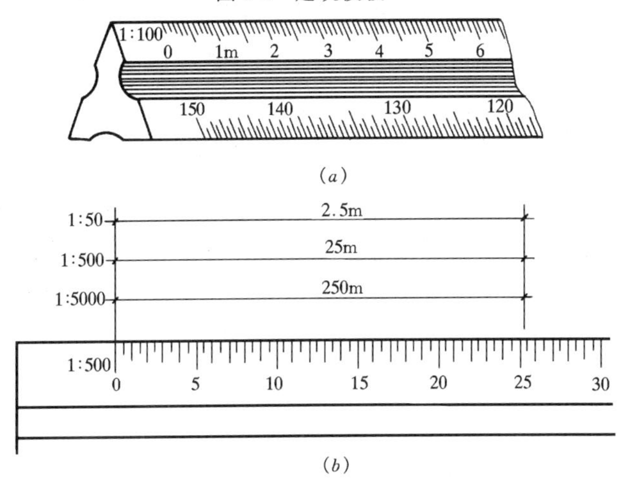

图 1-5　比例尺的用法

(*a*) 比例尺；(*b*) 比例尺的换算

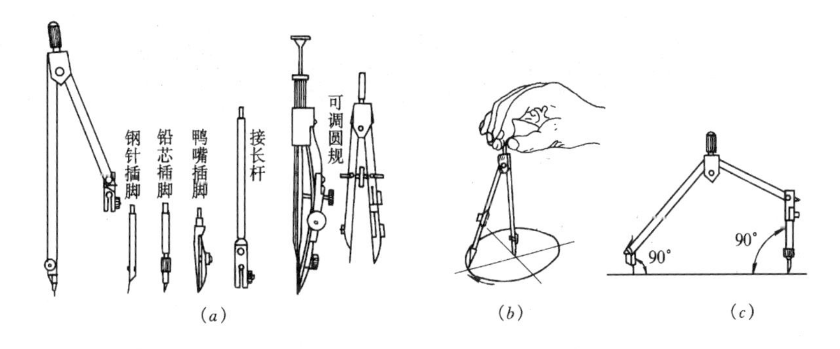

图 1-6　圆规种类及用法

(*a*) 圆规种类；(*b*) 绘一般圆；(*c*) 绘较大圆

（八）分规

分规是截量长度和等分线段的工具。分规的针尖应密合，如图 1-7（*a*）所示。其使用方法如图 1-7（*b*）、（*c*）所示。

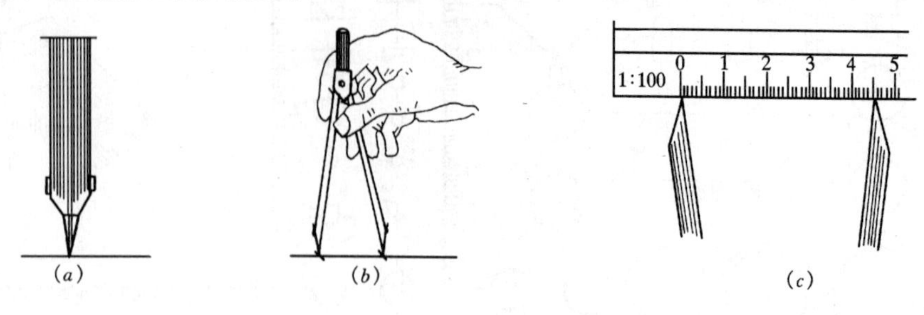

图 1-7　分规用法

（*a*）分规；（*b*）分规使用方法（一）；（*c*）分规使用方法（二）

（九）直线笔（鸭嘴笔）

直线笔是画墨线的工具。画线前把直线笔的两钢片调到需画线型的宽度，然后加入墨汁，其高度以 4～6mm 为宜，使用方法如图 1-8 所示。

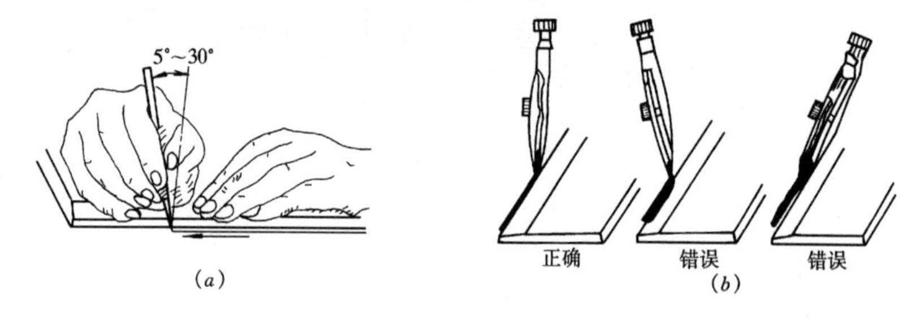

图 1-8　直线笔用法

（*a*）持笔的姿式；（*b*）直线笔不应内外倾斜

（十）针管笔

针管笔杆内有笔胆，笔头用细不锈钢管制成，如图 1-9 所示。每支针管笔只能画出一种线型，可根据图线的粗细来选择 0.2～1.2mm 几种规格的针管笔，可直接用它来代替鸭嘴笔绘图，使用与携带均很方便。

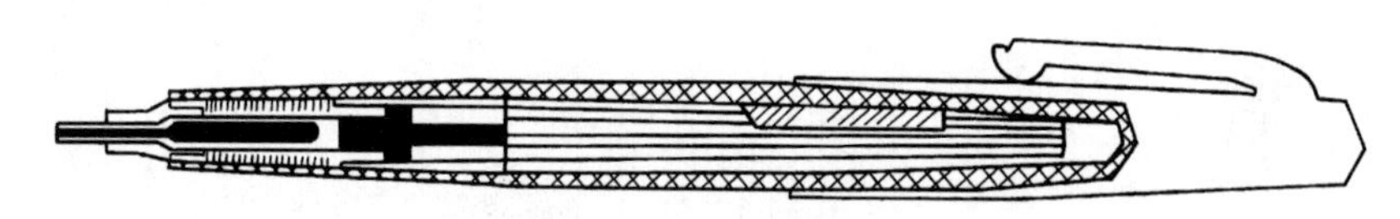

图 1-9　针管笔

二、制图用品

（一）绘图铅笔

绘图铅笔的铅芯硬度用 B 和 H 标明。B～6B 表示软铅芯，数字愈大，铅芯愈软；H～6H 表示硬铅芯，数字愈大，铅芯愈硬；HB 表示中等硬度。画底图时一般用 H 或 2H 型铅笔，加深、加粗图线时一般用 HB 或 B 型铅笔。铅笔的削法和使用方法如图 1-10 所示。

（二）图纸

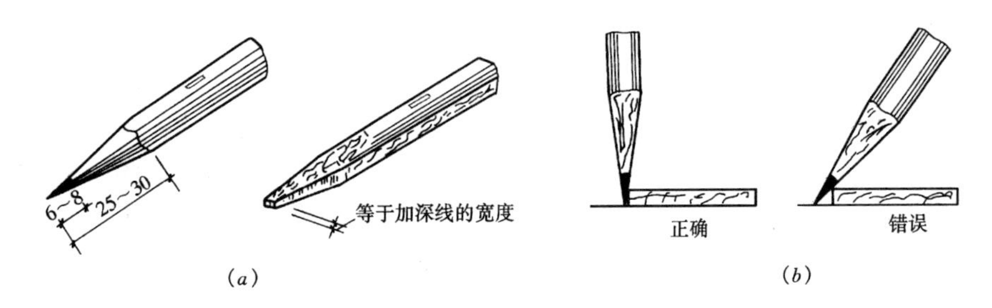

图 1-10　铅笔的用法

(a) 铅笔的削法；(b) 铅笔的使用方法

绘图时需要绘图纸，绘图纸要求质地坚实、纸面洁白，以橡皮擦拭不起毛为佳。

(三) 其他制图用品

其他制图用品包括：橡皮、擦线板、小刀、砂纸、透明胶带等。擦线板上有各种形状的缺口，使用时，用橡皮擦去缺口对准的线条，而不影响其邻近的线条。

第二节　建筑装饰制图一般规定

在这一节里，主要介绍国标《房屋建筑制图统一标准》GB/T 50001—2001 中有关图幅、线型、工程字以及尺寸标注的一些规定。

一、图幅

(一) 图纸幅面

图纸幅面即图框尺寸，应符合表 1-1 的规定，表中 b 及 l 分别表示图幅的短边及长边的尺寸，a 与 c 分别表示图框线到图纸边线的距离。其中 a 距离为装订边，c 距离是根据不同图纸幅面直接查表 1-1。在画图时，如果图纸以短边作垂直边，则为横式使用的图纸如图 1-11 (a) 所示，以短边作为水平边的则称为立式，如图 1-11 (b) 所示。一般 A_0 ~ A_3 图纸宜横式使用；必要时也可以立式使用。A_4 图框线用立式画法，如图 1-11 (c) 所示。

单项工程设计中每个专业所使用的图纸一般不宜多于两种幅面，其中不含目录及表格所采用的 A_4 幅面。

(二) 标题栏

标题栏也称图标，是用来说明图样内容的专栏。它规定画在图纸的右下角，如图 1-11 (a)、(b)、(c) 所示。国家标准《技术制图》对标题栏的格式作了统一规定。在校学习期间，建议采用如图 1-12 所示的格式。

图纸幅面及图框尺寸 (mm)　　**表 1-1**

幅面代号 / 尺寸代号	A_0	A_1	A_2	A_3	A_4
$b \times l$	841 × 1189	594 × 841	420 × 594	297 × 420	210 × 297
c	10			5	
a	25				

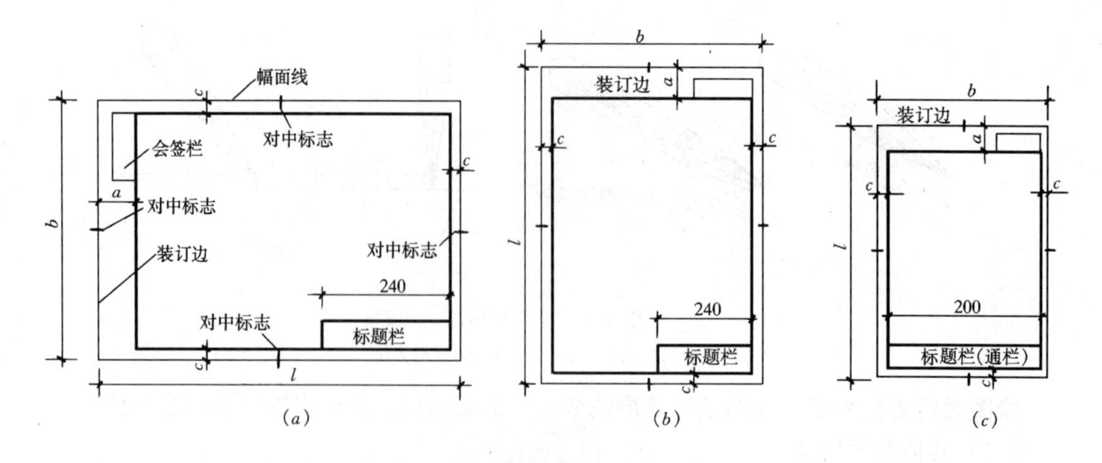

图 1-11　图纸幅面格式及其尺寸代号

(a) 横式；(b) 立式；(c) A_4 图立式格式

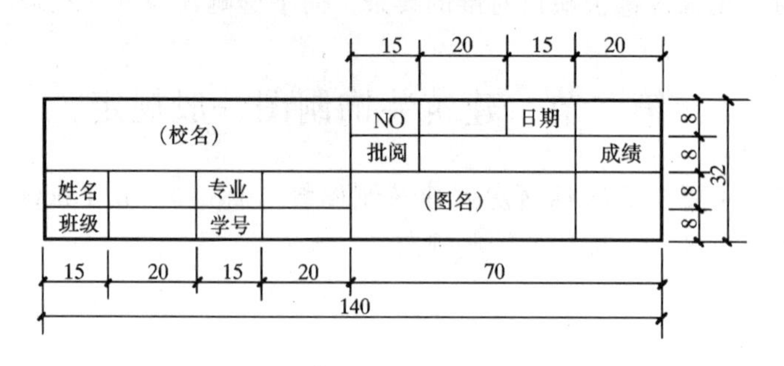

(校名)				NO		日期	
				批阅			成绩
姓名		专业		(图名)			
班级		学号					

图 1-12　学生作业用的标题栏

二、图线

1. 工程建设制图，应按表 1-2 所示的图线。

图　　线　　　**表 1-2**

图线名称		线型 (mm)	线宽	一般用途
实线	粗		b	主要可见轮廓线
	中		$0.5b$	可见轮廓线
	细		$0.25b$	可见轮廓线、图例线
虚线	粗	1.5 4~6 1.5 4~6 1.5 4~6 1.5	b	见各有关专业制图标准
	中		$0.5b$	不可见轮廓线
	细		$0.25b$	不可见轮廓线、图例线等
点划线	粗	3 10~20 3	b	见各有关专业制图标准
	中		$0.5b$	见各有关专业制图标准
	细		$0.25b$	中心线、对称线等

续表

图线名称		线型 (mm)	线宽	一般用途
双点划线	粗		b	见各有关专业制图标准
	中		$0.5b$	见各有关专业制图标准
	细		$0.25b$	假想轮廓线成型前原始轮廓线
折断线			$0.25b$	断开界线，用以表示假想折断的边缘
波浪线			$0.25b$	断开界线，用以表示构造层次的断开

2. 画图时，每个图样应根据复杂程度与比例大小，先选定基本线宽 b，再选用表 1-3 中相应的线宽组。同一张图纸内，相同比例的各图样，应选用相同的线宽组。

线 宽 组 **表 1-3**

线宽比	线宽组 (mm)					
b	2.00	1.4	1	0.7	0.5	0.35
$0.5b$	1.00	0.7	0.5	0.35	0.25	0.18
$0.25b$	0.5	0.35	0.25	0.18	—	—

3. 图纸的图框和标题栏线，可采用表 1-4 的线宽。

图框线、标题栏线的宽度 (mm) **表 1-4**

幅面代号	图框线	标题栏外框线	标题栏分格线、会签栏线
A_0、A_1	1.4	0.7	0.35
A_2、A_3、A_4	1.0	0.7	0.35

三、字体

图样及说明中的汉字，宜采用长仿宋体，宽度与高度的关系应符合表 1-5 的规定，大标题、图册封面、地形图等的汉字，也可书写成其他字体，但应易于辨认。

长仿宋体字高宽关系 (mm) **表 1-5**

字高	20	14	10	7	5	3.5
字宽	14	10	7	5	3.5	2.5

(一) 汉字

图样上书写的汉字宜写成长仿宋体；汉字的简化书写，必须符合国务院公布的《汉字简化方案》和有关规定。

1. 长仿宋字的特点

长仿宋体字具有笔划粗细一致、起落转折顿挫有力、笔锋外露、棱角分明、清秀美观、挺拔刚劲又清晰好认的特点。

2. 写长仿宋字的基本要求

(1) 字体格式　为了保证字体排列整齐，书写时应先打好字格。字格宽高比例，一般为7:10，字格的行距应大于字距，如图1-13所示，文字的字高从如下系列中选用：20、14、10、7、5、3.5（mm）。

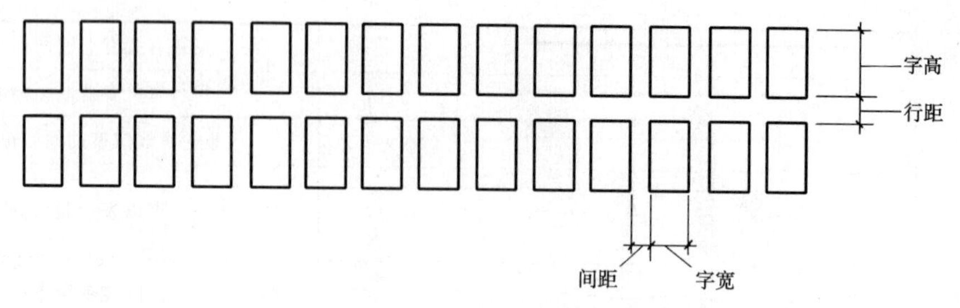

图1-13　长仿宋字格

（2）几种笔划的写法　长仿宋字不论字体繁简，都是由几个基本笔划组成的，几个基本笔划的具体写法和特征见表1-6。

（3）写长仿宋字的要领

1）横平竖直　横笔基本上要平，由左向右运笔稍微向上倾斜一点。竖笔要直，笔划要刚劲有力。

2）笔锋满格　上下左右笔锋要触及字格，即一般长仿宋字要填满格子。但也有个别字如口、日、图等字，都要比字格略小，书写时要适当缩格，如图1-14所示。

几种笔划的写法和特征　　　　表1-6

名称	笔划及字例	要　点	名称	笔划及字例	要　点
点	卡 玉 卞	起笔轻，行笔渐重，落笔顿	撇	元 无 才	起笔顿，由上向左下倾斜，行笔渐轻
横	十 工 王	起笔顿，由左向右行笔稍上倾，落笔顿	捺	米 长 来	起笔轻，由上向右下倾斜，行笔渐重，落笔顿
竖	木 平 米	起笔顿，由上向下垂直，落笔顺	挑	折 玻 轴	起笔顿，由左向右上行笔，渐轻稍成尖状

续表

名称	笔划及字例	要　　点	名称	笔划及字例	要　　点
横折竖	吗 巧 引	像横画一样起笔，折时顿笔向下稍偏左斜笔	竖钩	列 球 拉	像竖画一样行笔到底，顿笔向上挑勾成尖状

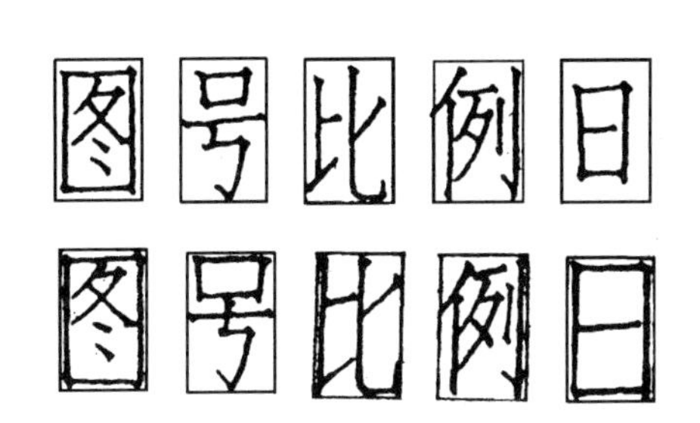

图 1-14　个别字缩格效果

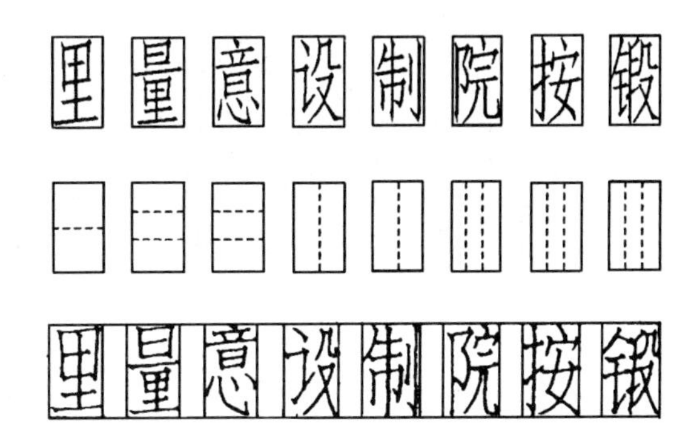

图 1-15　布局均匀、组合紧凑字体效果

3）布局均匀、组合紧凑　除了从整体要求字与字之间布局匀称外，每个字中的笔划也要布局均匀紧凑，不然则容易出现松紧不匀或头重脚轻的现象，如图 1-15 所示。

要写好长仿宋体字，正确的办法就是多看、多摹、多写，持之以恒。

（二）字母和数字

拉丁字母、阿拉伯数字或罗马数字，按字体高度与宽度比的不同，可分成一般字和窄体字两种，在书写方法上又分为直体和斜体两种，斜体字其斜度应是从字的底线逆时针向上倾斜 75°。字母和数字的一般字体和字例如图 1-16 所示。

四、比例

图样的比例，应为图形与实物相对应的线性尺寸之比。比例应以阿拉伯数字来表示，例如，2∶1、1∶1、1∶5、1∶100 等，比例的大小是指其比值的大小，如 1∶50 大于 1∶100。一般情况下，一个图样选用一种比例。特殊情况下，根据专业制图的需要同一图样可选用两种比例。

绘图所用的比例，应根据图样的用途与被绘对象的复杂程度，从表 1-7 中选用，并优先选用表中常用比例。

绘图所用的比例　　　　**表 1-7**

常用比例	1∶1、1∶2、1∶5、1∶10、1∶20、1∶50、1∶100、1∶150、1∶200、1∶500、1∶1000、1∶2000、1∶5000、1∶10000、1∶20000、1∶50000、1∶100000、1∶200000
可用比例	1∶3、1∶4、1∶6、1∶15、1∶25、1∶30、1∶40、1∶60、1∶80、1∶250、1∶300、1∶400、1∶600

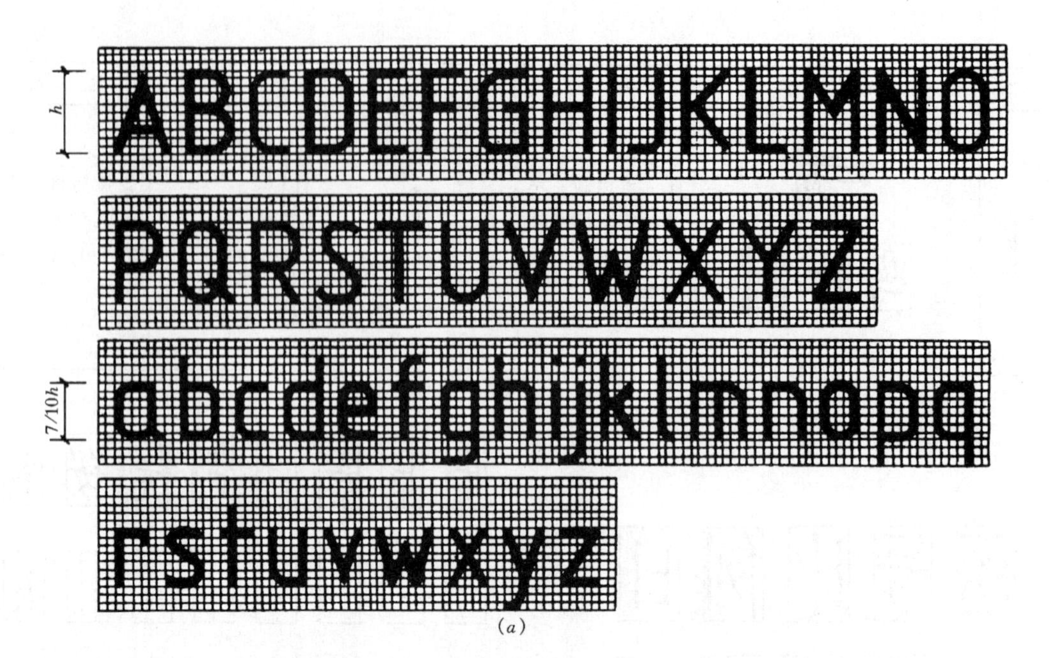

(a)

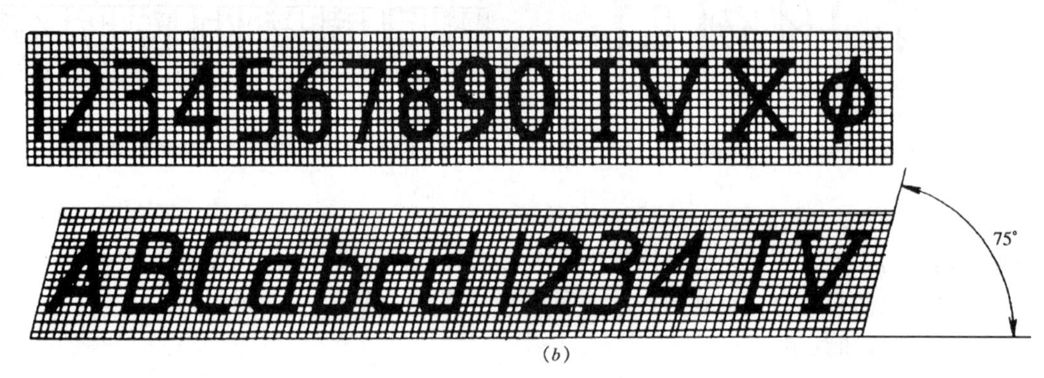

(b)

图 1-16　字母和数字的一般字体和字例

(a) 拉丁字母；(b) 阿拉伯数字和罗马数字

比例宜注写在图名的右侧，字的基准线应取平，比例的字高宜比图名的字高小一号或二号，如图 1-17 所示。

平　面　图 1:100

图 1-17　比例的注写

五、尺寸标注

图样中的图形不论是缩小还是放大，其尺寸仍按物体实际尺寸数字注写，尺寸数字是图样的重要组成部分。

图样上的尺寸包括尺寸界线、尺寸线、尺寸起止符号和尺寸数字，如图 1-18 ~ 1-19 所示。

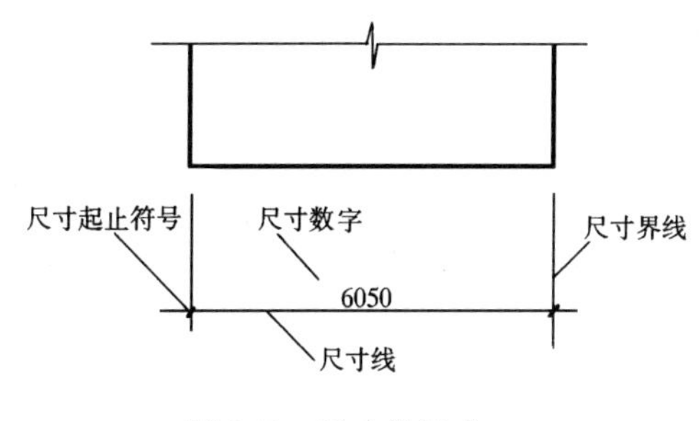

图 1-18　尺寸的组成

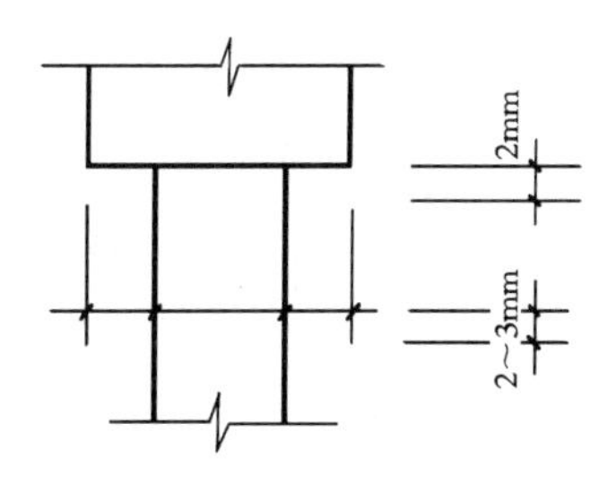

图 1-19　尺寸界线

尺寸界线与尺寸线应用细实线绘制，一般应与被注长度垂直，其一端应离开图样轮廓线不小于 2mm，另一端超出尺寸线 2 ~ 3mm，图样轮廓线可用作尺寸界线，如图 1-19 所示。

尺寸起止线一般采用中粗斜短线绘制，其倾斜方向应与尺寸线成顺时针 45°角，长度宜为 2 ~ 3mm。

半径、直径、角度与弧长的起止符号和坡度，宜用箭头表示，如图 1-20 所示。

标注球的直径尺寸时，应在尺寸数字前加注“Sϕ”，坡度也可用直角三角形形式标注，如图 1-20 所示。

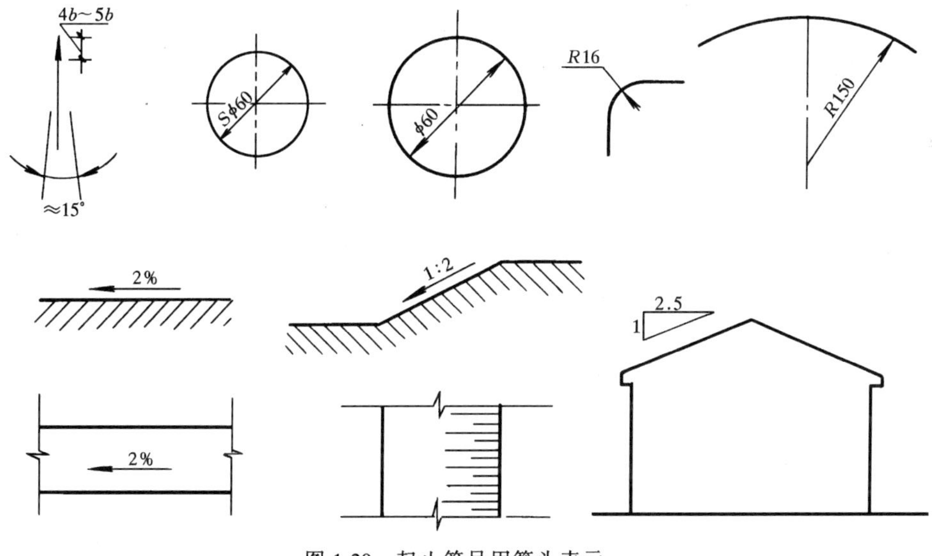

图 1-20　起止符号用箭头表示

第三节　几　何　作　图

一、过已知点 *P* 作直线平行于已知直线 *AB*

作图方法：使三角板的一边与直线 *AB* 重合，用丁字尺或三角板靠紧三角板的另一边，移动三角板至点 *P*，过点 *P* 画直线即为所求直线，如图 1-21 所示。

二、分线段 *AB* 成任意等分

如分线段成 5 等分，其作图方法：过点 *A* 任作一直线 *AC*，在 *AC* 线上截取 5 等分，得 1_0、2_0、3_0、4_0、5_0，连直线 5_0B，并过点 1_0、2_0、3_0、4_0 作直线平行于 5_0B 交 *AB* 为 1、2、3、4，如图 1-22 所示。

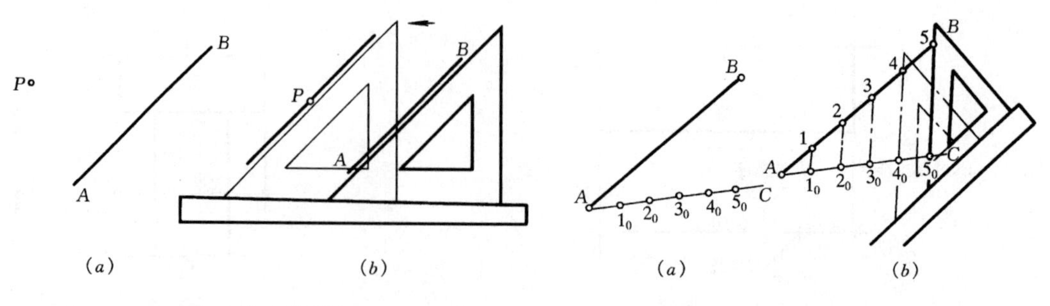

图 1-21　过已知点作直线平行于已知直线

（a）已知条件；（b）作图方法

图 1-22　分线段成任意等分

（a）已知条件；（b）作图方法

三、分两平行线 *AB* 和 *CD* 之间的距离为已知等分

分两平行线间的距离为 5 等分，其作图方法：

1. 置 0 点于 *CD* 上，摆动尺身，使刻度 5 落在 *AB* 上，得 1、2、3、4 各分点。

2. 过各分点作 *AB*（或 *CD*）的平行线，即为所求，如图 1-23 所示。

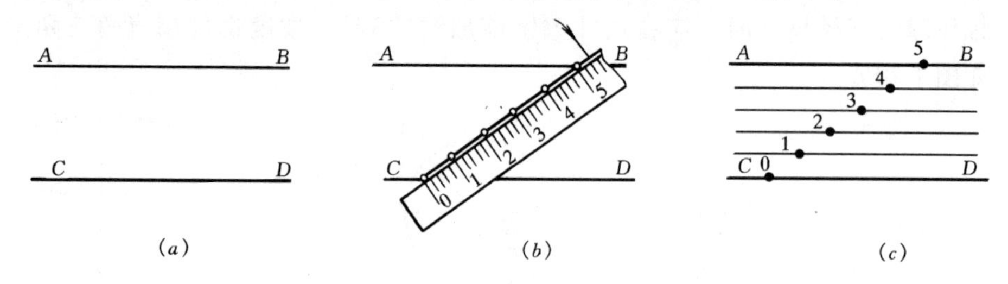

图 1-23　分两平行线间的距离为已知等分

（a）已知条件；（b）在两平行线间等分点；（c）过等分点作 *AB* 的平行线

四、作已知圆的内接正六边形

已知圆及圆心 O，求作内接正六边形。其作图方法：以半径 R 为长，在圆周上截得 1、2、3、4、5、6 点，依次连接 1、2、3、4、5、6 点，即为正六边形，如图 1-24 所示。

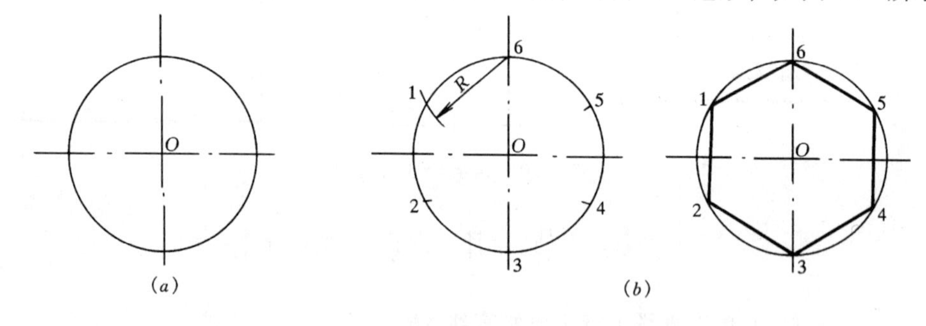

图 1-24　作圆的内接正六边形

（a）已知圆心 O；（b）作图方法

五、用四心法作近似椭圆

已知长短轴 *AB* 和 *CD*，用四心法作近似椭圆，其作图方法：

1. 以 O 为圆心，OA 为半径作弧交 OC 的延长线于点 E，再以 C 为圆心，CE 为半径，作弧交 CA 于 F 如图 1-25（a）、（b）所示。

2. 作 AF 的垂直平分线并延长，交长轴于 O_1、短轴于 O_2，分别截取 $OO_1 = OO_3$、$OO_2 = OO_4$，得 O_1、O_2、O_3、O_4 四点，如图 1-25（c）所示。

3. 连 O_2O_3、O_1O_4、O_3O_4、O_1O_2 并延长，所连四条直线为连心线及所求椭圆四段圆弧的切点，即连接点。

4. 分别用圆规以 O_2 和 O_4 为圆心，$O_2C = O_4D$ 为半径作弧至连心线，再以 O_1 和 O_3 为圆心，$O_1A = O_3B$ 为半径作弧，并与前面作的两个弧于连心线的 G、I、H、J 四点处连接（相切），即为所求，如图 1-25（d）所示。

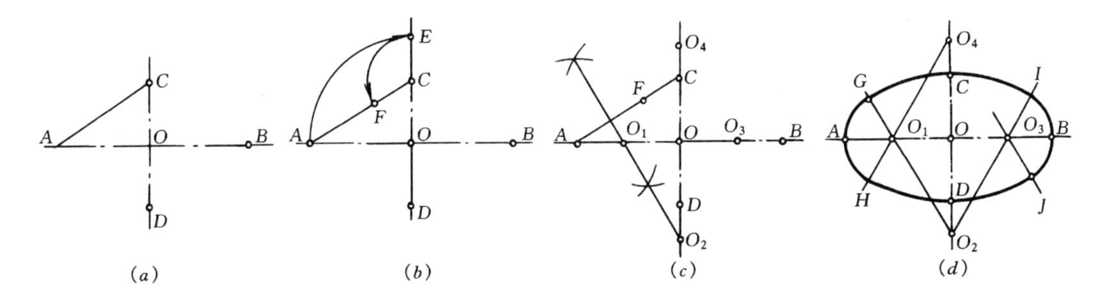

图 1-25　已知长短轴 AB 和 CD，用四心法作近似椭圆

六、圆弧连接一直线和一圆弧

已知直线 L 和半径为 R_1 的圆弧，及已知半径 R，作 R 弧连接已知弧和已知直线。其作图方法：

1. 作直线 M 平行于 L，且使距离等于 R。

2. 以 O_1 为圆心，以（$R + R_1$）为半径画弧与 M 线相交于 O，即为连接圆弧圆心。

3. 连 O_1O 交已知圆弧于 T_1，即为切点；再过 O 作 L 的垂线得垂足 T_2，即为切点。

4. 以 O 为圆心，R 为半径，在 T_1、T_2 之间画弧，即为所求，如图 1-26 所示。

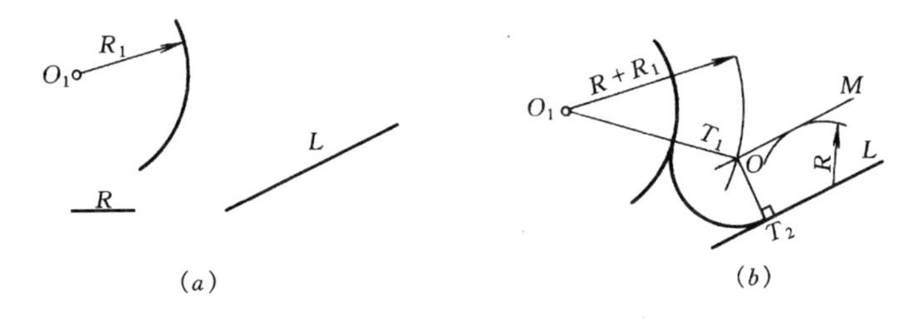

图 1-26　用半径为 R 的圆弧连接 R_1 弧以及直线 L

（a）已知条件；（b）作图方法

七、圆弧连接两已知弧（外切）

已知半径 R 和半径为 R_1、R_2 的两已知弧，求作用 R 弧外切连接两已知弧。其作图方法：

1. 以 O_1 为圆心，（$R + R_1$）为半径画弧。

2. 以 O_2 为圆心，（$R + R_2$）为半径画弧与前弧交于 O，即得连接弧圆心。

3. 连 OO_1 交已知弧于 T_1，连 OO_2 交已知弧于 T_2，即得切点。

4. 以 O 为圆心，R 为半径，在 T_1、T_2 之间画弧，即为所求，如图 1-27 所示。

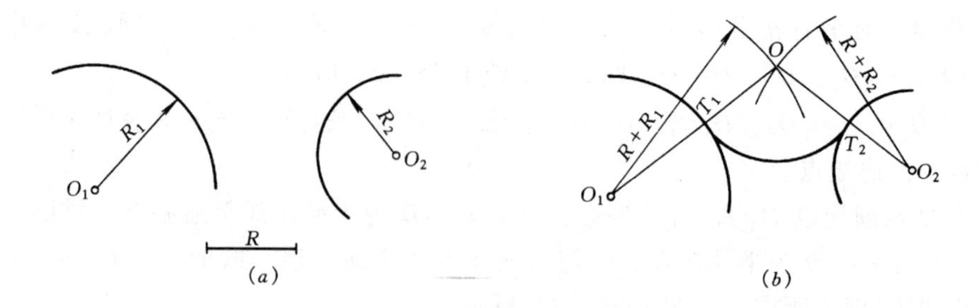

图 1-27　用圆弧连接两已知弧

（a）已知条件；（b）作图方法

八、用圆弧连接两已知圆（内切）

已知半径 R 和半径为 R_1、R_2 的两已知圆，求作用 R 弧内切连接两已知圆，其作图方法：

1. 以 O_1 为圆心，以（$R-R_1$）为半径画弧。

2. 以 O_2 为圆心，以（$R-R_2$）为半径画弧与前弧交于 O，即连接弧圆心。

3. 连 OO_1 交已知圆弧于 T_1，连 OO_2 交已知圆弧于 T_2，即为切点。

4. 以 O 点为圆心，R 为半径，在 T_1、T_2 之间画弧，即为所求，如图 1-28 所示。

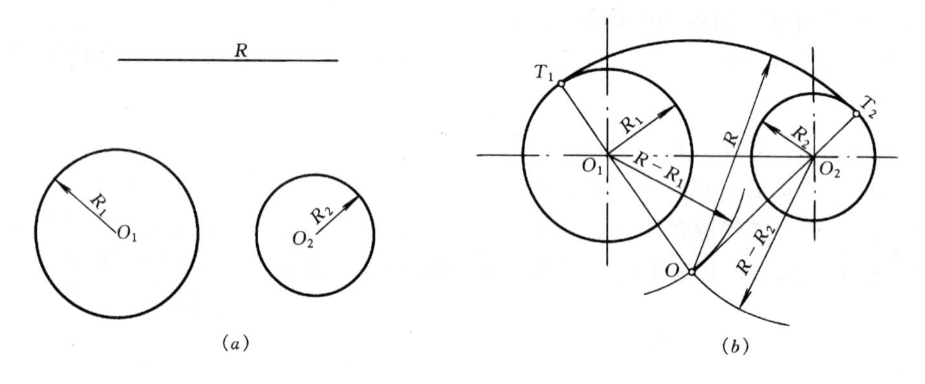

图 1-28　用圆弧连接两已知圆

（a）已知条件；（b）作图方法

【例 1-1】　已知一个建筑装饰局部图形及尺寸，如图 1-29（a）所示，其画图步骤如下：

1. 先分析全图，它是由直线、斜线及圆弧连接而成。由图 1-29（a）可知：$R=250$ 及 $R=100$ 两圆弧的圆心由定位尺寸（430、210、20）即可确定，而 $R=160$ 的圆弧还需要求出圆心。

2. 先按尺寸画出 AB、BC 直线及圆心 O_1 与 O_2 位置，并画出圆弧，如图 1-29（b）所示。

3. 以 O_1 为圆心，以 250 加 160 为半径画弧；以 O_2 为圆心，以 100 加 160 为半径画弧与前弧相交于 O 点，得连接弧圆心。

4. 连 OO_1 与弧交于 T_1，连 OO_2 与弧交于 T_2，即为切点。

5. 以 O 点为圆心，$R160$ 为半径，在 T_1、T_2 之间画弧，即为所求，如图 1-31（c）所示。

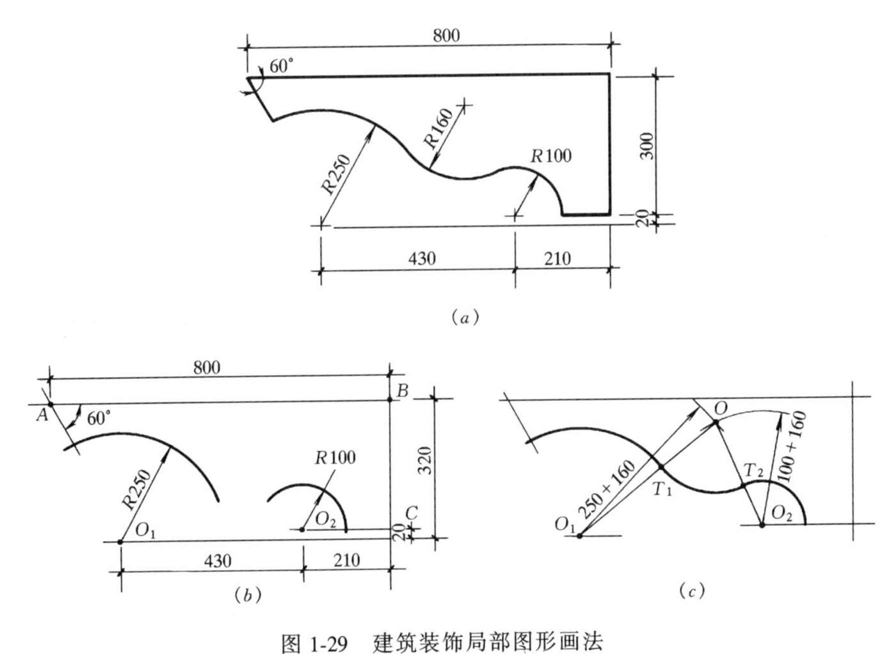

图 1-29 建筑装饰局部图形画法

(*a*) 抄绘条件；(*b*) 由尺寸画出直线、斜线、圆弧；(*c*) 画连接弧，完成作图

第四节 徒 手 作 图

徒手作图是一种不受条件限制，作图方便迅速，容易更改的作图方法。徒手作图可使用钢笔、铅笔等画线工具。徒手作图同样有一定的作图要求，即布图、图线、比例、尺寸大致合理，但不潦草。

一、直线的画法

画直线时，要注意执笔方法：画短线时手腕运笔；画长线时整个手臂运笔。

1. 画水平线时，铅笔要放平些。画长水平线可先标出直线两端点，掌握好运笔方向，眼睛此时不要看笔尖，要盯住终点，用较快的速度轻画出底线。加深底线时，眼睛却要盯住笔尖，沿底线画出直线并改正底线不平滑之处，如图 1-30（*a*）所示。

2. 画垂直线时，铅笔可稍竖高些，如图 1-30（*b*）所示。画垂直线与画水平线的方法相同。

3. 画斜线时，铅笔要较画垂直线时更竖高些如图 1-30（*c*）所示。画向右上倾斜的线，手法与画水平线相似；画向右下倾斜的线，手法与画垂直线相似。

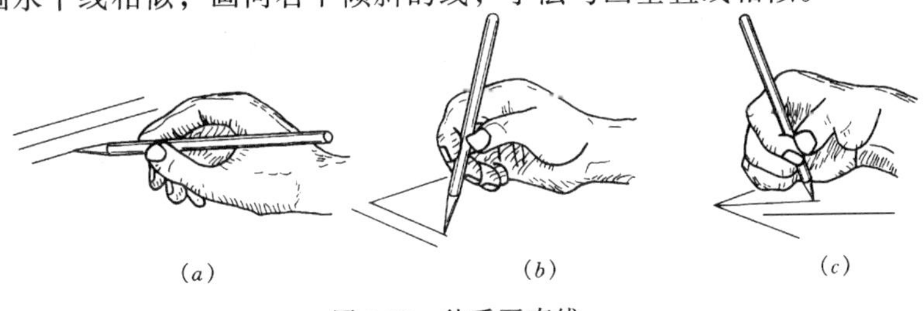

图 1-30 徒手画直线

(*a*) 画水平线；(*b*) 画垂直线；(*c*) 画斜线

二、徒手画角度

先画出相互垂直的两交线，如图 1-31（a）所示，从原点 O 出发在两相交线上适当位置截取相同的尺寸，并各标出一点，过点徒手作出圆弧，如图 1-31（b）所示。若画 45°角，则取圆弧中点与原点 O 的连线，如图 1-31（c）所示。若画 30°角与 60°角时，则把圆弧作三等分，自第一等分点起与原点 O 连线，即得连线与水平线之间的夹角为 30°角；自第二等分点与原点 O 的连线，即得连线与水平线之间的夹角为 60°角，如图 1-31(d)所示。

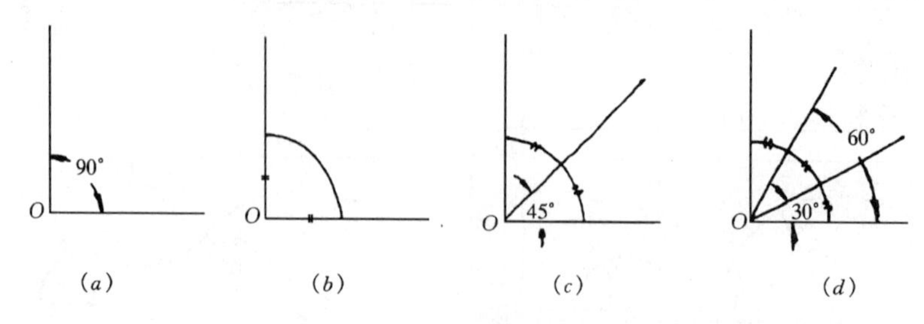

图 1-31　徒手画角度

（a）画垂直交线；（b）画圆弧；（c）画 45°角；（d）画 30°角和 60°角

三、徒手画圆

先作出相互垂直的两直线，交点 O 为圆心，如图 1-32（a）所示。估计作图的直径，在两直线上取半径 $OA = OB = OC = OD$，得点 A、B、C、D，过点作相应直线的平行线，可得到正方形线框，如图 1-32（b）所示。再作出正方形的对角线，分别在对角线上截取 $OE = OF = OG = OH =$ 半径 OA，于是在正方形上得到 8 个对称点，如图 1-32（c）所示。徒手用圆弧连接此 8 个对称点，即得徒手画出的圆，如图 1-32（d）所示。

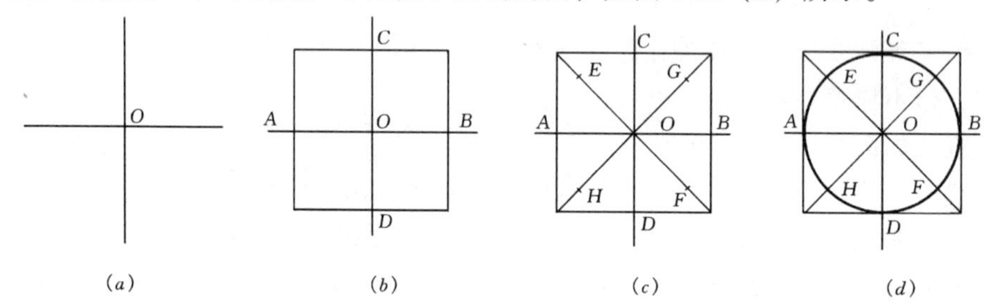

图 1-32　徒手画圆

（a）画垂直线；（b）画正四边形；（c）得圆周上 8 个点；（d）过点用弧连接，即得所画圆

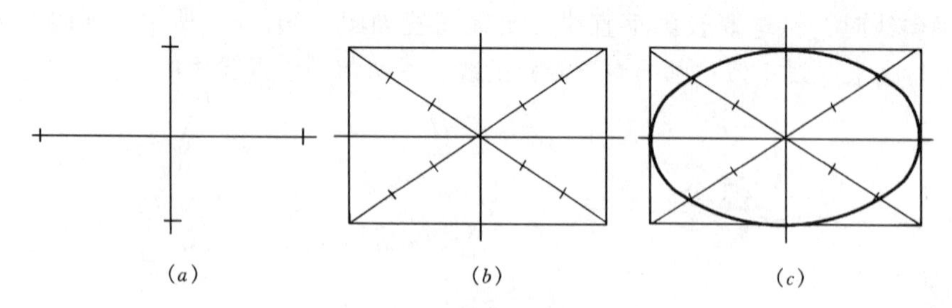

图 1-33　徒手画椭圆

（a）画出长、短轴；（b）画长方线框与对角线，并定出 8 点；

（c）过点用弧连接，即得所画椭圆

四、徒手画椭圆

先画出椭圆的长、短轴，具体画图与徒手画圆的方法相同，如图1-33所示。

徒手作图要手眼并用，作垂直线、等分一线段或圆弧、截取相等的线段等等，都是靠眼睛目测、估计决定的。

小　　结

本章主要介绍了制图工具及用品、制图的一般规定、几何作图、徒手作图的基本知识和技能。

1. 绘图前应将制图工具及用品准备好，并擦拭干净。使用中要注意它们的正确用法，使用结束后要注意保管。

2. 学习建筑装饰制图的一般规定，有利于读图与绘图，对于初学制图的人员来说，要认真学习和运用这些规定，如线型要求、尺寸标注法及比例的运用等。练习长仿宋体字时要先练习运笔和基本笔划，再练习偏旁、部首，然后练习字的整体结构。练字时要用铅笔或制图小钢笔在字格内练习。

3. 正确绘制出各种几何图形，是学习建筑装饰制图的基本技能之一。应掌握几何图形的作图方法，如作圆弧连接时，一定要把连接弧的半径、圆心及连接点（切点）求到，才能连接成光滑的曲线。通过作图练习，要养成耐心、细致的工作作风。

4. 由于徒手作图快捷，常被应用在表达新的构思，现场参观记录及交谈等方面上。应掌握徒手作图方法，如画直线时铅笔向运动方向倾斜，小手指微触纸面，眼睛看着图线的终点。画横线一般从左向右连续画出。画竖线时一般从上到下连续画出。当直线很长时，可用目测在直线中间定出几个分点，分几段画出。徒手作图只有平时多练、多画才能熟练掌握其方法与技能。

思考题与习题

1-1　常用的制图工具及用品有哪些？它们各自在制图中有哪些用途？

1-2　当图板、丁字尺、三角板配合使用时，哪些使用方法是正确的？哪些使用方法是错误的？

1-3　图纸幅面、图框、标题栏各有什么规定？

1-4　试述书写长仿宋字体的要领。

1-5　试述任意等分线段的方法和步骤。

1-6　试述用圆弧连接直线和圆弧的方法和步骤。

1-7　用圆弧与两圆弧连接时，外切连接与内切连接作图各有什么不同？

1-8　徒手画水平线和竖直线，在执笔方法上有何区别？

1-9　在徒手作图过程中，眼睛只是望着笔尖还是盯着所画图线的终点？

1-10　怎样用徒手画出比较长的直线？

第二章　投影的基本知识

人们知道如图 2-1 所示的立体图是时钟、杯子、木扶手沙发，因为这种图样和人们常见到的实物印象大体一致。但这种图样还没有全面表示出时钟、杯子、木扶手沙发的各个侧面的形状，也不便于标注尺寸。因此，画出来的立体图样还不能满足加工、制作的要求。在工程上一般使用的图样常采用正投影的画法，如图 2-2 所示。根据实际需要按正投影规律把若干个图样组合在一起表示一个实物。这种正投影图样既能保证度量性，又能充分反映实物的真实大小，满足加工、制作及工程施工的要求。但用正投影法画出来的图样没有立体感，要经过学习后才能识读。

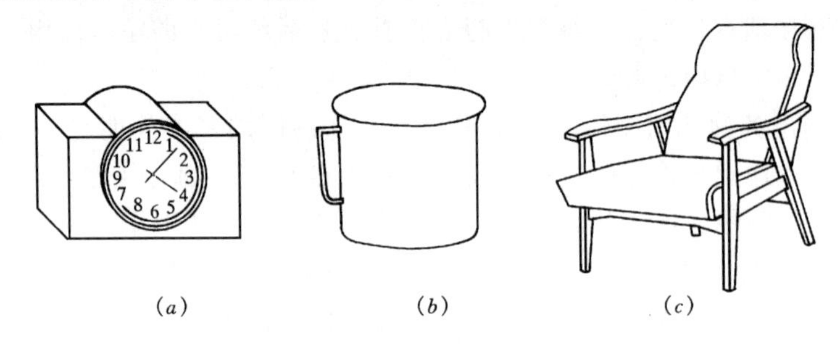

(a)　　(b)　　(c)

图 2-1　立体图

(a) 时钟；(b) 杯子；(c) 木扶手沙发

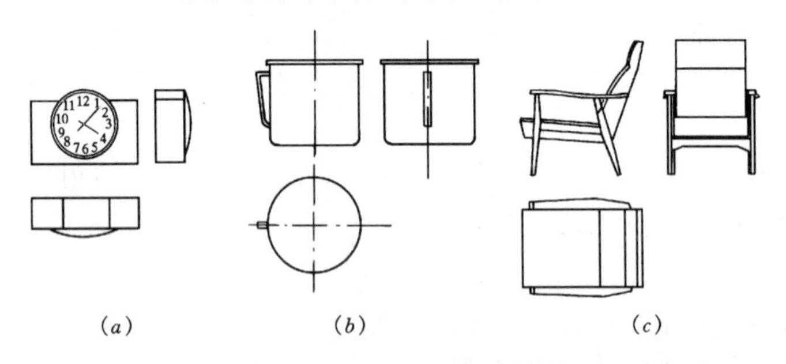

(a)　　(b)　　(c)

图 2-2　工程上使用的正投影图

(a) 时钟正投影图；(b) 杯子正投影图；(c) 木扶手沙发正投影图

在制图上，我们只研究物体所在空间部分的形状和大小而不涉及物体的材料、重量及物理性质，我们把这样的物体简称为形体。

第一节　投影及投影分类

一、投影的概念

在光线的照射下，人和物在地面或墙面上产生影子的现象，早已为人们所熟知，如图

2-3 所示。人们经过长期的实践，将这些现象加以抽象、分析研究和科学总结，从中找出影子和物体之间的关系，用以指导工程实践。这种用光线照射形体，在预先设置的平面上投影产生影像的方法，称之为投影法，如图 2-4 所示。光源称为投影中心，从光源射出的光线称为投射线，预设的平面称为投影面，形体在预设的平面上的影像，称为形体在投影面上的投影。投影中心、投射线、空间形体、投影面以及它们所在的空间称为投影体系。在这个体系中，假设投射线可以穿透形体，使得所产生的“影子”不像真实的影子那样漆黑一片，如图 2-4（*a*）所示，而能在“影子”范围内画出有“影子”边线的轮廓来显示形体上受光面的形状；同时，又假设形体受光面的下方还有被遮挡的不同形状，则用虚线来表示，如图 2-4（*b*）所示。此外，对投影中心与投影面之间的相对距离和投射线的方向作出了假定，使其能够产生合适的投影及影像。

图 2-3　墙、地面上的影子

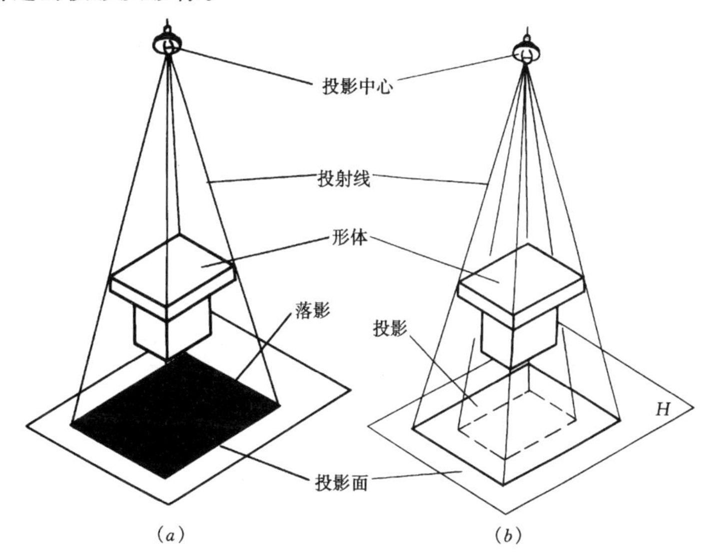

图 2-4　投影体系

（*a*）灯光和形体的影子；（*b*）投影图的形成

二、投影的分类和工程图的种类

根据投影中心与投影面之间距离的不同，投影法分为中心投影法和平行投影法两大类：

（一）中心投影法

当投影中心距离投影面为有限远时，所有的投射线都经过投影中心（即光源），这种投影法称为中心投影法，所得投影称为中心投影，如图 2-4（*b*）所示。中心投影常用于绘制透视图，在表达室外或室内装饰效果时常用这种图样来表示，如图 2-6（*a*）所示。

（二）平行投影法

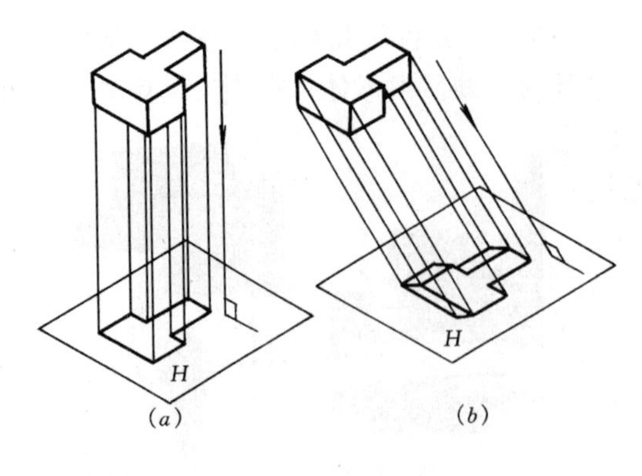

图 2-5　平行投影
(a) 正投影；(b) 斜投影

当投影中心距离投影面为无限远时，所有投射线都相互平行，这种投影法称为平行投影法，所得投影称为平行投影。根据投射线与投影面的关系，平行投影又分为正投影和斜投影两种，如图 2-5 所示。斜投影主要用来绘制轴测图，这种图样具有立体感，如图 2-6（b）所示；正投影（也称直角投影）在工程上应用最广，主要用来绘制各种工程图样，如图 2-6（c）所示；其中标高投影图是一种单面正投影图，用来表达地面的形状，如图 2-6（d）所示。假想用间隔相等的水平面截割地形面，其交线即为等高线，将不同高程的等高线投影在水平的投影面上，并标出各等高线的高程数字，即得标高投影图。

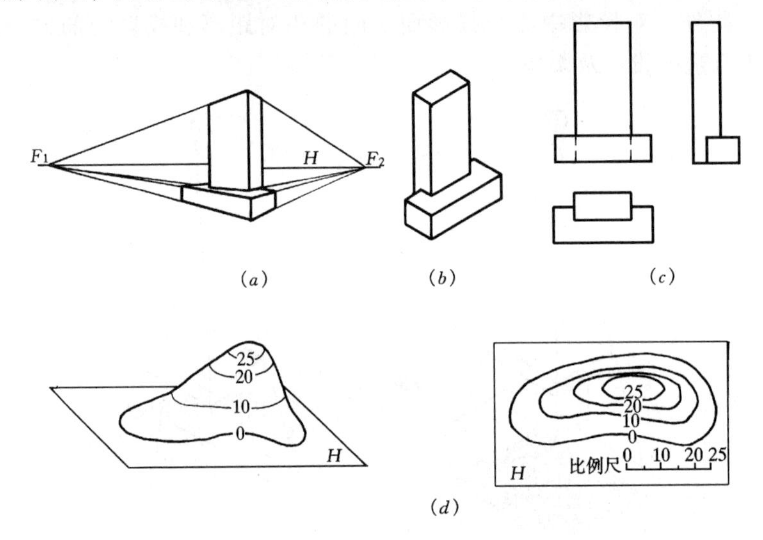

图 2-6　常用工程图的种类
(a) 透视投影图；(b) 轴测投影图；(c) 正投影图；(d) 标高投影图

第二节　点、直线、平面的正投影基本性质

任何形体的构成都是由点、线、面组成的。要正确表达或分析形体，应先了解点、直线和平面的正投影的基本性质，有助于更好地理解投影图的内在规律和掌握正确绘制形体投影图的基本方法。

点、直线、平面的正投影归纳起来主要有如下基本性质：

1. 点的投影仍是点，并规定空间点用大写字母表示，其在投影面上的投影用对应的小写字母表示，如图 2-7（a）所示。

2. 如果有两个或两个以上的空间点，它们位于同一投射线上的投影必重影在投影面上，这种性质叫重影性；并规定重影性中不可见的投影点应加括号表示，如图 2-7（b）

所示。

3. 垂直于投影面的空间直线在该投影面上的投影积聚成一点，如图 2-7（*c*）所示；垂直于投影面的空间平面在该投影面上的投影积聚成一直线，且空间平面上的任意线或点的投影必在该平面的投影积聚直线上，如图 2-7（*d*）所示；这种性质叫积聚性。

4. 当空间直线或平面图形平行于投影面时，其平行投影反映其实长或实形，即直线的长短和平面图形的形状和大小，都可以直接从其平行投影确定和度量，如图 2-7（*e*）（*f*）所示。这种性质叫度量性或实形性。

5. 倾斜于投影面的空间直线或平面图形，其投影小于其实长或实形，如图 2-7（*g*）、（*h*）所示，即直线仍为直线，平面仍为平面，但长度和大小发生了变化，这种性质叫变形性。另外，在空间直线上任意一点的投影必在该直线的投影上，如图 2-7（*g*）所示。

6. 互相平行的空间两直线在同一投影面上的平行投影保持平行，如图 2-7（*i*）所示。互相平行的空间两平面在同一投影面上的平行投影保持平行，如图 2-7（*j*）所示。

7. 空间一直线或空间一平面，经过平行地移动之后，它们在同一投影面上的投影，虽然位置变动了，但其形状和大小没有变化，如图 2-7（*i*）、（*j*）所示。

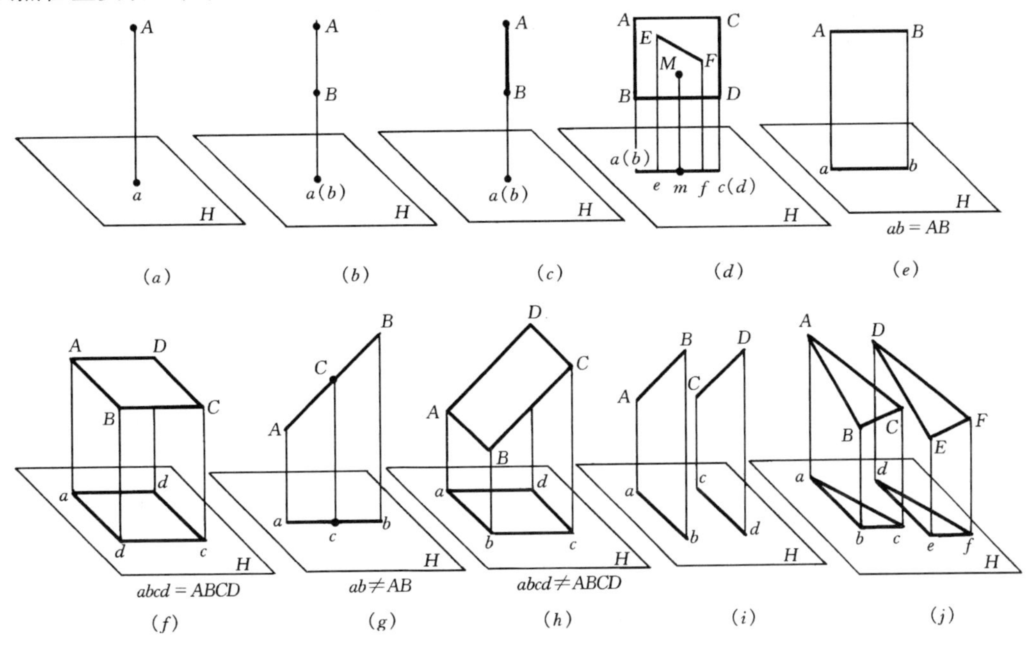

图 2-7 正投影的基本性质

（*a*）点的投影；（*b*）点的重影性；（*c*）线的积聚性；（*d*）面的积聚性；（*e*）线的实长性；（*f*）面的实形性；（*g*）线的变形性；（*h*）面的变形性；（*i*）线的平行性；（*j*）面的平行性

第三节 正投影及正投影规律

《房屋建筑制图统一标准》（GB/T 50001—2001）图样画法中规定了投影法：房屋建筑的视图，应按正投影法并用第一角画法绘制。建筑制图中的视图就是画法几何中的投影图。它相当于人们站在离投影面无限远处，正对投影面观看形体的结果。也就是说在投影体系中，把光源换成人的眼睛、把光线换成视线，直接用眼睛观看的形体形状与在投影面上投影的结果相同，如图 2-8 所示。

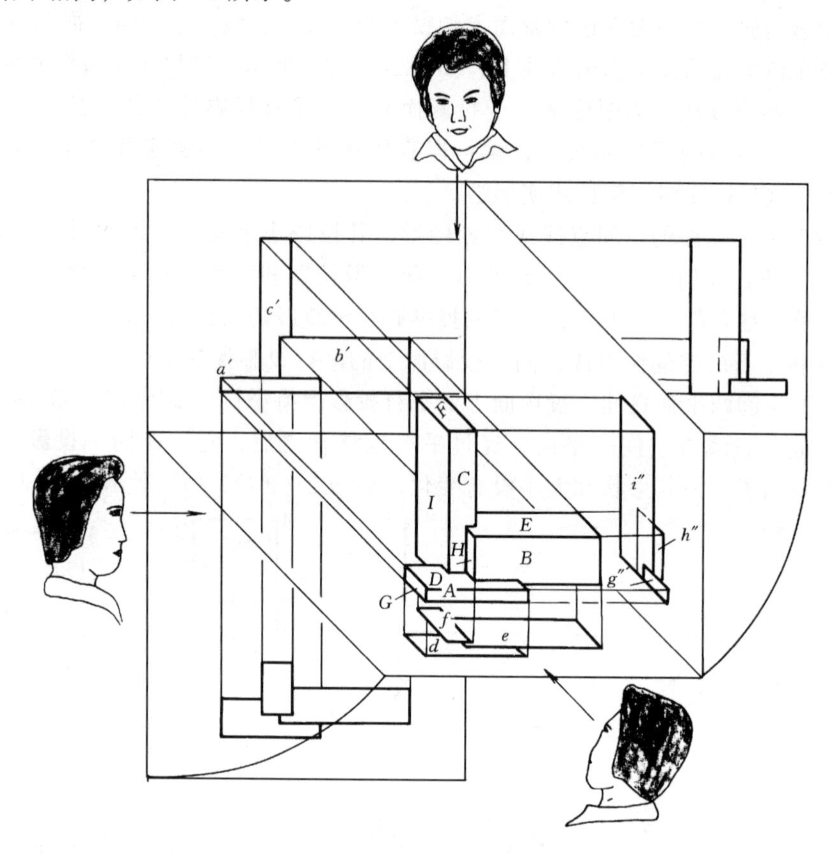

图 2-8　第一角视图

采用正投影法进行投影所得的图样，称为正投影图。正投影图的形成及其投影规律如下：

一、三面正投影图的形成

1. 单面投影

台阶在 *H* 面的投影（*H* 投影）仅反映台阶的长度和宽度，不能反映台阶的高度。我们还可以想像出不同于台阶的其他形体Ⅰ和形体Ⅱ的投影，它们的 *H* 投影都与台阶的 *H* 投影相同。因此，单面投影不足以确定形体的空间形状和大小，如图 2-9 所示。

2. 两面投影

如图 2-10(*a*) 所示，在空间建立两个互相垂直的投影面，即正立投影面和水平投影面，其交线 *OX* 称为投影轴。将三棱体（两坡屋顶模型）放置于 *H* 面之上、*V* 面之前，使该形体的底面平行于 *H* 面，按正投影法从上向下投影，在 *H* 面上得到水平投影，即形体上表面的形状，它反映出形体的长度和宽度；自观察者向前投影，在 *V* 面上得到正面投影，即形体前表面的形状，它反映出形体的长度和高度。若将形体在 *V* 和 *H* 两面的投影综合起来分析、思考，即可得到三棱体长、宽、高三个方向的形状和大小。

当作出三棱体的两个投影后，将该形体移开，并将两投影面展开且规定 *V* 面不动，使 *H* 面连同水平投影，以 *OX* 为轴向下旋转至与 *V* 面同在一平面上，如图 2-10（*b*）所示。去掉投影面边界，即得三棱体的投影图，如图 2-10（*c*）所示。在工程图样中，投影轴一般不画出。但在初学练习时，应将投影轴保留，投影轴用细实线画出。

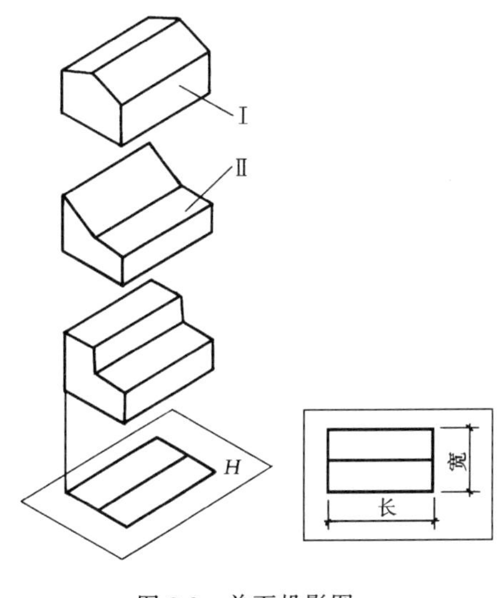

图 2-9　单面投影图

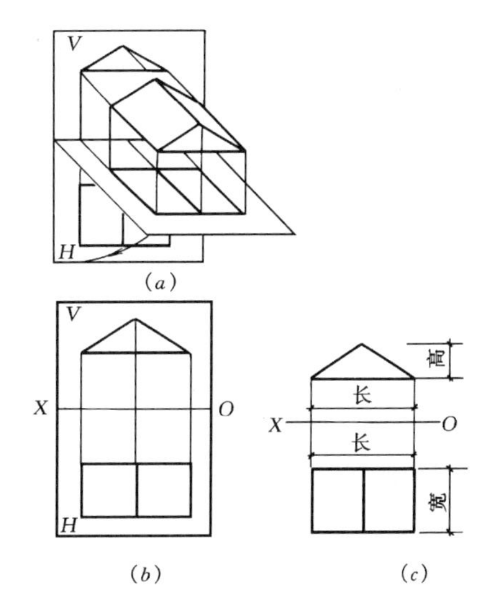

图 2-10　三棱体的两面投影图
（*a*）立体图；（*b*）展开图（*c*）投影图

3. 三面投影

有时仅凭两面投影，也不足以惟一确定形体的形状和大小。如图 2-11 所示的形体Ⅰ和形体Ⅱ，它们的 *V* 投影和 *H* 投影都相同。为了确切地表达形体的形状特征，可在 *V*、*H* 面的基础上再增设一右侧立面（*W* 面），则Ⅰ与Ⅱ两个形体的 *W* 投影有明显的区别，Ⅰ形体的 *W* 投影是三角形，Ⅱ形体的 *W* 投影是正方形。于是 *V*、*H*、*W* 三个垂直的投影面，构成了第一角三投影面体系，如图 2-12 所示。*OX*、*OY*、*OZ* 三根坐标轴互相垂直，其交点称为原点（*O*），并规定平行于 *OX* 轴方向的向度是形体的长度；平行于 *OY* 轴方向的向度为形体的宽度；平行于 *OZ* 轴方向的向度为形体的高度。

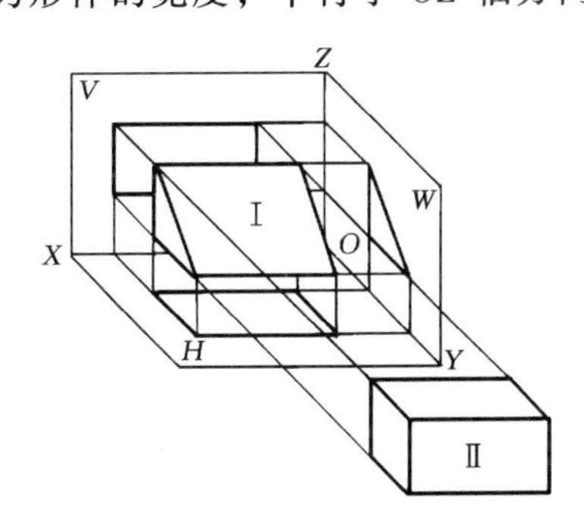

图 2-11　三面投影的必要性

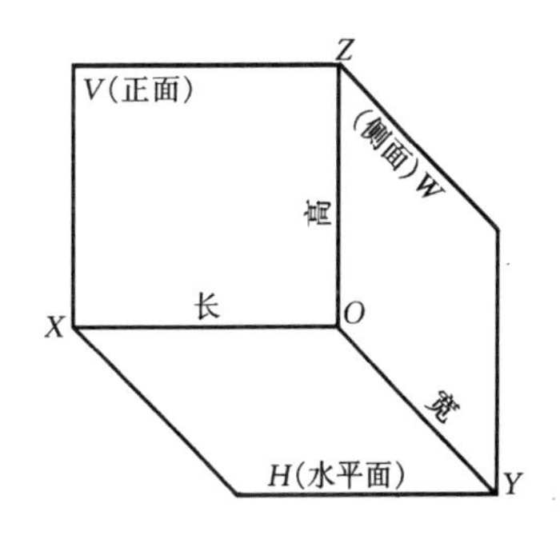

图 2-12　第一角三投影面体系

如图 2-13（*a*）所示，将一台阶模型置于三投影面体系中进行投影，分别作出台阶模型在 *V*、*H*、*W* 三投影面上的正投影图。为了把这三个相互垂直的投影面画在同一平面上，需要展开投影面，如图 2-13（*b*）所示。展开时规定 *V* 面不动，*H* 面（连同 *H* 投影）绕 *OX* 轴向下旋转 90°、*W* 面（连同 *W* 投影）绕 *OZ* 轴向右旋转 90°，使 *H* 面和 *W* 面都与

V 面同在一平面上，如图 2-13（c）所示。去掉投影面边界，即得形体的三面投影图，如图 2-13（d）所示。

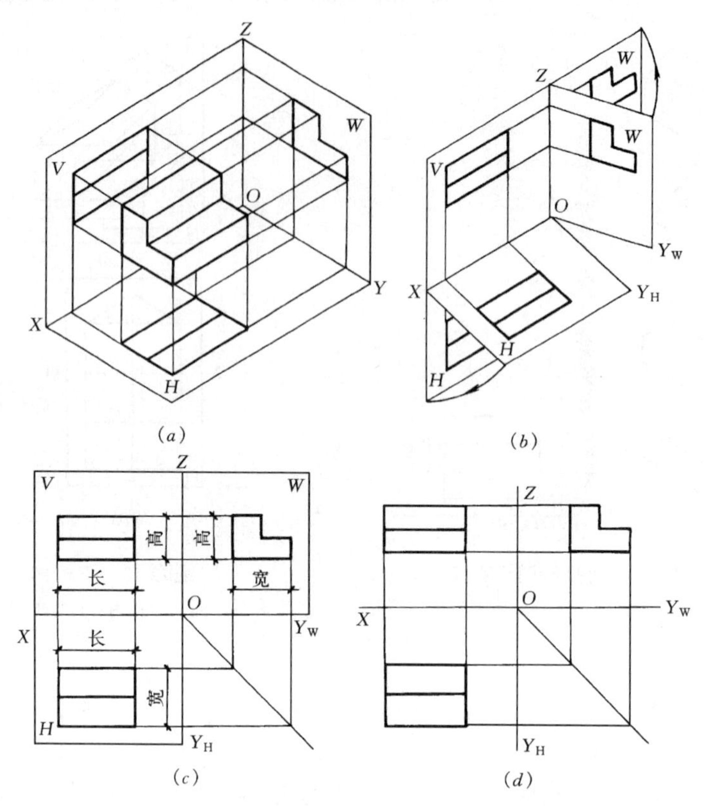

图 2-13 投影面的展开及三面投影图

（a）立体图；（b）展开过程；（c）展开图；（d）投影图

二、三面正投影规律及尺寸关系

每个投影图（即视图）表示形体一个方向的形状和两个方向的尺寸。如图 2-13（c）所示，V 投影图（即主视图）表示从形体前方向后看的形状和长与高方向的尺寸；H 投影图（即俯视图）表示从形体上方向下俯视的形状和长与宽方向的尺寸；W 投影图（即左视图）表示从形体左方向右看的形状和宽与高方向的尺寸。因此，V、H 投影反映形体的长度，这两个投影左右对齐，这种关系称为“长对正”；V、W 投影反映形体的高度，这两个投影上下对齐，这种关系称为“高平齐”；H、W 投影反映形体的宽度，这种关系称为“宽相等”。“长对正、高平齐、宽相等”是正投影图重要的对应关系及投影规律。

三、三面正投影图与形体的方位关系

在投影图上能反映出形体的投影方向及位置关系，由图 2-14 可直观地知道，V 投影反映形体的上下和左右关系，H 投影反映形体的左右和前后关系，W 投影反映形体的上下和前后关系。

在投影图上识别形体的方位，会对读图有所帮助，读图时应特别注意 H、W 面的前后方向的位置关系。

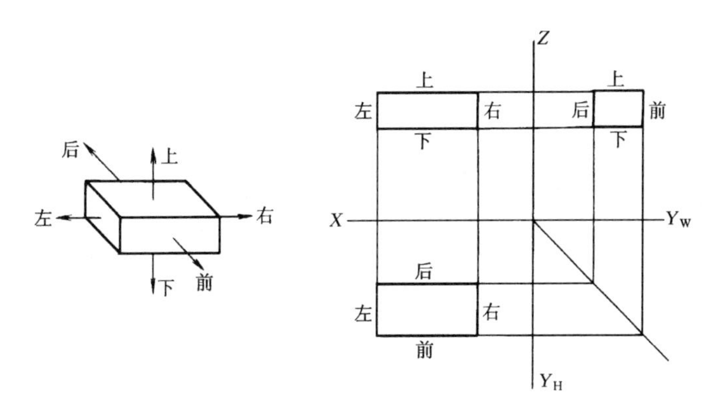

图 2-14　投影图上形体方向的反映

四、三面正投影的作图方法和符号标注

（一）作图方法与步骤

以长方体为例，如图 2-15（*a*）所示，说明三面正投影的作图方法与步骤：

1. 先作水平和垂直二相交直线作为投影轴，如图 2-15（*b*）所示。

2. 根据形体尺寸及选定的 *V* 投影方向，先作 *V* 面投影图或 *H* 面投影图。如图 2-15（*b*）所示，先在 *V* 投影面上画出形体的长度与高度方向的尺寸。

3. 量取宽度尺寸并保持长对正的投影关系，作出水平 *H* 面投影图，如图 2-15（*c*）所示。

4. 画水平线与转折引线相交，即保持高平齐、宽相等的投影关系，作出 *W* 面投影图，如图 2-15（*d*）所示。

5. 可利用原点 *O* 为圆心作圆弧，或用 45°三角板作斜引线进行宽度的转移，如图 2-15（*e*）、（*f*）所示。

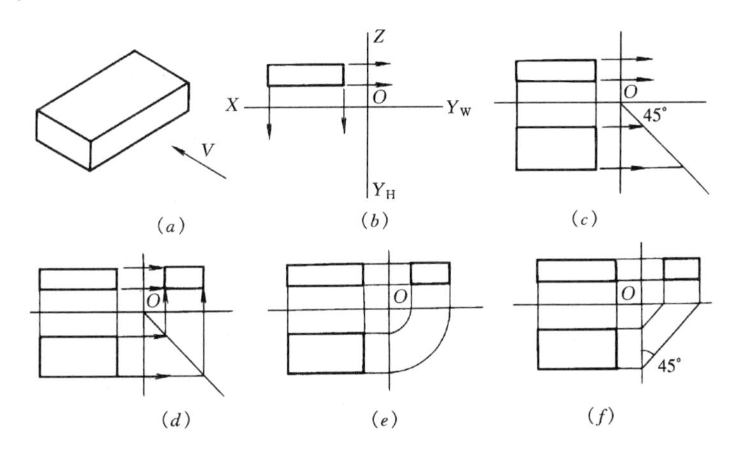

图 2-15　三面投影图的作图方法

（*a*）立体图；（*b*）画轴线、定长、高度画 *V* 投影；（*c*）定宽度并“长对正”画 *H* 投影；
（*d*）转折引线与水平线相交画 *W* 投影；（*e*）以 *O* 为圆心作弧定宽度；（*f*）作 45°斜线定宽度

（二）正投影图中常用符号标注

为了作图准确和便于核对，增强读图能力，作图时可把所画形体上的点、线、面用符号进行标注，如图 2-16 所示。

空间形体上的点用大写字母 A、B、C、D……表示，如图 2-16（*a*）所示。如空间形体上的 *A* 点，在 *H*、*V*、*W* 三投影面上的标注用同一字母的小写字母 a、a'（在字母右上方加一撇）、a''（在字母右上方加两撇）表示，如图 2-16（*b*）所示；反之 a、a'、a''也表示了空间点 *A*。空间形体上的点也可以用数字来表示（如Ⅰ、Ⅱ、Ⅲ、Ⅳ、Ⅴ……），如Ⅰ点的标注用同一数字的小写 1、1′、1″表示。

直线只标注直线端点的符号，如 *AB* 直线的 *H*、*V*、*W* 面投影分别用 ab、$a'b'$、$a''b''$表示。

面用 *P*、*Q*、*R*……表示，如 *P* 面在 *H*、*V*、*W* 三投影面上同样用小写字母 p、p'、p''表示。

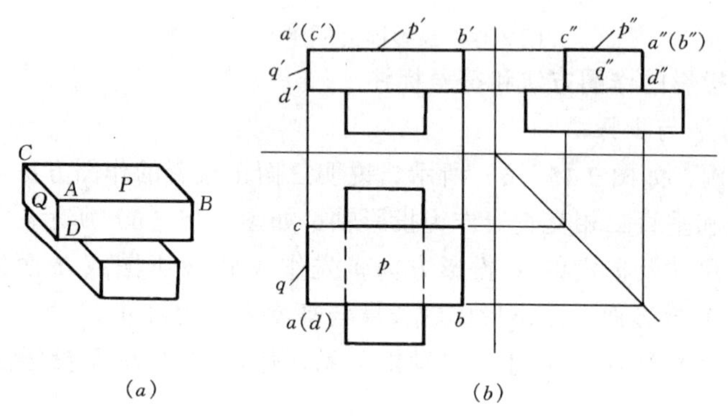

图 2-16　形体上的点、线、面的符号标注
（*a*）立体图；（*b*）投影图点、线、面标注

第四节　建筑形体的基本视图和镜像投影法

一、基本视图

在原有三面投影体系 *V*、*H*、*W* 的基础上，再增加三个新的投影面 V_1、H_1、W_1 可得到六面投影体系，形体在此体系中向各投影面作正投影时，所得到的六个投影图即称为六个基本视图。投影后，规定正面不动，把其他投影面展开到与正面成同一平面（图纸），如图 2-17（*a*）所示。展形以后，六个基本视图的排列关系，如图 2-17（*b*）所示。按这种排列关系如在同一张图纸内则不用标注视图的名称。按其投影方向，六个基本视图的名称分别规定为：主视图、俯视图、左视图、右视图、仰视图、后视图。

在建筑制图中视图图名也作出了规定：由前向后观看形体在 *V* 面上得到的图形，称为正立面图；由上向下观看形体在 *H* 面上得到的图形，称为平面图；由左向右观看形体在 *W* 面上得到的图形，称为左侧立面图；由下向上观看形体在 H_1 面上得到的图形，称为底面图；由后向前观看形体在 V_1 面上得到图形，称为背立面图；由右向左观看形体在 W_1 面上得到的图形，称为右侧立面图。这六个基本视图如在同一张图纸上绘制时，各视图的位置宜按图 2-18 的顺序进行配置，并且每个视图一般均应标注图名。图名宜标注在视图下方或一侧，并在图名下用粗实线绘一条横线，其长度应以图名所占长度为准。

制图标准中规定了六个基本视图，不等于任何形体都要用六个基本视图来表达；相反，在考虑到看图方便，并能完整、清晰地表达形体各部分形状的前提下，视图的数量应

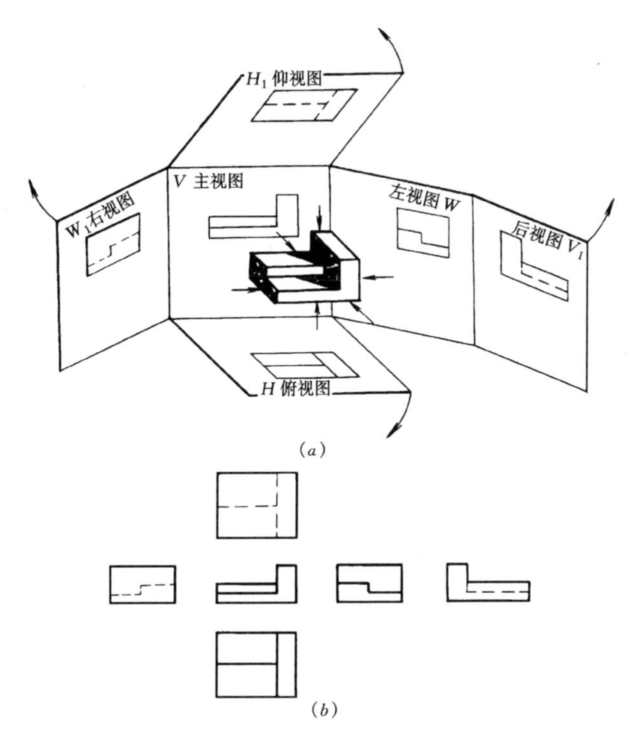

(a)

(b)

图 2-17　基本视图的排列关系

(a) 六个基本投影面的展开方式；(b) 展开后视图的排列

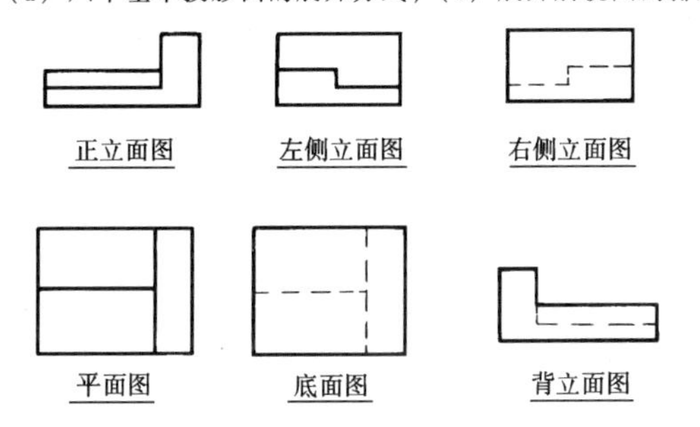

图 2-18　视图配置

尽可能减少。六个基本视图间仍然应满足与保持“长对正、高平齐、宽相等”的投影规律。

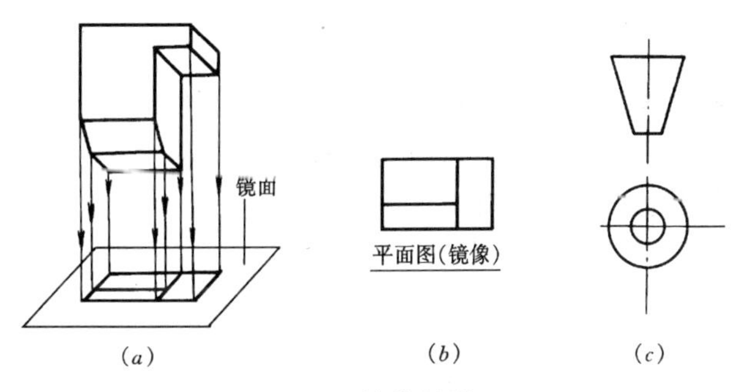

(a)　(b)　(c)

图 2-19　镜像投影

(a) 镜像投影法；(b) 平面图 (镜像)；(c) 镜像投影识别符号

二、镜像投影法

当视图用第一角画法绘制不易表达时，可用镜像投影法绘制，如图 2-19（*a*）所示，但应在图名后注写“镜像”二字，如图 2-19（*b*）所示，或如图 2-19（*c*）所示画出镜像投影识别符号。

图 2-20（*a*）所示为室内装饰透视图。绘制室内顶棚的平面图时，用第一角画法表达，不利于看施工图，如图 2-20（*b*）所示是由下向上观看顶棚在 H_1 投影面上得到的图形称为仰视图。顶棚的仰视图与实际情况相反，易造成施工误解。假想把一面镜子平行放在顶棚的下面，从镜面中反射得到的平面图（镜像），就能真实反映顶棚的实际情况，有利于施工人员看图施工，如图 2-20（*c*）所示。

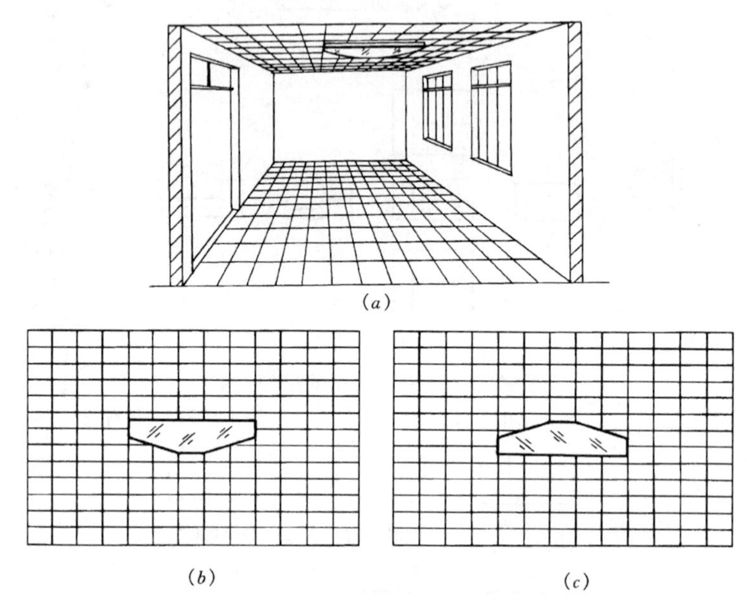

图 2-20　镜像投影法的应用

（*a*）室内透视图；（*b*）画仰视图易造成施工误解；（*c*）平面图（镜像）

小　　结

1. 这种用光源照射形体，在预先设置的平面上投影产生影像的方法，称之为投影法。

2. 投射线的几点特性：

（1）当投影中心距离投影面为有限远时，所有投射线都交汇于一点——中心投影；当投影中心距离投影面为无限远时，所有投射线都互相平行——平行投影。

（2）当投射线都垂直于投影面时，即称为正投影。

（3）投射线可以透过形体。

3. 投影法分类：

投影法
- 中心投影法——用于绘制透视图
- 平行投影法
  - 正投影、标高投影——用于绘制工程图样
  - 斜投影——用于绘制轴测图

4.“长对正、高平齐、宽相等”是正投影图重要的对应关系及投影规律。

5. 用三面正投影图综合起来想像出形体的形状和大小。

6. 三个互相垂直的投影面（H、V、W）要按规定的方法展开；要注意展开后各投影图所表示实际形体的上下、前后、左右关系。在投影图上识别形体的方位关系有利于识图。

7. 建筑图中的视图就是画法几何中的投影图，它们都是按照正投影的方法和规律绘制的。

8. 房屋建筑的图样，应按第一角画法绘制。因此，应掌握六个视图之间的投影关系，六个投影面又称为基本投影面，可根据实际要求选择投影面。

9. 镜像投影法是指看镜面中反射得到图像的方法，镜像投影图也是正投影图。

思考题与习题

2-1　什么是投影？什么是投影体系？

2-2　投影分成哪几类？各自的特点是什么？

2-3　什么是平行投影？什么是正投影？

2-4　相互垂直的三个投影面是怎样展开的？

2-5　三面投影图之间的对应关系是什么？

2-6　三面正投影图与形体的方位关系是什么？

2-7　根据投影关系，如果已知两个投影图，如何作出第三个投影图？

2-8　为什么点的投影又是构成形体的最基本元素？

2-9　为什么说建筑图中的视图和投影图都是按正投影方法绘制的？

2-10　按其投影方向，六个基本视图名称作了何种规定？

2-11　在建筑制图中视图图名作了何种规定？

2-12　什么是镜像投影法？

第三章　基本形体与组合形体的投影

一般建筑物或建筑构件的形状虽然复杂多样，若用形体分析法去观察这些物体，都可以看成由长方体、棱柱、棱台、棱锥、圆柱、圆锥、圆锥台、球等基本几何体（简称基本体）按一定方式组合而成的。例如，图 3-1 所示的广场标志性建筑物是由两块竖立的三棱体组合而成；图 3-2 所示的上海“东方明珠”电视塔气势雄伟，标志着上海的腾飞，这个建筑标志性建筑物，也是由球体、圆柱体等几何形体经过有机的组合构成的。因此，初学识图与制图时应掌握各种基本形体的投影特征和分析方法，是进一步学习复杂形体投影作图与识图的基础。

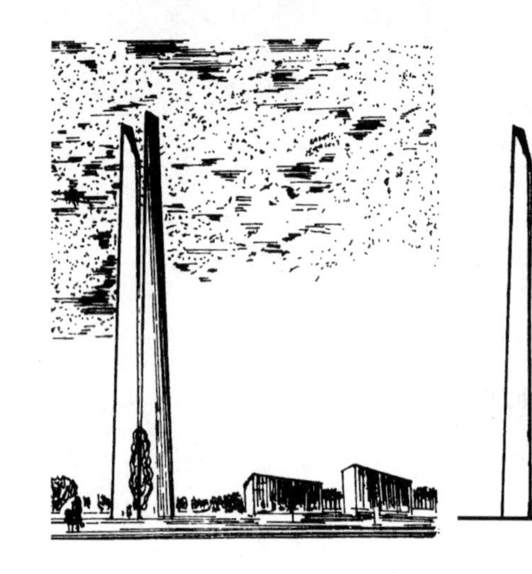

图 3-1　标志建筑物

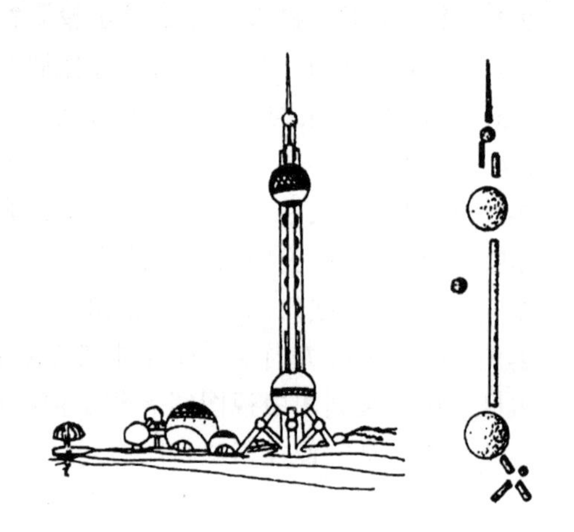

图 3-2　上海“东方明珠”电视塔设计方案

第一节　几种基本形体的投影

基本形体分为平面体和曲面体，如图 3-3 所示。由平面围成的立体称为平面体，平面体主要分成棱柱体和棱锥体等几种。由曲面或曲面与平面围成的立体称为曲面体，曲面体主要分成圆柱体、圆锥体、圆球体等几种。本节重点分析这些基本形体的投影方法。

一、平面体的投影

（一）棱柱体的投影

常见的棱柱体是以水平多边形为底面的正三、正四、正五、正六棱柱等，现以四棱柱（又被称为长方体）为例说明棱柱体的投影关系。

1. 首先要确定四棱柱与投影面的位置。如果四棱柱与投影面的相对位置不同，其投影结果也不相同。图 3-4(*a*) 所示是四棱柱各侧面平行于投影面时的投影图；图 3-4(*b*)

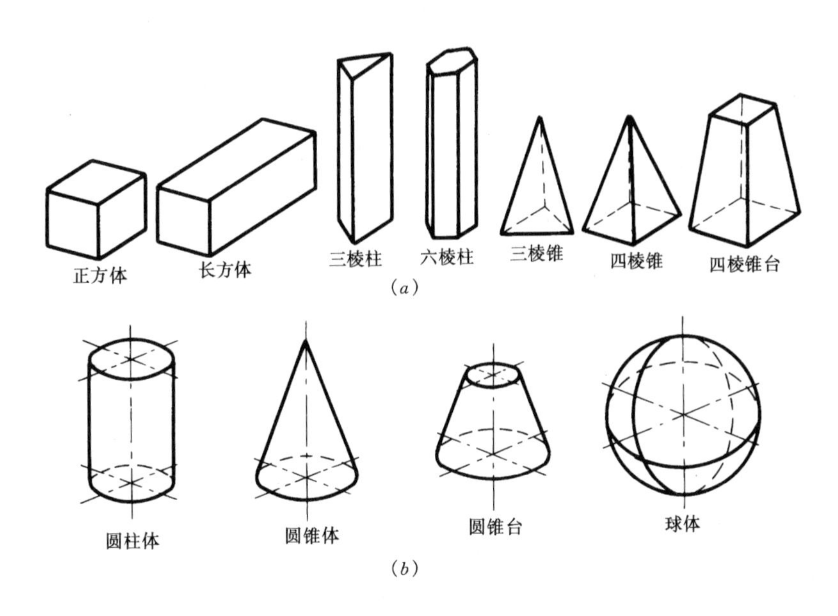

图 3-3　几种基本几何形体

（a）平面体；（b）曲面体

所示是四棱柱其底面与顶面平行于 H 投影面，其余各侧面不平行于 V、W 面时的投影图。当四棱柱与三个投影面的相对位置确定后，分别向三个投影面作投影时，四棱柱的位置就不能再作变动。

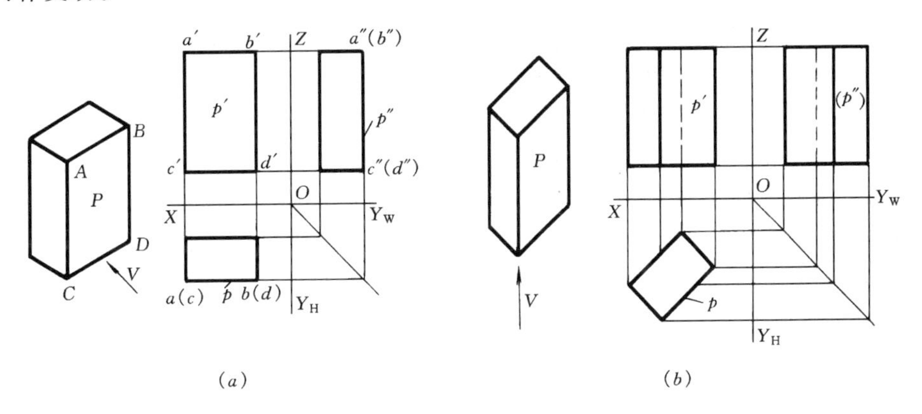

图 3-4　四棱柱与投影面的相对位置

（a）四棱柱各侧面平行于投影面；（b）四棱柱各侧面倾斜于投影面

2. 四棱柱上的每个棱角都可以看作是一个点，由图 3-5 中（a）、（b）、（c）可以看出每一个点在三个投影面中都有它对应的三个投影。如四棱柱上的 A 点，在三投影面上的投影分别用符号 a、a'、a''表示，反之投影点 a、a'、a''也表示了空间点 A。另外，A 点的投影还有以下特点：

（1）A 点 V 投影 a' 和 W 投影 a''，共同反映 A 点在四棱柱的上下位置，以及 A 点 V 投影 a'，W 投影 a''与 H 面的垂直距离（Z 轴坐标）相等，所以 a' 和 a''同画在一条水平线上，如图 3-5（b）所示。

（2）A 点 V 投影 a' 和 H 投影 a，共同反映 A 点在四棱柱上的左右位置，以及 A 点 V 投

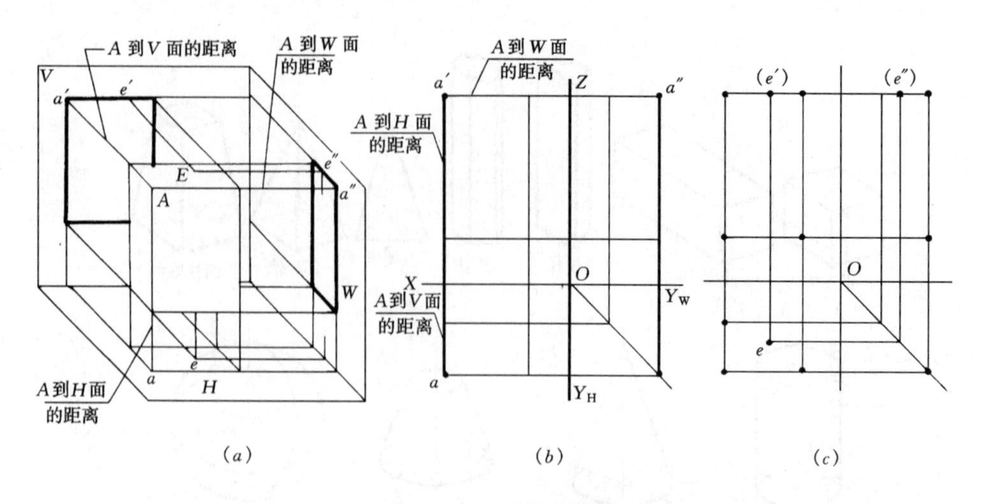

图 3-5　点的投影分析

（a）点到三个投影面的距离；（b）A 点的投影；（c）点在投影图中的对应关系

影 a'，H 投影 a 与 W 面垂直距离（X 轴坐标）相等，所以 a' 和 a 同画在一条铅垂线上，如图 3-5（b）所示。

（3）A 点 H 投影 a 和 W 投影 a''，共同反映 A 点在四棱柱上的前后位置，以及 A 点 H 投影 a，W 投影 a'' 与 V 面的垂直距离（Y 轴坐标）相等，所以 a 和 a'' 一定互相对应距离相等，如图 3-5（b）所示。

（4）投影点 a、a'、a'' 分别反映空间点 A 到三个投影面的距离，如图 3-5（a）、（b）所示。

3. 四棱柱沿 X、Y、Z 坐标有三组方向不同的棱线，如图 3-6（a）所示，每组四条棱线互相平行，各组棱线之间又互相垂直。以棱线 AC 为例，其投影平行于 V 面和 W 面且垂直于 H 面，故这条棱线的 H 面投影积聚为一点，而 V 面和 W 面投影均为直线，并且反映棱线实长，这种棱线称为铅垂线，如图 3-6（b）所示。同理，如图 3-6（c）所示，棱线 AD 其投影平行于 H 面和 W 面且垂直于 V 面，故这条棱线的 V 面投影积聚为一点，而 H 面和 W 面投影均为直线，并且反映棱线实长，这种棱线被称为正垂线。如图 3-6（d）所示，棱线 AB 平行于 V 面和 H 面且垂直于 W 面，故这条棱线的 W 面投影积聚为一点，而 H 面和 V 面投影均为直线，并且反映棱线实长，这种棱线称为侧垂线。

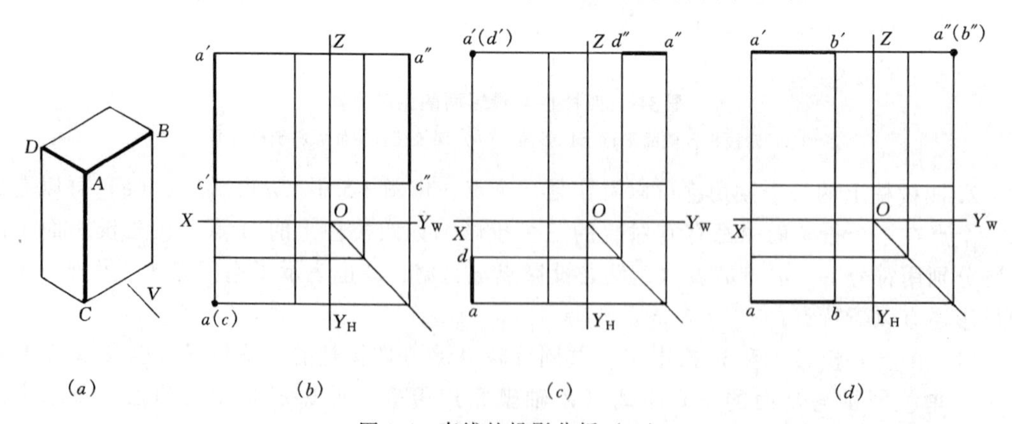

图 3-6　直线的投影分析（一）

（a）已知条件；（b）垂直于 H 面（铅垂线）；（c）垂直于 V 面（正垂线）；（d）垂直于 W 面（侧垂线）

如图 3-7（a）所示，若在四棱柱上连接对角线 EF、DE 及 DF。由于各对角线都在四棱柱的表面上，所以它们必平行于各投影面，如对角线 EF 平行于 H 面，DE 平行于 V 面而 DF 平行于 W 面。从图 3-7（b）中可以看到，ef 线平行于 H 面且反映实长，它在 V 和 W 面上的投影 $e'f'$ 与 $e''f''$ 垂直于 Z 轴且比实长短，这种直线被称为水平线。又如图 3-7（c）所示，$d'e'$ 线平行于 V 面且反映实长，它在 H 面和 W 面上的投影 de 与 $d''e''$ 垂直于 Y 轴且比实长短，这种直线被称为正平线。同理，$d''f''$ 线平行于 W 面且反映实长，它在 V 面和 H 面上的投影 $d'f'$ 与 df 垂直于 X 轴且比实长短，这种直线被称为侧平线，如图 3-7(d)所示。

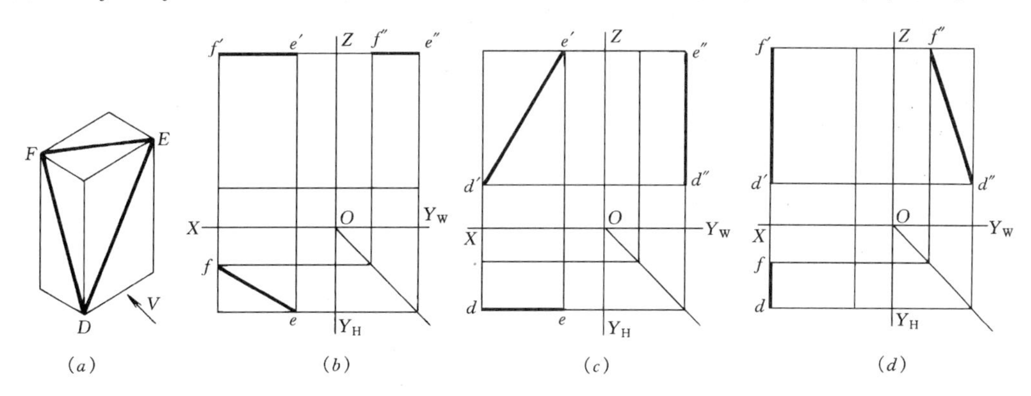

图 3-7　直线的投影分析（二）

（a）已知条件；（b）平行于 H 面（水平线）；（c）平行于 U 面（正平线）；（d）平行平 W 面（侧平线）

4．如图 3-8（a）所示，四棱柱 P 面平行于 V 面，垂直于 H 面和 W 面，其 V 投影 p' 反映 P 面的实形和大小，H 投影 p 和 W 投影 p'' 都积聚为垂直于 Y 轴的直线，这种平面被称为正平面。如图 3-8（b）所示，R 平面平行于 H 投影面，垂直于 V 面和 W 面，其 H 投影 r 反映 R 平面的实形，V 投影 r' 和 W 投影 r'' 都积聚为垂直于 Z 轴的直线，这种平面被称为水平面。如图 3-8（c）所示，Q 平面平行于 W 投影面，垂直于 V 面和 H 面，其 W 投影 q'' 反映 Q 平面的实形，V 投影 q' 和 H 投影 q 都积聚为垂直于 X 轴的直线，这种平面被称为侧平面。

5．由图 3-4（b）所示，P 平面对 H 面垂直，且与 V、W 面不平行，其 H 面投影积聚

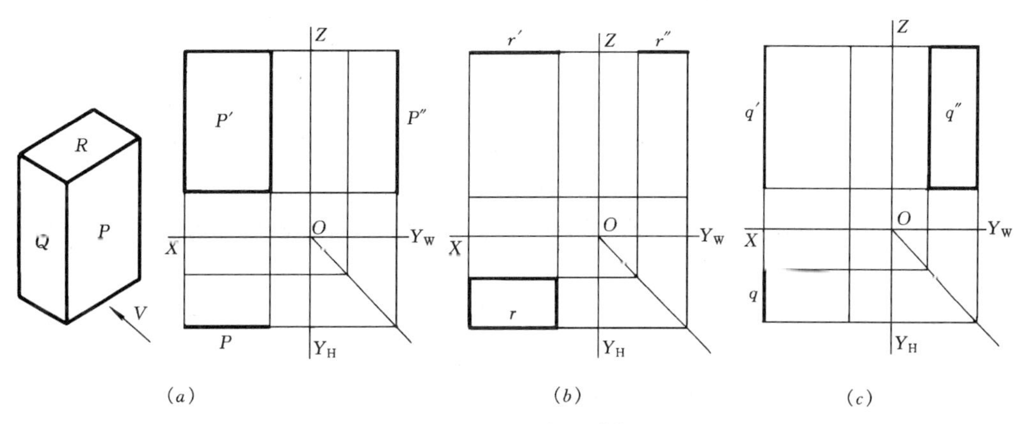

图 3-8　平面的投影分析

（a）平行于 V 面（正平面）；（b）平行于 H 面（水平面）；（c）平行于 W 面（侧平面）

为直线，*V*、*W* 面投影仍为平面，但投影面积缩小，它不反映平面实形，处在这种位置的平面被称为铅垂面。

（二）棱锥的投影

如图 3-9（*a*）所示为正三棱锥向三个投影面的投影。图 3-9（*b*）所示为正三棱锥的三面投影图。投影分析如下：

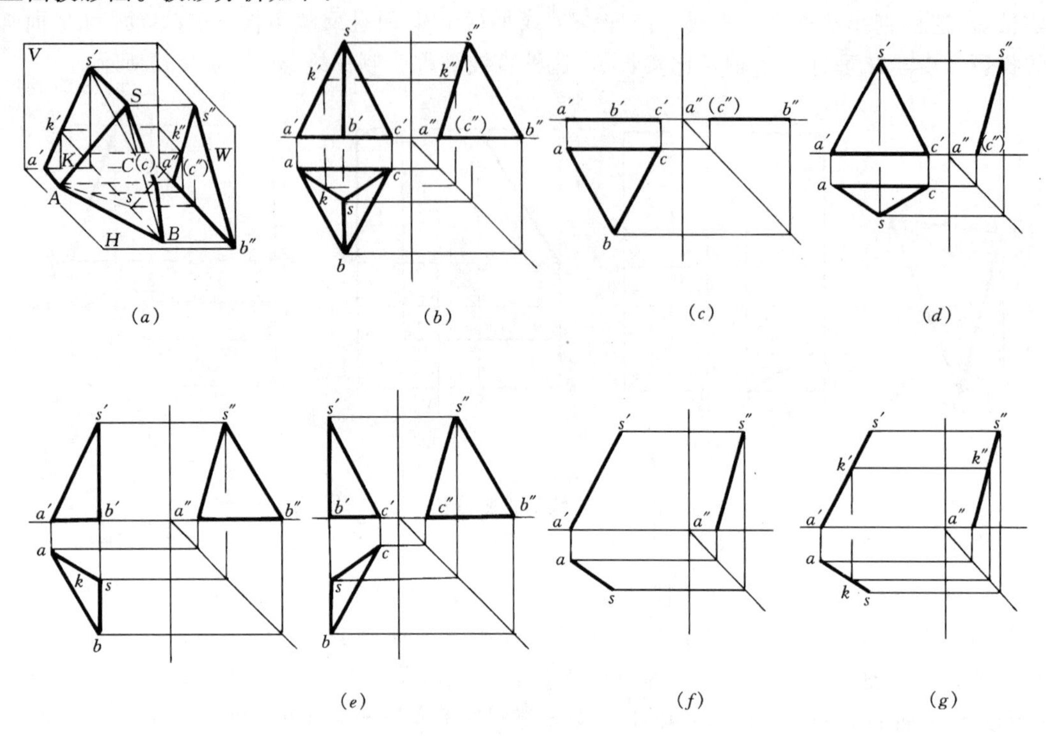

图 3-9 正三棱锥的投影

（*a*）立体图；（*b*）棱锥三面投影；（*c*）水平面；（*d*）侧垂面；（*e*）一般位置平面；（*f*）一般位置线；（*g*）点在线上的三面投影

1. *H* 投影为三个三角形线框△*sab*、△*sbc*、△*sca*，*V* 投影为二个三角形线框△*s′a′b′*、△*s′b′c′*，*W* 投影为一个三角形线框△*s″a″b″*，△*s″*（*c″*）*b″*与△*s″a″b″*重合，如图 3-9（*b*）所示。

2. 棱锥底面△*ABC* 的 *H* 投影△*abc* 反映实形，棱锥底面的 *V* 投影与 *W* 投影分别积聚为直线段 *a′b′c′* 与 *a″*（*c″*）*b″*，这种棱锥底面被称为水平面，如图 3-9（*c*）所示。

3. 棱面 *SAC* 的 *H* 投影 *sac* 为一个三角形线框，*V* 投影 *s′a′c′* 也为一个三角形线框，*W* 投影积聚为一直线段 *s″a″*（*c″*），则该棱面垂直于 *W* 面，这种棱面被称为侧垂面，如图 3-9（*d*）所示。

4. 棱面 *SAB* 与 *SBC* 左右对称，且 *W* 投影重合为一个面。因此，棱面 *SAB* 与 *SBC* 在三个投影面的投影均为棱面，且不反映实形面，这种棱面被称为一般位置平面，如图 3-9（*e*）所示。

5. 正三棱锥的棱线 *SA*，在三个投影面上的投影为三根直线，均不反映实长、实角，且这种棱线都倾斜于三个投影面，这种棱线被称为一般位置线，如图 3-9（*f*）所示。

6. 正三棱锥的棱线 SA 上有一点 K，在三投影面上的投影 k、k'、k''，应符合点的投影对应关系，如图 3-9（g）所示。

（三）四棱台的投影

图 3-10（a）所示为四棱台，它可以看成由平行于四棱锥底面的平面截去四棱锥的锥顶一部分而形成的。其顶面▱$ABCD$ 与底面▱$EFGH$ 为互相平行的平面，均反映水平面实形；前、后、左、右四个面都是斜面。所有的棱线延长后仍应汇交于一个公共顶点，即锥顶 S。

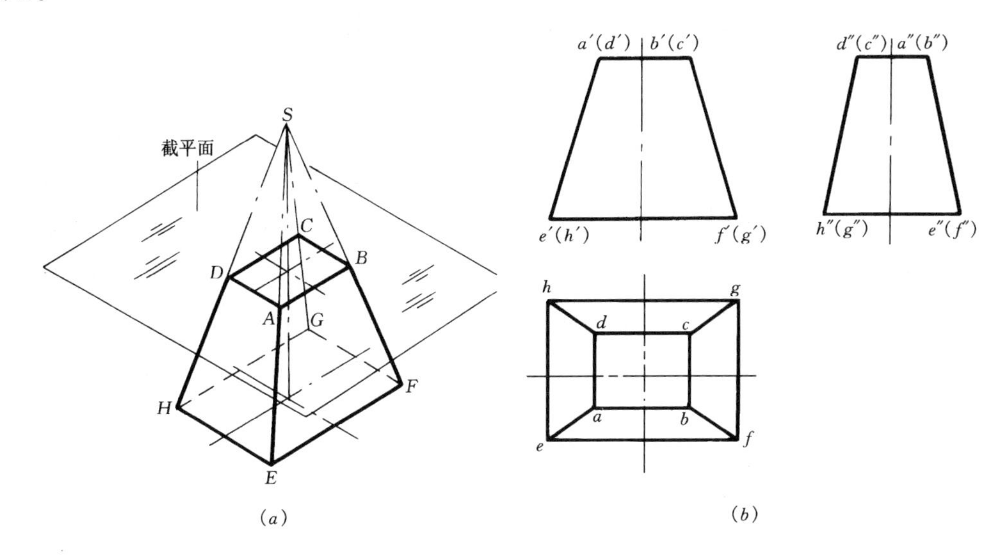

图 3-10　四棱台的投影

（a）立体图；（b）投影图

如图 3-10（b）所示为四棱台的正投影图，前、后两个面与 W 面垂直，且与 H、V 面倾斜，其侧面投影积聚为直线，在 H、V 投影面上投影为小于实形的平面，处于这种位置的平面被称为侧垂面。左、右两个面与 V 面垂直，且与 H、W 面倾斜，其正面投影积聚为直线，在 H、W 投影面为小于实形的平面，处于这种位置的平面被称为正垂面。四根斜棱线都是一般位置线。

（四）平面体的尺寸标注

平面体一般应标出其长、宽、高三个方向的尺寸，所标注的尺寸既要齐全又不重复，各底面尺寸应标注在反映实形的投影图上，高度尺寸应标注在正面投影和侧面投影之间。平面体投影图的尺寸标注方法如图 3-11 所示。

二、曲面体的投影

（一）圆柱体的投影

1. 圆柱面的形成

如图 3-12 所示，由两条平行直线，一条为母线、一条为轴线，母线绕轴线旋转一周的轨迹，即为圆柱面。母线 MN 在旋转过程中的任一位置，如 M_1N_1、M_2N_2 等称为圆柱面上的素线。圆柱面上左、右、前、后的最大素线位置，又称为圆柱体最大的轮廓线位置。绘制圆柱体的投影图，主要是绘制其轮廓线的投影。

2. 投影分析

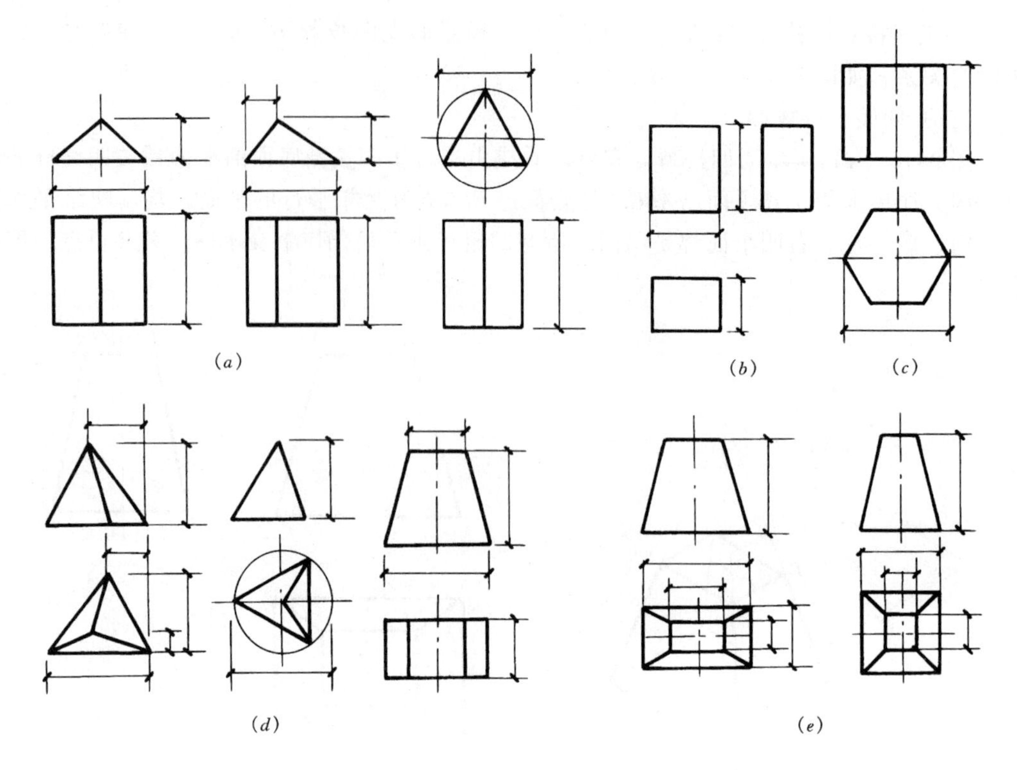

(a)　(b)　(c)　(d)　(e)

图 3-11　平面体的尺寸标注

(a) 三棱柱；(b) 四棱柱；(c) 六棱柱；(d) 三棱锥；(e) 棱台

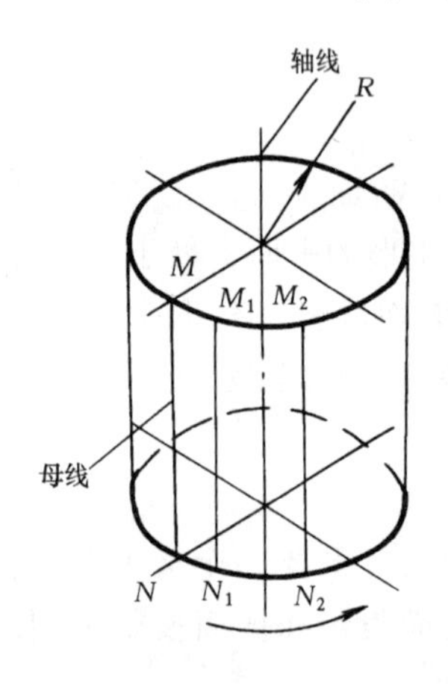

图 3-12　圆柱面的形成

如图 3-13 (a) 所示，圆柱体是由圆柱面和上、下两底面所构成的。由于圆柱轴线垂直 H 面，它的 H 面投影为一圆，它反映圆柱上顶与下底面的实形，即是积聚性的投影；V、W 面投影则是两个相等的矩形，其宽度为圆柱体的直径，高度为圆柱体的高。应注意的是，V、W 投影中，两个相等的矩形轮廓线并非同一对素线。如图 3-13 (b) 所示，在 V 面投影中，素线 $a'a'_1$ 与 $b'b'_1$ 是圆柱面上最左和最右轮廓线的投影（又称为转向素线）。这对素线把圆柱体分为前后两半，前半圆柱面为可见，后半圆柱面为不可见，最大素线 $a'a'_1$ 与 $b'b'_1$ 的 W 面投影与轴线重合。W 面投影中素线 $d''d''_1$ 与 $c''c''_1$ 是圆柱面上最前和最后轮廓线的投影，这对素线把圆柱体分为左右两半，左半圆柱面为可见，右半圆柱面为不可见。最大素线 $d''d''_1$ 与 $c''c''_1$ 的 V 面投影与轴线重合。

3. 圆柱面上点的投影

【例 3-1】　在图 3-13 (b) 中，已知点 (m')，求点 m 和 m'' 的投影。

(1) 经过分析可知，M 点位于后半圆柱面上。

(2) 利用圆柱面 H 面投影的积聚性可作出点 (m)。

(3) 根据点的投影规律，又可作出 W 面投影点 m''。

(4) 判别可见性，投影点 m'' 为可见，(m) 为不可见，即为所求。

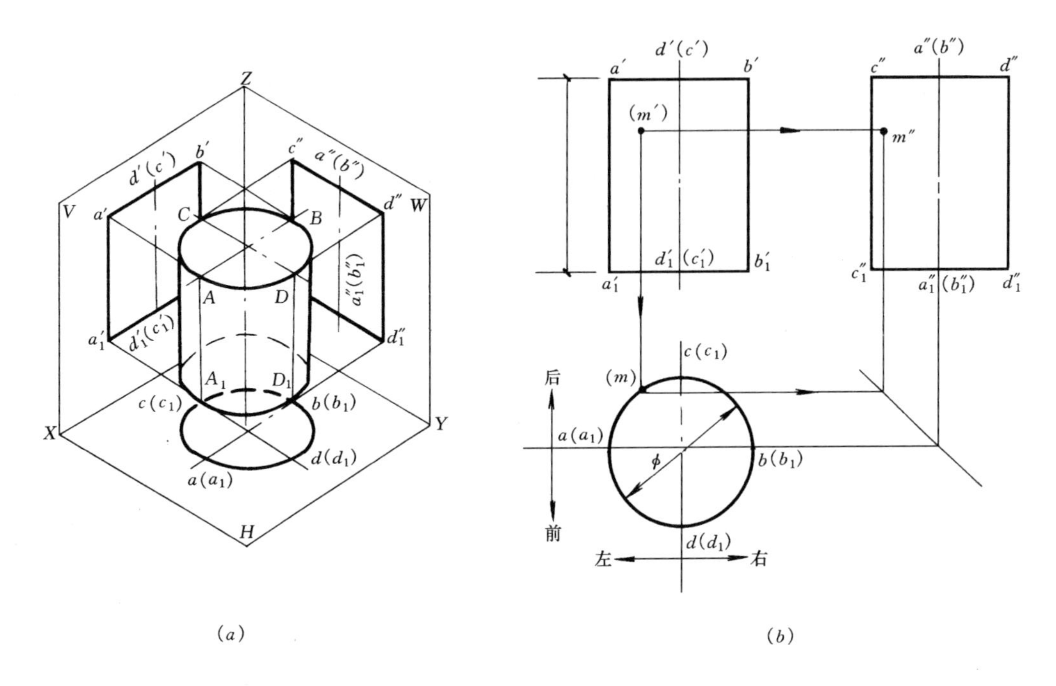

图 3-13 圆柱体的投影图

（a）立体图；（b）投影图

（二）圆锥体的投影

1. 圆锥体的形成

如图 3-14 所示，由两相交的直线，以直线 SA 为母线绕一条轴线旋转一周所经过的轨迹，即得圆锥面。圆锥体是由圆锥面与底面所构成的。母线在旋过程中的任一位置，如 SA_1、SA_2、SA_3 等称为素线。

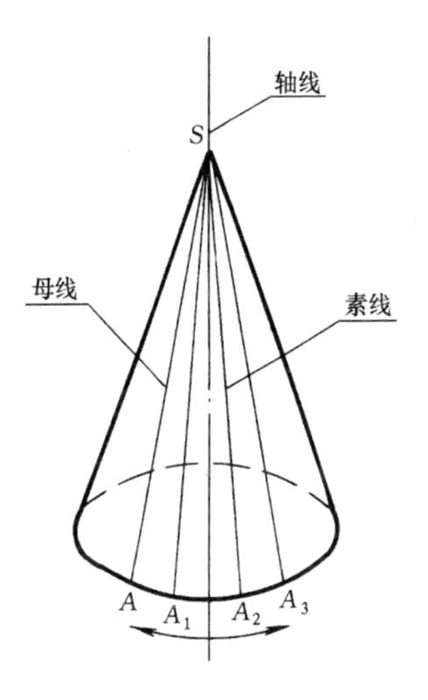

图 3-14 圆锥的形成

2. 投影分析

图 3-15（b）所示的圆锥体，H 面投影为圆，它反映底圆的实形，又是圆锥面的投影，两者间成一定角度并没有积聚性，底圆中心点为锥顶的投影 S，圆锥的 V、W 面投影均为两个等腰三角形。在 V 面投影中素线 $s'a'$ 与 $s'c'$ 是圆锥面最左和最右轮廓的投影，这对最大位置素线把圆锥分成前、后两半，在前面的可见，在后面的不可见；最大素线 $s'a'$、$s'c'$ 的 W 面投影与轴线重合。在 W 面投影中素线 $s''b''$、$s''d''$ 是圆锥面最前和最后轮廓的投影，这一对最大位置素线把圆锥分成左、右两半，在左边的可见，在右边的为不可见，最大素线 $s'b'$、$s'd'$ 的 V 面投影与轴线重合。

（三）圆锥面上点的投影

1. 从圆锥体的形成可知，圆锥表面是由许多条素线组成的。圆锥表面上若有一个点必在某一条素线上，利用这种性质即可求出圆锥面上点的三面投影，用这种方法求点的投影又称为素线法。

【例 3-2】 如图 3-15（a）、（b）所示，已知圆锥面 V 投影 k'，求作 k、k'' 的投影。

（1）过 k' 点作素线 $s'e'$，如图 3-15（*c*）所示；

（2）由 $s'e'$ 求出素线 se 和素线 $s''e''$ 的投影；

（3）按照投影规律由 k' 点向下投影到 se 素线上得点 k，同理即可作出 k'' 点的投影。

2. 假设用一个垂直于圆锥轴线的水平截面，过圆锥表面上的点截断圆锥，移开上端部分，再向下投影即在 H 面上反映一个圆，这个连着点的圆称为纬圆，如图 3-15（*a*）所示，用这种方法求点的投影又称为纬圆法。

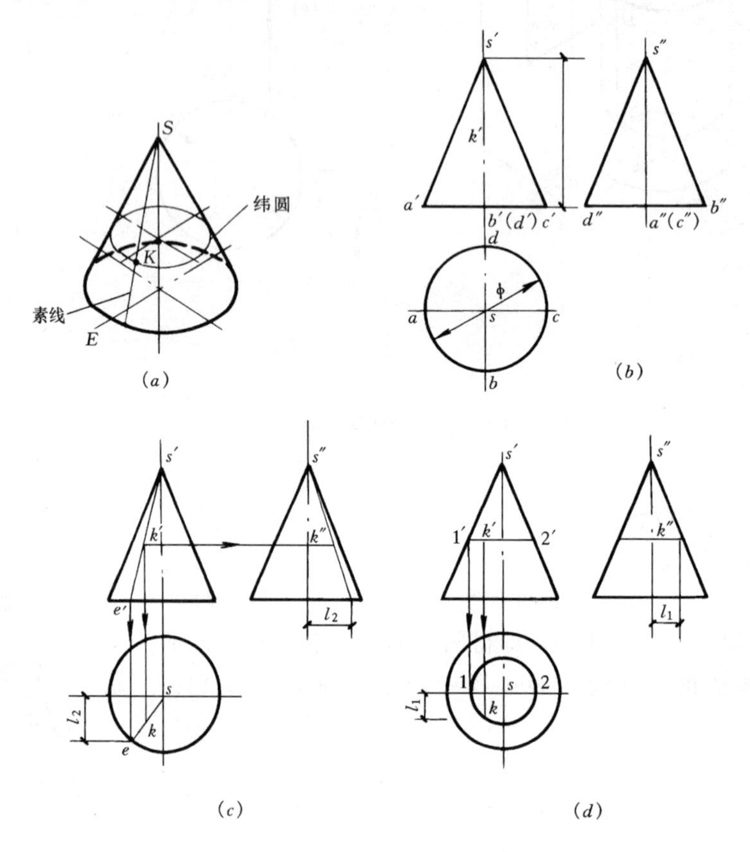

图 3-15　圆锥的投影及表面上点的投影

（*a*）立体图；（*b*）投影图；（*c*）素线法；（*d*）纬圆法

【例 3-3】 如图 3-15（*a*）、（*b*）所示，已知 V 投影点 k'，求 k，k'' 的投影。

（1）过 k' 点作纬圆直径 $1'2'$，如图 3-15（*d*）所示；

（2）以 s 点为圆心，取直径 $1'2'$ 的 1/2 为半径，在 H 面上画出纬圆实形，k 点必然在纬圆上；

（3）根据点的投影关系由 k' 和 k 点，即可求出 k''。

（四）球体的投影

球面是以一圆周作母线绕本身的一条直径旋展而成的，如图 3-16 所示。

图 3-16　球面的形成

1. 投影分析

球体的三面投影都是相同直径的圆，如图 3-17（*a*）所示。投影 a' 对应于圆素线 A 的 V 投影，它把球面分成前、后两半，前半球面可见，后半球面不可见；投影 b 对应于圆素线 B 的 H 投影，它把球面分成上、下两半，上半球面可见，下半球面不可见；投影 c'' 对应于圆素线 C 的 W 投影，它把球面分成左、右两半，左半球面可见，右半球面不可见，如图 3-17（b）所示。

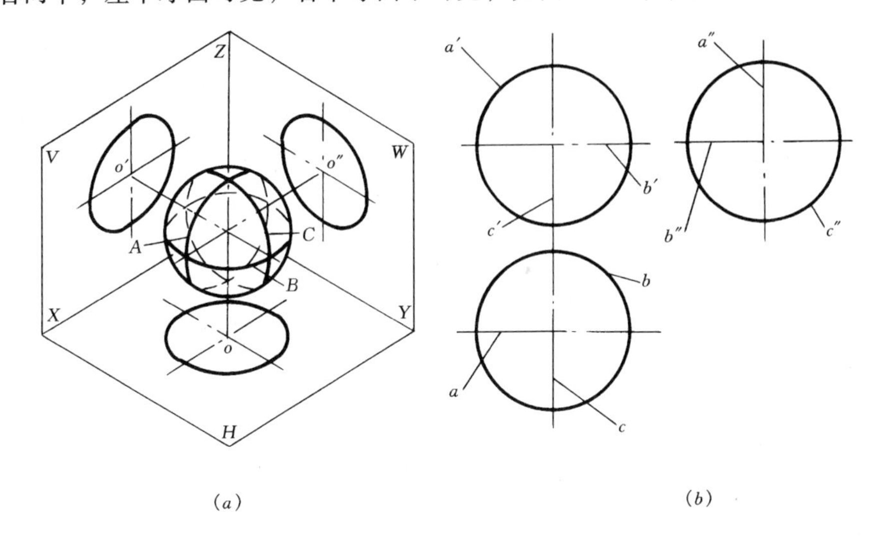

图 3-17　球面的投影

（a）立体图；（b）投影图

2. 球面上点的投影

可用纬圆法求作球面上点的投影。如图 3-18（a）所示，图中的 P 平面为截平面。

【例 3-4】 如图 3-18 所示，已知球面 V 投影 m'，求作 m、m''的投影。

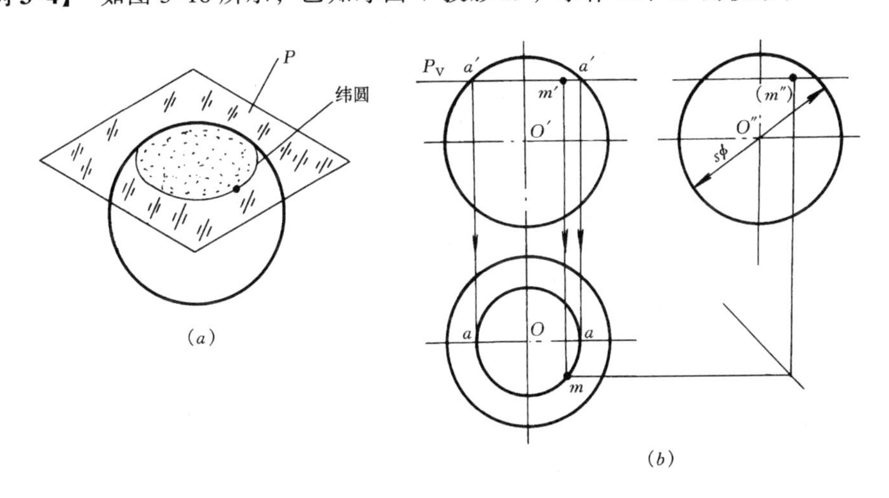

图 3-18　球面上点的投影

（a）立体图；（b）纬圆法求点

（1）先确定点 M 的位置及其可见性，经分析点 M 是在球面的右、上、前半球部位，则 V、H 投影可见，W 投影为不可见；

（2）过 V 投影 m' 点作纬圆且平行于 OX 轴的直线 $a'a'$，再以直线 $a'a'$ 的一半为半径并在 H 面上以 O 点为圆心画出纬圆，再过 m' 点向下投影至纬圆，即得投影点 m；

(3) 按点的投影规律即得投影点 m''，如图 3-18（b）所示。

综合上述分析可知：求曲面上点的投影的方法主要有素线法和纬圆法两种。如点在曲面体上则该点一定在曲面体的素线或纬圆上，如图 3-15（a）、图 3-18（a）所示。

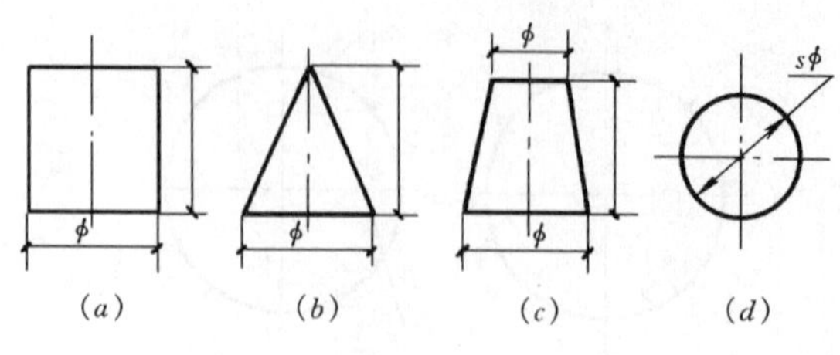

图 3-19　曲面体的尺寸标注

（a）圆柱；（b）圆锥；（c）圆锥台；（d）圆球

（五）曲面体的尺寸标注

如图 3-19 所示，圆柱和圆锥应标出底圆直径和高度尺寸，圆锥台还应加注顶圆的直径。在标注直径尺寸时，应在数字前面加注"ϕ"，而且往往标注在非圆的投影图上，用这种标注形式有时只要用一个投影图就能确定其形状和大小，其他的投影图可以省略，圆球在直径数字前加注"$s\phi$"，也只需要一个投影图。

第二节　组合形体的投影

组合体可分为平面组合体和曲面组合体两类，以下用分步作图的方法说明组合体的识读与画法。

一、平面组合体的投影

对照平面立体图画组合体的投影图时，应首先确定正立面的投影方向，尽量使正立面图能反映平面立体的形状特征；再进行形体分析，把组合体有序的拆成若干个基本形体并一一画出，同时应注意各基本几何体之间的相互位置关系。

【例 3-5】　分步求作图 3-20（a）所示平面立体的三面视图。

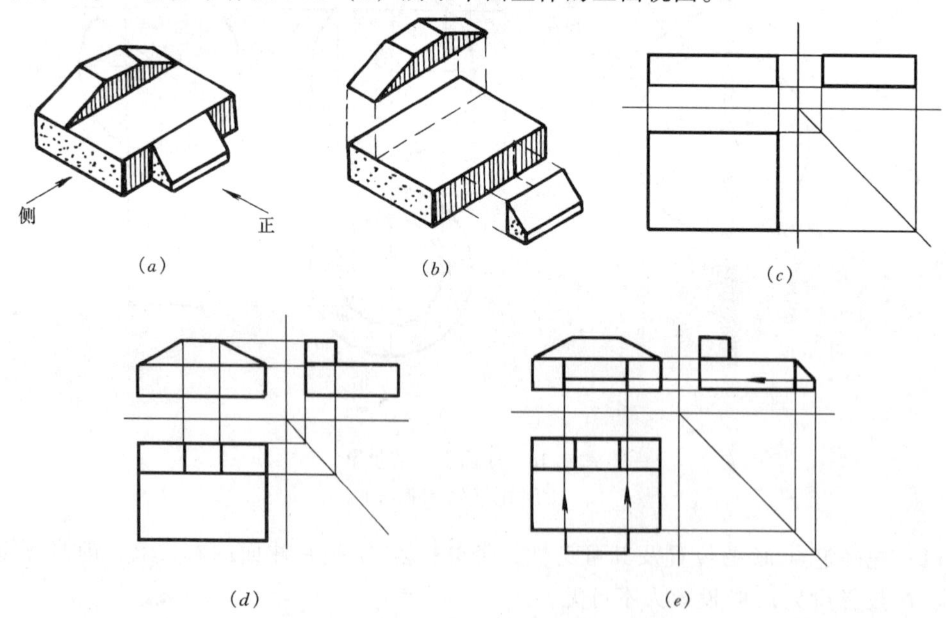

图 3-20　分步求作平面组合体的三面视图

（a）立体图；（b）形体分析；（c）画底板；（d）画上后方斜面体；（e）画正前方斜面体

（1）先确定正立面的投影方向，如图 3-20（a）所示；

（2）进行形体分析，把形体拆成三块基本几何体，如图 3-20（b）所示；

（3）先画出长方形底板的三面视图，如图 3-20（c）所示；

（4）画出叠加在长方形底板上方的一块斜面体的三面视图，如图 3-20（d）所示；

（5）画出叠加在长方形底板前方的一块斜面体的三面视图，如图 3-20（e）所示；

（6）擦去多余的线，并加深图线，完成全图。

画平面组合体投影图时，必须注意其组合形式和各组成部分表面间的连接关系。读图时，也必须注意这些关系，才能想清楚整体结构形状。同时，应注意以下两点：

1. 当组合体上两基本形体的表面不平齐时，在图内中间应该有线隔开。

如图 3-21（c）所示的机座模型，它是由带半圆槽的长方体和带凹槽的底板叠加而成的，其分界处画图时应有线隔开成两个线框，如图 3-21（a）所示。若中间漏线如图 3-21（b）所示，就成为一个连续表面，因此是错误的。

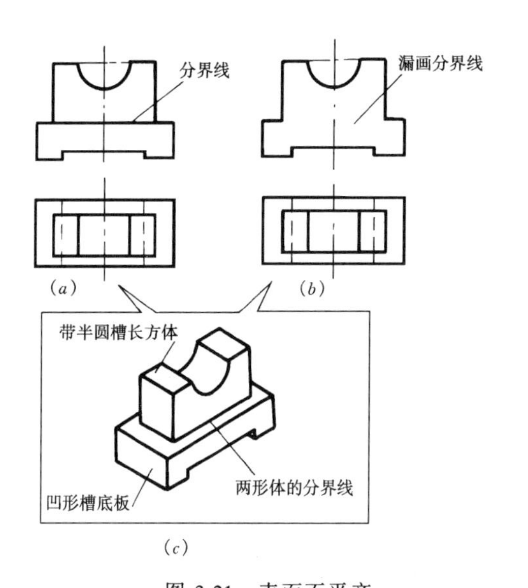

图 3-21　表面不平齐

（a）正；（b）误；（c）机座

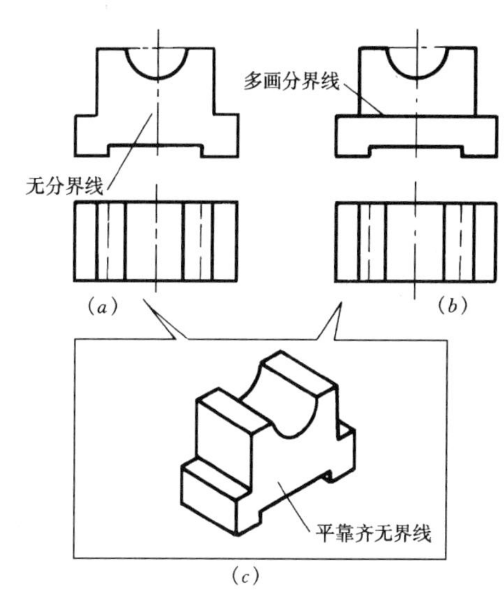

图 3-22　表面平齐

（a）正；（b）误；（c）机座

2. 当组合体两基本形体的表面平齐时，中间不应有线隔开。

图 3-22（c）所示两个基本形体的前、后表面是平齐的成为一个完整的平面，这样就不存在分界线。因此，图 3-22（b）中 V 投影（主视图）多画了图线，是错误的。

图 3-23 所示两个基本形体在前的表面平齐，不存在分界线；在后的表面不平齐，应有虚线隔开成两个线框。

二、曲面组合体的投影

根据曲面组合体的组合方式的不同分为：曲面体与平面体叠加而成的组合体，或者由一个曲面基本形体切去某些部分而形成的组合体。对曲面组合体作正投影时，同样可先进行形体分析，然后一一画出来，再用线、面分析完成投影图。

【例 3-6】　已知一组合体如图 3-24（a）所示，分步求作三面视图。

（1）形体分析：由立体图形可知，该组合体是由一个正四棱柱 A 和圆柱 B 叠加后分

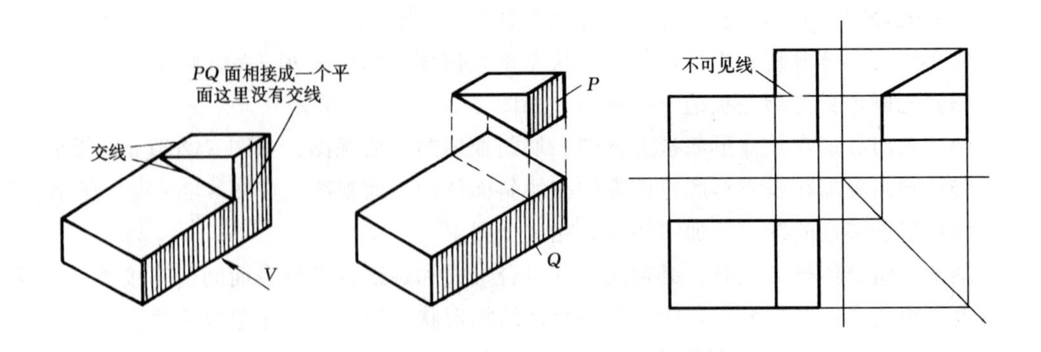

图 3-23 组合体的表面交线

别切去一个正四棱柱 C 和一个圆柱 D 而成的，如图 3-24（b）所示；

（2）选择投影图：作投影图时，选择有缺口的一面平行于正立面；

（3）先画出圆管的中心线和正四棱柱 A 的三面视图，如图 3-24（c）所示，图中不可见的交线画虚线；

（4）画出圆管的三面视图，图中不可见的最大素线画虚线，如图 3-24（d）所示。

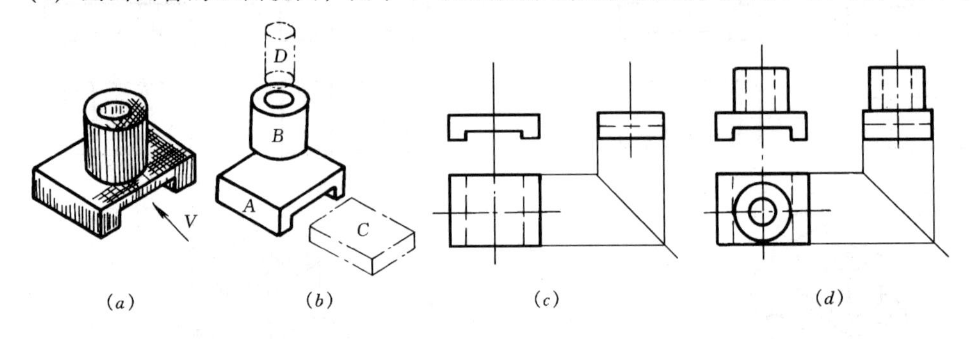

图 3-24 分步求作曲面与平面组合体的三面视图

（a）立体图；（b）形体分析；（c）画底板；（d）画圆管的三面视图

【例 3-7】 已知一切割型曲面组合体如图 3-25（a）所示，分步求作三面视图。

（1）形体分析：由立体图形可知，该组合体是一个圆柱切去上部的前（A）后（B）位置两块，在圆柱的下部中间位置（C）切去一块，形成一个机械连接件，如图 3-25（b）所示；

（2）选择投影图：作投影图时，选择圆柱上部前面被切去的面平行于正立面；

（3）先画圆柱的三面视图，如图 3-25（c）所示；

（4）画圆柱上部被切割后的三面视图，如图 3-25（d）所示；

（5）画圆柱下部中间位置被切割后的三面视图，图中不可见的交线画虚线，如图 3-25（e）所示。

画曲面组合体投影图时，图样要注意其组合形式和组成部分，其表面间的连接关系，也应注意以下两点：

1. 当组合体上的两基本形体的表面相切时，在相切处不应画线，如图 3-26（a）、（b）所示的形体。它的外形由耳板与圆柱组成，耳板的侧面与圆柱面相切，在相切处形成了光滑的过渡，因此在 V、W 面投影图中，相切处不画线。应注意两个切点 A 和 B 的 V 面投

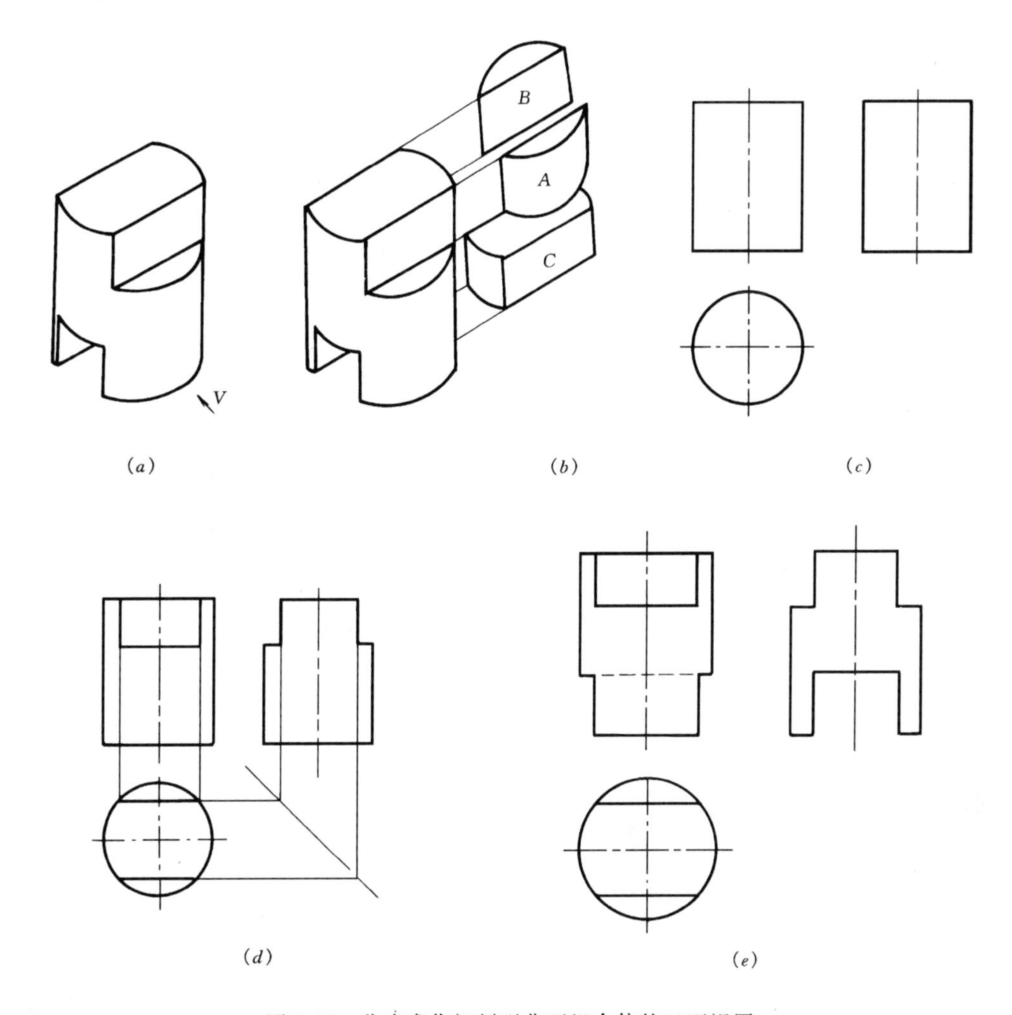

图 3-25 分步求作切割型曲面组合体的三面视图

（a）立体图；（b）形体分析；（c）画圆柱三面投影；（d）切割上部形体；（e）切割下、中部形体

影 a'、（b'）和 W 面投影 a''、b''的位置，如图 3-26（c）所示。

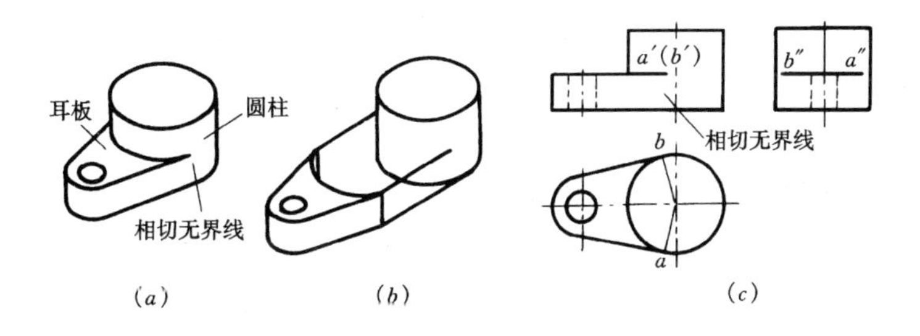

图 3-26 表面切线画法

（a）立体图；（b）形体分析；（c）投影图

2. 当组合体上的两个基本形体的表面相交时，在相交处应画出交线，如图 3-27（a）、（b）所示的形体。它的外形由耳板与圆柱组成，其耳板的侧面与圆柱面不相切，因此在 V、W 面投影图中应画出表面交线，如图 3-27（c）所示。

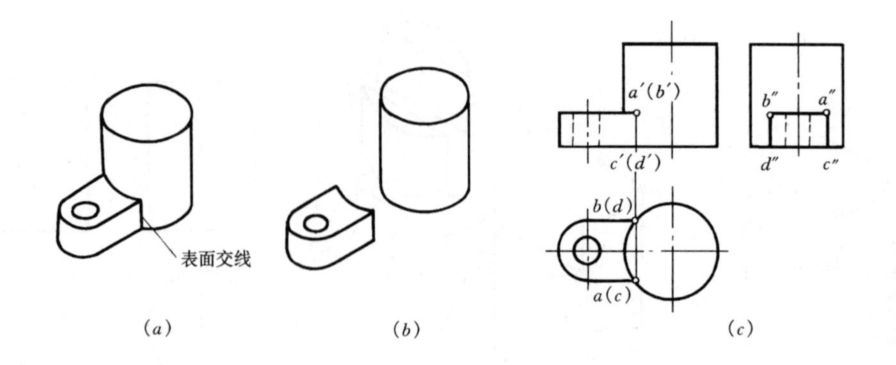

图 3-27　表面交线的画法

（a）立体图；（b）形体分析；（c）投影图

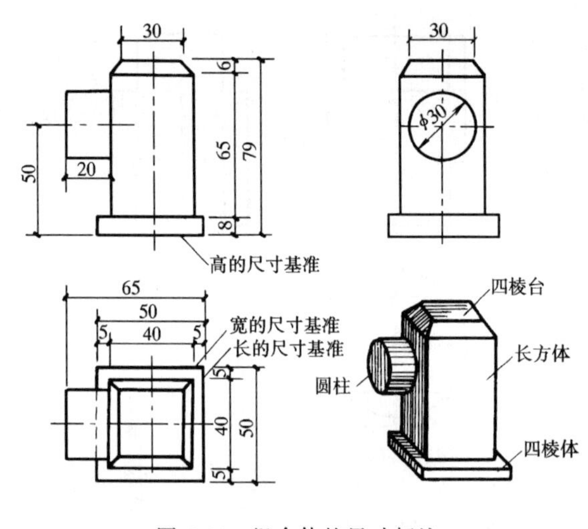

图 3-28　组合体的尺寸标注

三、组合体的尺寸标注

组合体投影图在标注尺寸之前，应对组合体进行形体分析。要标注出确定各基本形体大小的定形尺寸和确定各基本形体之间相对位置的定位尺寸，以及反映整个组合体长、宽、高的总体尺寸。

标注定位尺寸时，要在长、宽、高三个方向选定尺寸基准，以便确定各部分前后、左右、上下的相对位置。通常以组合体的底面、重要端面、对称面以及回转体的轴线等作为尺寸基准。组合体投影图尺寸标准方法，如图 3-28 所示。

四、组合体的识读

（一）读图的方法

读图实质上是根据已知的视图想像出形体的空间形状和结构的思维过程。读图时首先应对前面所讲到的各种位置直线、平面及基本几何体的投影特征非常熟悉，这是读图的基本前提。读图时常以主视图为主要视图，再将其余视图联系起来看，联系起来想。特别是有这样几种情况：几个组合体的空间形状不同，但它们的主视图（正立面图）完全相同，如图 3-29 所示；有的甚至主视图（正立面图）与左视图（左侧立面图）都完全相同，如图3-30所示。这就更应该去看其他视图，根据每向视图各自的投影特征找出其异同，从而正确地想像和读出各视图所要表达的形状。

读图的方法有多种，常用的方法有形体分析法和线面分析法两种。

1. 形体分析法读图

用形体分析法读图就是将组合体的投影图分解成若干个基本形体，从各自的投影中分析出组合体各组成部分的形状与相对位置，然后综合起来确定组合体的整体形状与结构。

下面以图 3-31 所示台阶三视图为例，说明用形体分析法读图步骤：

（1）分解一个视图，分析出各个部分的形状。如图 3-31（a）所示，将主视图分成

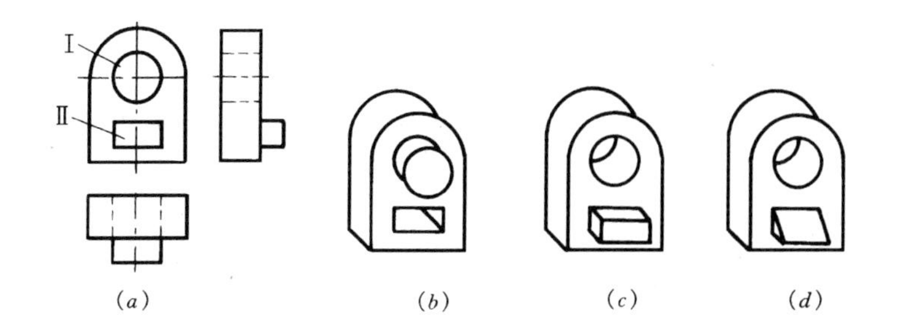

图 3-29　不同的组合体但主视图相同

（a）投影图；（b）立体图（一）；（c）立体图（二）；（d）立体图（三）

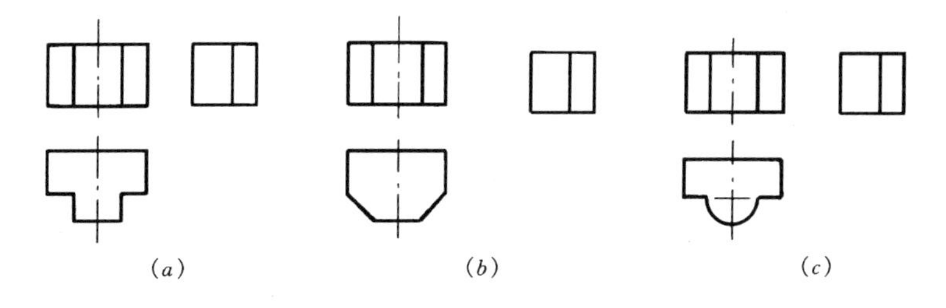

图 3-30　几个主、左视图完全相同的实例

（a）投影图（一）；（b）投影图（二）；（c）投影图（三）

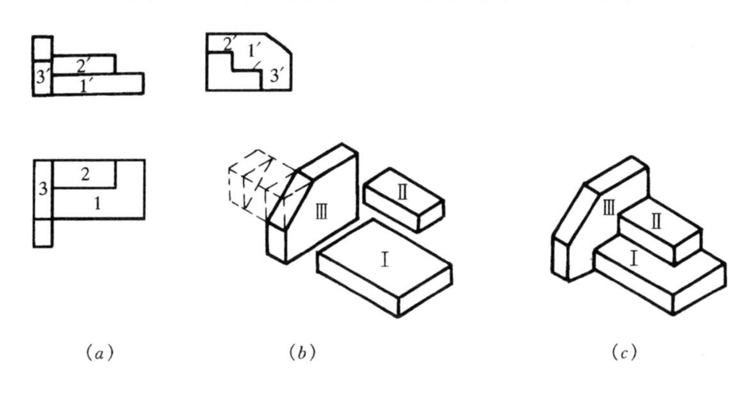

图 3-31　形体分析法读图

（a）投影图；（b）形体分析；（c）立体图

1′、2′、3′三个部分。按照组合体投影的三等关系（长对正、高平齐、宽相等）和基本形体投影特征可知，四边形 1′在俯视图和左视图中对应的 1、1″线框，这就可以确定该基本形体是台阶的第一个踏步，如图 3-31（*b*）所示的四棱柱Ⅰ。以主视图中的四边形 2′在俯视图和左视图中对应的 2、2″线框，就可以确定台阶的第二个踏步形状，如图 3-31（*b*）所示的四棱柱Ⅱ。主视图靠左边的四边形 3′，所对应俯视图 3 为两个线框和左视图 3″为一个线框，其空间形状是如图 3-31（*b*）中所示上前角被切去呈斜面的四棱柱Ⅲ。

（2）确定各组成部分在组合体中的相对位置。由投影可知，主视图反映了组合体各组成部分（基本形体）的上下左右位置；俯视图反映了组合体各组成部分的前后左右位置；左视图反映了组合体各组成部分的上下前后关系。于是，从各视图中可知Ⅰ形体在最下面是第一个踏步；Ⅱ形体在Ⅰ形体的上方是第二个踏步；Ⅲ形体的上前方被切去一角，挡在二个踏步的左端面。

(3) 综合以上分析，想出整体形状与结构。由以上分析，可知组合体台阶各组成部分的形状以及相对位置，最后只需将这些组成部分按视图所示位置分析读图，想出整体形状与结构。台阶的形状如图 3-31（*c*）所示。

2. 线面分析法读图

当构成组合体的各基本几何体的三面视图，不是很容易就能找出或区分时，可结合线、面分析来读图。这种读图方法是利用所学点、线、面的投影规律来分析确定组合体的形状与大小的。

下面以图 3-32（*a*）所示形体的三视图为例，首先分析主、俯二视图的外轮廓线均为矩形线框，可知其原始基本形体为长方体，再在长方体上进行切割。下面用线面分析法来读图：

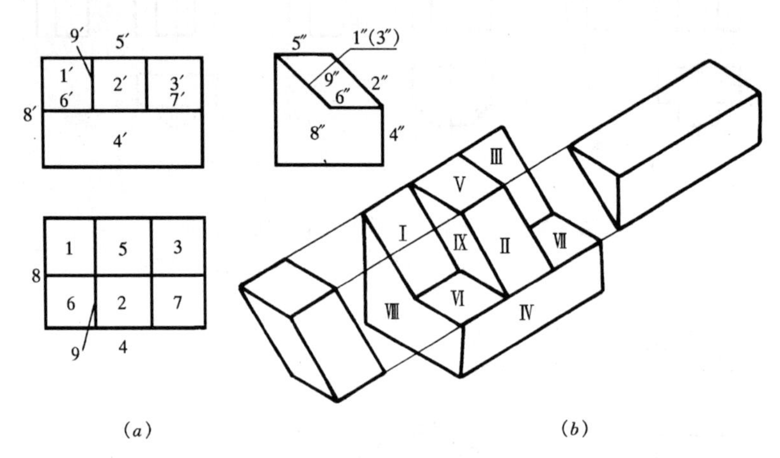

图 3-32 线面分析法读图

（*a*）投影图；（*b*）形体分析

(1) 将主视图中封闭的线框编上号，并找出其对应投影编号确定空间形状。

主视图中有 1′、2′、3′、4′四个封闭线框，按“高平齐”的投影关系，1′线框对应在左视图上一条斜线 1″，根据平面的投影规律可知Ⅰ平面是一个侧垂面，它的水平投影不仅应与它的正面投影长对正，而且应为正面投影的类似形，所以就可以确定俯视图中的矩形 1 线框是它的水平投影。主视图中的 2′线框，按“高平齐”的投影关系，它的左视图为一斜线 2″；因此，Ⅱ平面应为侧垂面，根据平面的投影规律，它的水平投影不仅应与它的正面投影长对正，而且应为正面投影的类似形，所以就可以确定俯视图中的矩形 2 线框是它的水平投影。主视图中的 3′线框对应在左视图上的一斜线（3″）且与斜线 1″重影；因此，Ⅲ平面同是一个侧垂面。主视图中的 4′线框，按“高平齐”的投影关系，它对应在左视图上的一条竖直线 4″，根据平面的投影规律可知Ⅳ是一个正平面，它的水平投影应为与之长对正的俯视图中的积聚平行线 4。

(2) 将俯视图中剩下的封闭线框编上号（5、6、7），将左视图中的封闭线框也编上号（8″、9″），并找出其对应的投影编号，确定其空间形状。

同理可以分析出俯视图中 5、6、7 线框的对应投影 5′、5″、6′、6″、7″、（7″）积聚为平行线段，而（7″）与 6″重影，可确定它们的空间形状为矩形的水平面；8″线框的对应投影 8′、8 积聚为两竖直线段，可确定它为侧平面；9″线框的对应投影 9′、9 积聚为两竖直线段，可确定它为侧平面。

（3）根据投影，分析各组成部分的相对位置，并综合起来想出整体形状。

由投影图可知各组成部分的上、下、左、右、前、后关系，因此不难想出其整体形状为在长方体的上前方切去一块三棱柱体，再在余下形体的左（右）上前方各切去倾斜的四棱柱体，如图 3-32（*b*）所示的形体。

3. 识读组合体应注意的几点

（1）上面虽然讲述了两种读图方法，但这只是为了说明两种读图方法的特点；其实形体分析法与线面分析法在读图时并不能截然分开，它们既相互联系又相互补充。识读组合体时，应用形体分析法逐一读懂该组合体的各个组成部分，再应用线面分析法认识某些局部形状，有时也需要把两者结合起来识读。

（2）由于组合体各组成部分的形状和位置特征并不一定都集中在某一个视图上，所以读图时必须善于找出反映特征的投影，这样就便于想像其形状与位置。

（3）识读组合体时，常常是先做大概肯定，再做细致分析；先用形体分析法，再用线面分析法；先外部后内部；再由局部回到整体；有时可画轴测图来帮助看图。

（二）读组合体视图举例

【例 3-8】 识读组合体的三视图。

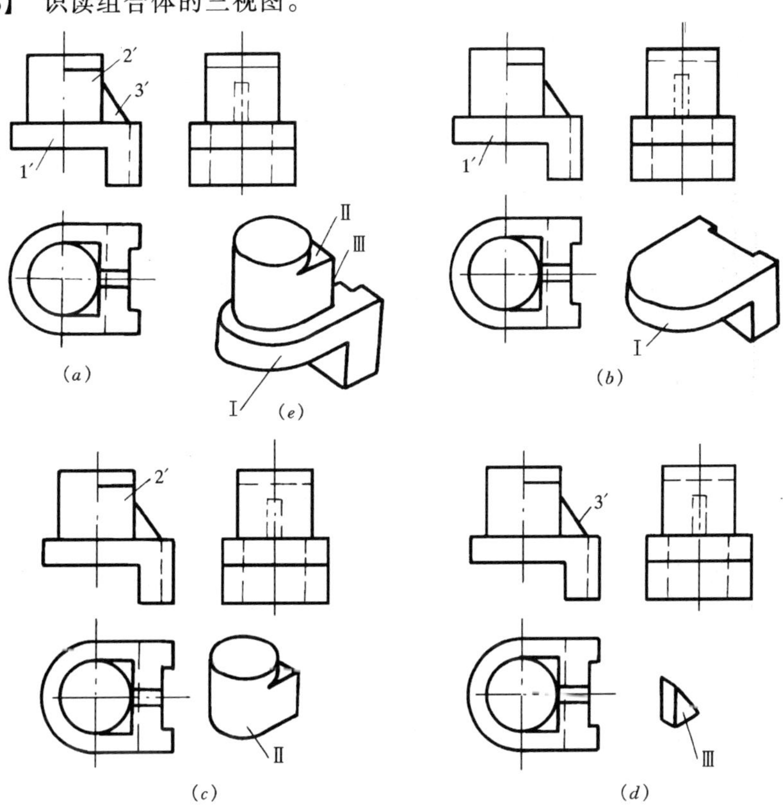

图 3-33 识读组合体三视图

（*a*）已知三面视图；（*b*）读形体Ⅰ；（*c*）读形体Ⅱ；（*d*）读形体Ⅲ；（*e*）想像组合的整体形状

1. 初步认识视图，从主视图读起

如图 3-33（*a*）所示，按投影关系，可初步确定它是由Ⅰ、Ⅱ、Ⅲ等部分组成的，因主视图反映的特征形状较多，故先读主视图。

2. 逐个部分识读

读线框 1′时，应从俯视图并配合左视图中的有关线框的形状，综合想像出Ⅰ是带半圆柱头的L形，在其上有凹槽，如图 3-33（*b*）所示。读线框 2′时，可从俯视图中对应线框的形状，想像出Ⅱ是由圆柱和拱形柱叠加而成的，如图 3-33（*c*）所示。读线框 3′其图形是直角三角形，则很容易确定Ⅲ是直角三棱柱，如图 3-33（*d*）所示。

3. 综合起来想像整体

读懂了各部分的形状后，再根据三视图就不难识别各形体间的组合形式和连接关系。形体Ⅱ与Ⅲ在形体Ⅰ之上，且形体Ⅰ与形体Ⅱ共轴线并各自相交，最后综合想像出如图 3-33（*e*）所示的组合体形状。

小　　结

1. 由四棱柱的分析可知，平面体的直线和平面相对于投影面有如下关系：

(1) 投影面平行线，即正平线、水平线、侧平线；投影面垂直线，即正垂线、铅垂线、侧垂线；如果对三个投影面都倾斜的直线而且都比实长短，则称为一般位置线。

(2) 投影面平行面，即正平面、水平面、侧平面；投影面垂直面，即正垂面、铅垂面、侧垂面；如果对三个投影面都倾斜的平面而且都小于实形面，则称为一般位置平面。

2. 平面体上一点的三个投影，共同反映它在形体上的实际位置，同时也反映了它与三个投影面的距离。

3. 平面体的投影，实质上是先求点，后求直线及平面的投影。

4. 求作曲面上点的投影时，要先求出该点所在的素线或纬圆的投影，然后根据点的投影关系，即可求出该点的三面投影。

5. 形体分析法和线面分析法是识读与绘制组合体视图的基本方法。这两种方法是相互联系的，不能截然分开。一般情况下，以形体分析法为主，结合线面分析法综合起来想像出组合体的形状。

6. 应注意到组合体各组成部分的表面，有平齐的，有不平齐的，其之间的连接关系有相切或相交等。

7. 组合体应标注定形尺寸、定位尺寸、总体尺寸，还应根据长、宽、高三个方向选定尺寸基准。

思考题与习题

3-1　平面体和曲面体的主要特征是什么？

3-2　求曲面体表面上的点的投影，主要有哪些作图方法？

3-3　组合体应标注哪几种尺寸？

3-4　如何识读组合体视图？

第四章　轴　测　投　影

轴测投影图是根据平行投影的原理，把形体连同三个坐标轴一起投射到一个新投影面上所得到的单面投影图，如图 4-1 所示。它可以在一个图上同时表示出形体长、宽、高三个方向的形状和大小，图形接近人们的视觉习惯，具有立体感比较容易看懂，但它与正投影图比较起来不能准确地反映形体各部分的真实形状和大小，因而在应用上有一定的局限性。若在正投影图旁边画出该形体的轴测图作为辅助图样，如图 4-2 所示，则能帮助读图不熟练的人读懂正投影图，以弥补正投影图的不足之处。

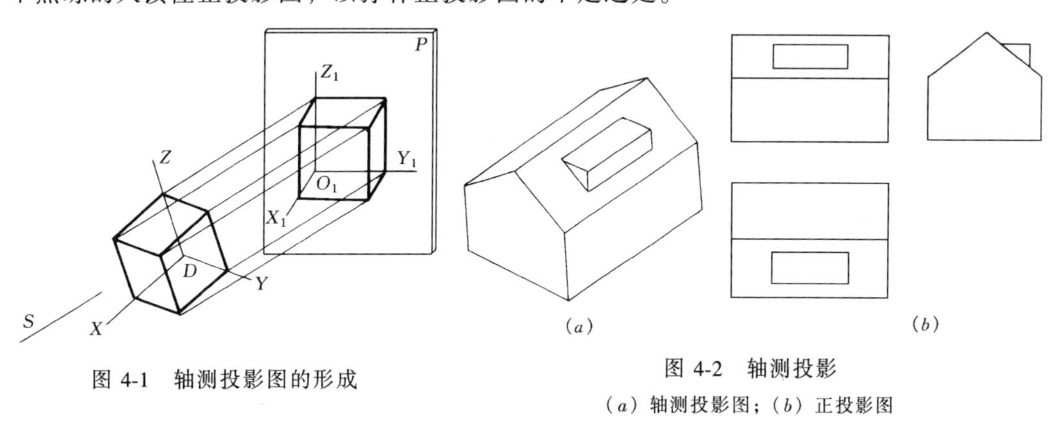

图 4-1　轴测投影图的形成

图 4-2　轴测投影
(a) 轴测投影图；(b) 正投影图

第一节　几种常用的轴测投影

房屋建筑的轴测图，宜采用以下四种轴测投影并用简化的轴向伸缩系数绘制。

一、正等轴测投影

投影方向与轴测投影面垂直，空间形体的三个坐标轴与轴测投影面的倾斜角度相等，这样得到的投影图，如图 4-3（a）所示，称为正等轴测投影图，简称正等测图。

正等测图中，其轴间角均为 120°，如图 4-3（b）所示。作图时，习惯上常取 O_1Z_1 轴向上，它的三个轴向伸缩系数相等（$p=q=r=0.82$），通常取 $p=q=r=1$，这样便于在正投影图的对应轴上直接量取尺寸作图。

二、正二等轴测投影

正二等轴测图中三个轴的轴间角有两个相等，如图 4-4（a）所示。作图时，常取 O_1Z_1 轴铅直向上，O_1X_1 轴与水平线的夹角为 7°10′，O_1Y_1 轴与水平线的夹角为 41°25′。画轴测轴时可用近似方法，即分别采用 1∶8 和 7∶8 作直角三角形，各自的斜边即为 X_1、Y_1 轴，如图 4-4（b）所示。它的三个轴向伸缩系数也有两个相等，其值为 0.94、0.47，通常取 $p=r=1$，$q=0.5$，如图 4-4（c）、（d）所示。

三、正面斜轴测投影

当轴测投影面与正立面（V 面）平行或重合时，所得的斜轴测图称为正面斜轴测投影

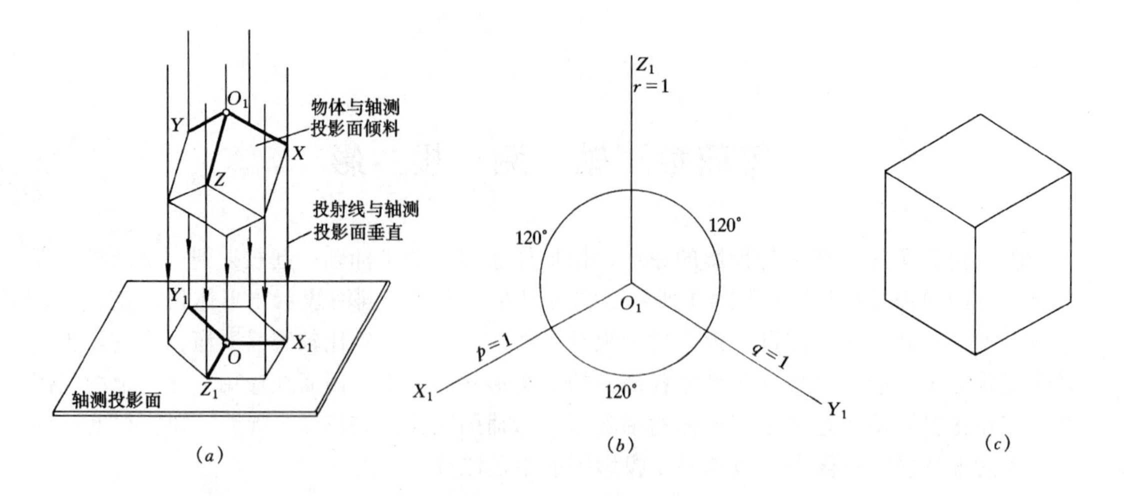

图 4-3　正等测投影

（a）正等测投影的形成；（b）正等测轴间角和伸缩系数；（c）正方体的正等测图

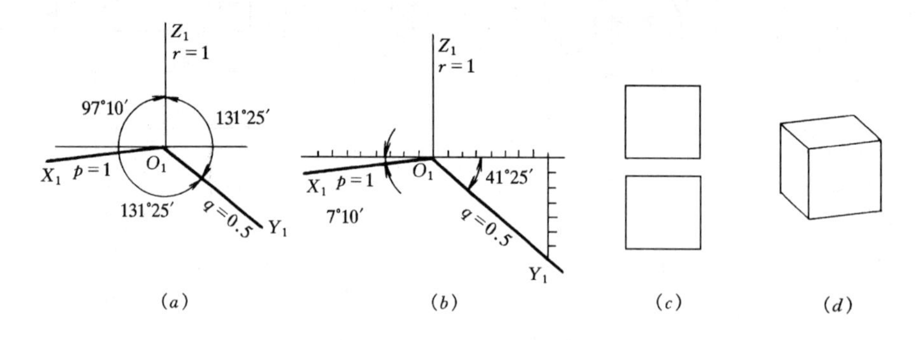

图 4-4　正二等轴测投影

（a）轴间角；（b）轴测坐标的简化画法；（c）正投影图；（d）正二等轴测图

图，简称正面斜轴测图，如图 4-5 所示。

正面斜轴测图中，由于空间形体的坐标轴 OX 和 OZ 平行于轴测投影面，其投影未发生变化，故 $p=r=1$，轴间角为 90°，而坐标轴 OY 与轴测投影面垂直，投影方向却是倾斜

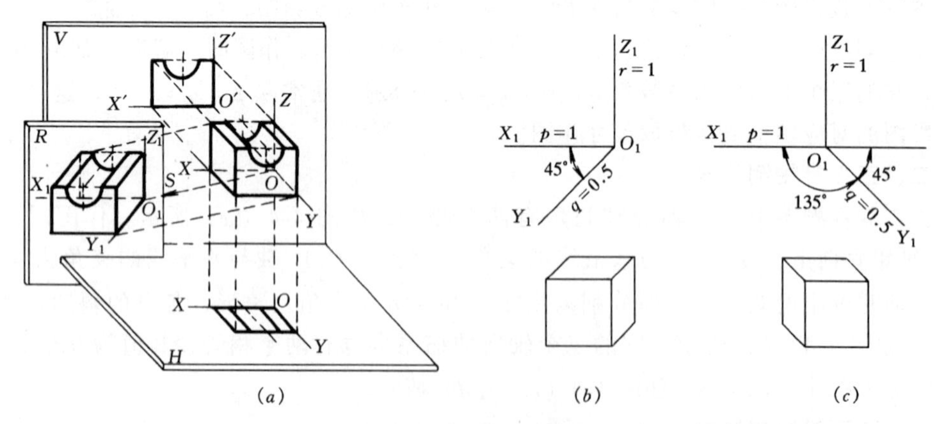

图 4-5　正面斜轴测投影

（a）正面斜轴测的形成；（b）轴间角、伸缩系数与立体图；（c）轴测角与立体图

的，故轴测轴 O_1Y_1 是一条倾斜线，伸缩系数 $q=0.5$，其方向如图 4-5（*b*）、（*c*）所示，可根据作图需要进行选择。

四、水平斜轴测投影

如图 4-6（*a*）所示，当轴测投影面 *P* 与水平面 *H* 平行或重合时所得到的斜轴测投影称为水平斜轴测投影图。

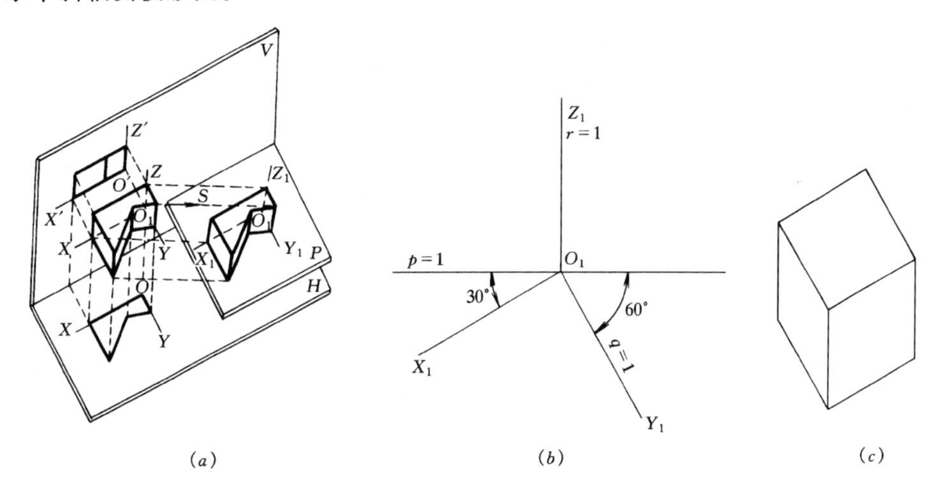

图 4-6　水平斜轴测投影

（*a*）水平斜轴测投影的形成；（*b*）轴间角及伸缩系数；（*c*）立体图

不论投影方向如何变化，轴测轴 O_1X_1 与 O_1Y_1 的轴向伸缩系数均为 1，轴间角 $\angle X_1O_1Y_1=90°$，而 O_1Z_1 轴的伸缩系数和方向可以单独随意选择。通常把 O_1Z_1 轴画为铅直方向，O_1X_1 和 O_1Y_1 轴与水平线夹角为 30°和 60°，O_1Z_1 轴的伸缩系数取 1 或 0.5，如图 4-6（*b*）所示。

第二节　轴测投影图的画法

根据正投影图画轴测图时，首先应读懂或大致了解正投影图，且分析和了解形体大致由哪些基本形体组成，各组成部分有何特点，从而获得空间形体的映像。然后，选择一种轴测图画出其轴测轴，确定其伸缩系数，并按轴测轴方向量取相对应的正投影图的轴向尺寸（如图 4-7 中（*a*）、（*b*）之间的尺寸量取关系）。确定轴测轴上各点及主要轮廓线的位置，最后画出形体的轴测投影图。

《房屋建筑制图统一标准》（GB/T 50001—2001）中规定了轴测图的线型：轴测图的可见轮廓线宜用中实线绘制；断面轮廓线宜用粗实线绘制；不可见轮廓线一般不绘出，必要时，可用细虚线绘出所需部分。

一、平面立体的轴测图画法

根据形体投影特点，平面立体的轴测图画法有叠加法、切割法、坐标法等。

（一）正等测图的画法

1. 叠加法的画法

【例 4-1】 已知台阶的正投影图，如图 4-7（*a*）所示，求作其正等轴测图。

从图 4-7（a）的正投影图中可以看出，它是由三个四棱柱叠加而成的，故适合用叠加法。所谓叠加法即是将复杂的形体看作由简单几何体组合而成，一般先从底面开始，依次往上叠加，直至完成形体的绘制。具体作图步骤如下：

（1）画四棱柱Ⅰ的底面。画出轴测轴（p、q、r 伸缩系数均等于 1），然后分别沿 O_1X_1、O_1Y_1 方向量取长度尺寸 A_1 与宽度尺寸 B_1，并各引直线作相应轴的平行线，如图 4-7（b）所示。

（2）从四棱柱Ⅰ的底面各顶点引铅直线，并量取高度尺寸 C_2，连接各顶点，即得四棱柱Ⅰ的正等轴测图，如图 4-7（c）所示。

（3）在四棱柱Ⅰ的上表面分别沿 O_1X_1、O_1Y_1 方向量取长度尺寸 A_2、A_3 和宽度尺寸 B_2，并各引直线作相应轴的平行线，得到四棱柱Ⅱ的底面轴测投影，如图 4-7（d）所示。

（4）从四棱柱Ⅱ的底面各顶点引铅直线，并量取高度尺寸 C_2，连接各顶点，即得四棱柱Ⅱ的正等轴测图，如图 4-7（e）所示。

（5）同理可作出顶部四棱柱Ⅲ的正等轴测图，如图 4-7（f）所示。

（6）擦去多余的线，加深图线，完成台阶的正等轴测图，如图 4-7（g）所示。

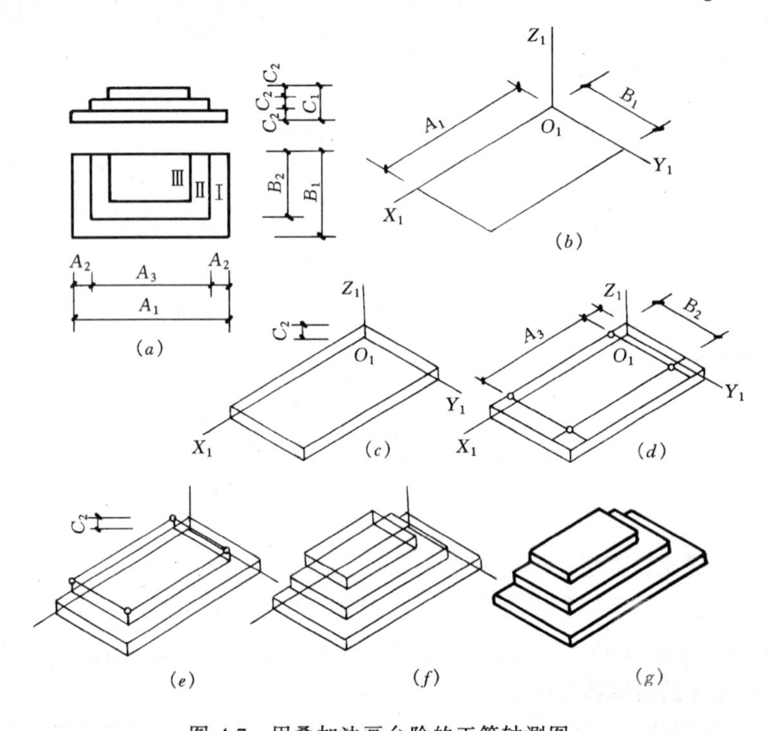

图 4-7 用叠加法画台阶的正等轴测图

（a）已知正投影图；（b）测量尺寸；（c）完成四棱柱（一）；（d）重建轴测坐标；（e）完成四棱柱（二）；（f）完成四棱柱（三）；（g）台阶轴测图

2. 切割法的画法

画轴测投影时，可按照正投影图中的总体尺寸，先画出长方体的轴测图，然后根据形体各顶点在长方体中的位置连线，用切割方法切除多余的部分，这种画轴测图的方法称为切割法。由于许多建筑物或构配件是由长方体经切割后组合而成的，熟练掌握这种画法，为画更复杂形体的轴测图打下了基础。

【例 4-2】 已知某形体的正投影图，如图 4-8（a）所示，求作正等轴测图。

从图 4-8（a）所示的正投影图中可以看出，它是由一个长方体切去两个三棱柱和一个四棱柱而形成的。本例采用切割法进行作图，其步骤如下：

（1）画轴测轴，根据正投影图的总体尺寸 A_1、B_1、C_1 作出长方体的轴测图，如图 4-8（b）所示。

（2）量取相应的尺寸，切去左右两个三棱柱Ⅰ，如图 4-8（c）所示。

（3）同理切去中间部位四棱柱Ⅱ，如图 4-8（d）所示。

（4）擦去多余的线，加深图线，完成形体的正等轴测图，如图 4-8（e）所示。

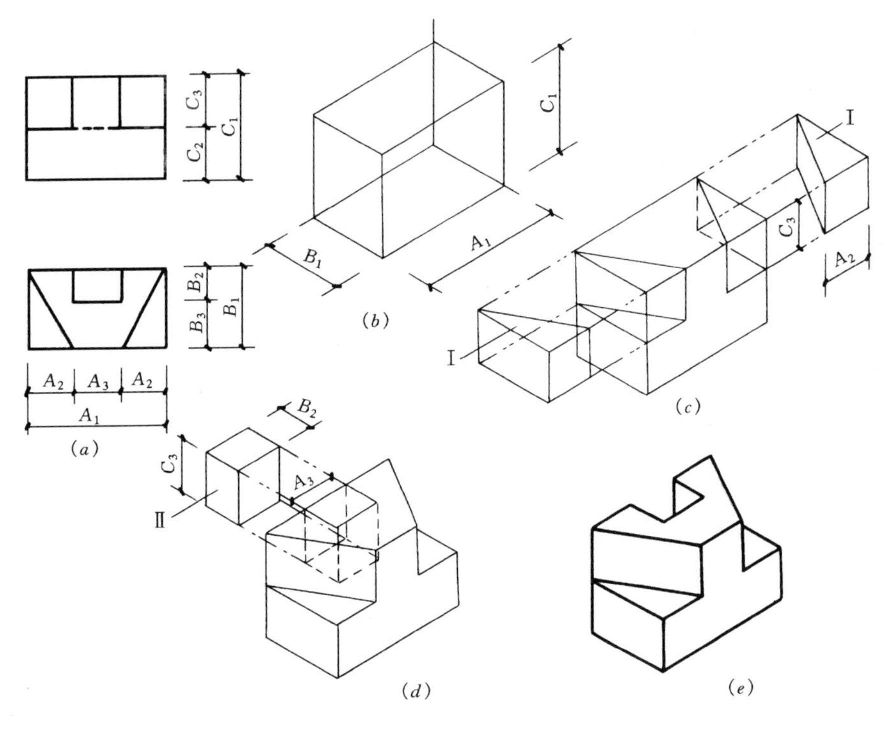

图 4-8 切割法画形体的正等轴测图

（a）已知正投影图；（b）量尺寸，画外形；（c）量尺寸切去左右三棱柱；

（d）量尺寸切去中间四棱柱；（e）完成轴测图

3. 坐标法的画法

【例 4-3】 已知形体的正投影图，如图 4-9（a）所示，求作其正等测图。

从图 4-9（a）所示的投影图中可以看出，该形体可以分解成两个部分：下部四棱柱和上部四棱台。对此类形体，常采用坐标法。作图步骤如下：

（1）画轴测轴，作出下部四棱柱体的轴测图，如图 4-9（b）所示。

（2）在四棱柱的上表面，沿轴向分别量取 A_2、A_3、B_2、B_3 并分别作平行线，得四个交点，如图 4-9（c）所示。

（3）过这四个交点作垂线，在垂线上量取 C_2 得棱台顶面的四个顶点，连接这些点并作出棱台棱线，如图 4-9（d）所示。

（4）擦去多余的线，加深图线，完成形体的正等测图，如图 4-9（e）所示。

4. 俯视、仰视的画法

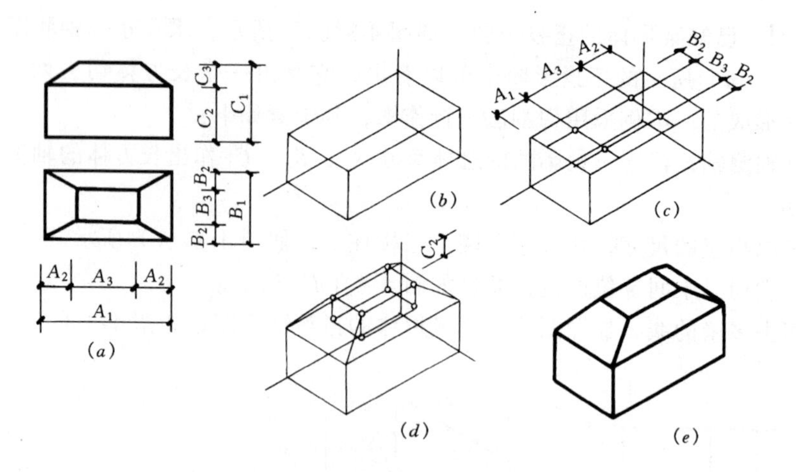

图 4-9 用坐标法画正等测图

（a）已知正投影图；（b）画下部四棱柱；（c）量平面尺寸；

（d）量高度；（e）完成轴测图

【例 4-4】 已知长方体的投影图，如图 4-10（a）所示，分别画出能看到顶面和底面的正等测图。

（1）作出正等轴测轴，取 $p=q=r=1$，从正投影图上量取尺寸，在轴测轴上画出平行四边形，如图 4-10（b）所示。

（2）向下竖高度 l_z，如图 4-10（c）所示。

（3）连接底面可见边，如图 4-10（d）所示，即可得到看顶面形状（俯视）的正等测图。

（4）同理，画出轴测轴上的平行四边形，如图 4-10（e）所示。

（5）向上竖高度 l_z，如图 4-10（f）所示。

（6）连接顶面可见边，如图 4-10（g）所示，即可得到看底面形状（仰视）的正等测图。

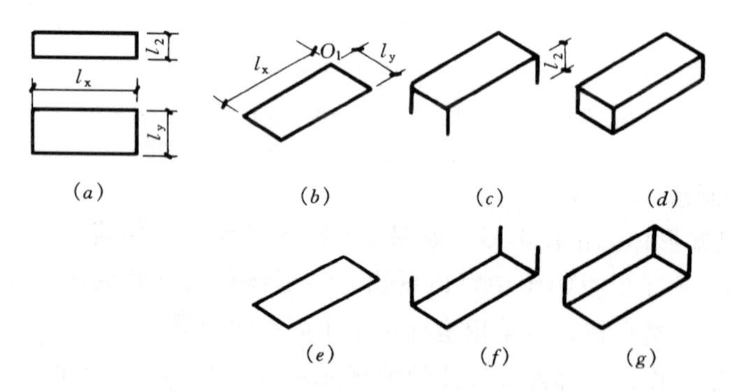

图 4-10 正等测图（俯视、仰视）的画法

（a）已知正投影图；（b）画顶面；（c）向下量尺寸；（d）完成长方体俯视图；（e）画底面；（f）向上量尺寸；（g）完成长方体仰视图

（二）正二等轴测图的画法

【例 4-5】 根据形体的正投影图，如图 4-11（a）所示，求作正二等轴测图。

从图 4-11（a）所示的投影图中可以看出，该组合体由两个长方体叠加而成，其中一个长方体在上前方切去了一块三棱体。

作图步骤如下：(轴测图的尺寸从正投影图上直接量取)

(1) 画轴测轴和长方体底板，并已知伸缩系数 $p=r=1$ 和 $q=0.5$，如图 4-11(b)所示。

(2) 用叠加法画出上方长方体轴测图，如图 4-11 (c) 所示。

(3) 从正投影图上量取尺寸，用切割法切去长方体前上方三棱体，如图 4-11(d)所示。

(4) 擦去多余的线，加深图线，完成形体的正二等轴测图，如图 4-11 (e) 所示。

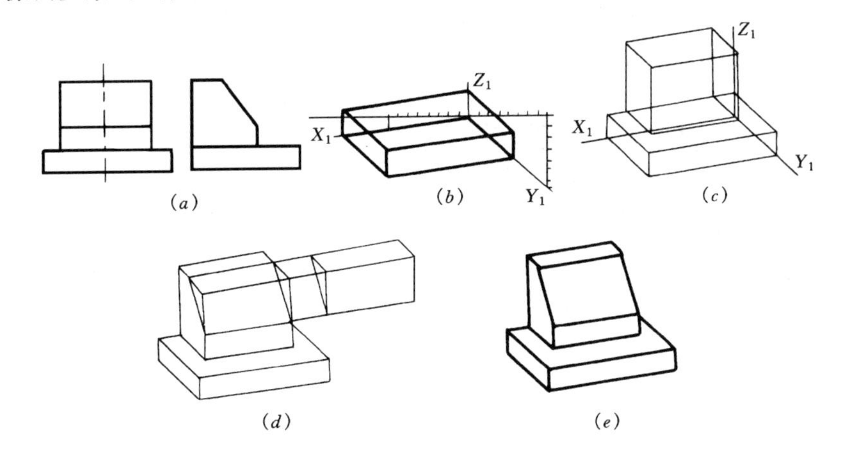

图 4-11 正二等轴测图的画法

(a) 已知正投影图；(b) 画底板；(c) 画上方长方体；

(d) 切去三棱柱；(e) 完成轴测图

(三) 正面斜轴测图的画法

【例 4-6】 根据形体的正投影图，如图 4-12 (a) 所示，求作正面斜轴测图。

由于正面斜轴测图中 O_1X_1 和 O_1Z_1 轴未发生变形，故可利用这个特点，将形体轮廓比较复杂或有形状特征的那个面，放在与轴测投影面平行的位置。作图步骤如下：

(1) 画轴测轴，根据形体正投影图中的 V 投影，作其轴测投影 (因轴测投影面与 V 投影面平行，故其轴测投影与 V 投影相同)，如图 4-12 (b) 所示。

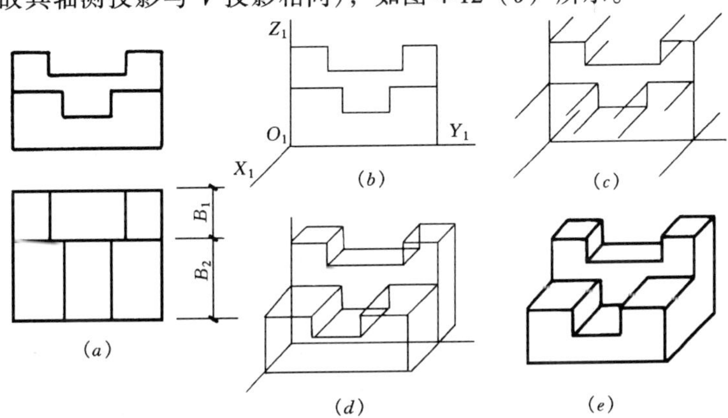

图 4-12 正面斜轴测图的画法

(a) 已知正投影图；(b) 同 V 面投影；(c) 过交点作 X_1 方向线；

(d) 分别量取 X_1 尺寸，并连线，(e) 完成轴测图

(2) 根据正投影图各棱线的相对位置，由图 4-12（*b*）中各轮廓线的转折点作 45°斜线，如图 4-12（*c*）所示。

(3) 在轴测投影后方的 45°斜线上分别量取 $B_1/2$ 宽度，在轴测投影前方的 45°斜线上分别量取 $B_2/2$ 宽度，分别得前后各点，并连接这些点，如图 4-12（*d*）所示。

(4) 擦去多余的线，加深图线，完成形体的正面斜轴测图，如图 4-12（*e*）所示。

利用正面斜轴测中有一个面不发生变形的特点来画轴测图方法比较简便，故在绘制建筑装饰图及构件时常被采用，如图 4-13 所示。

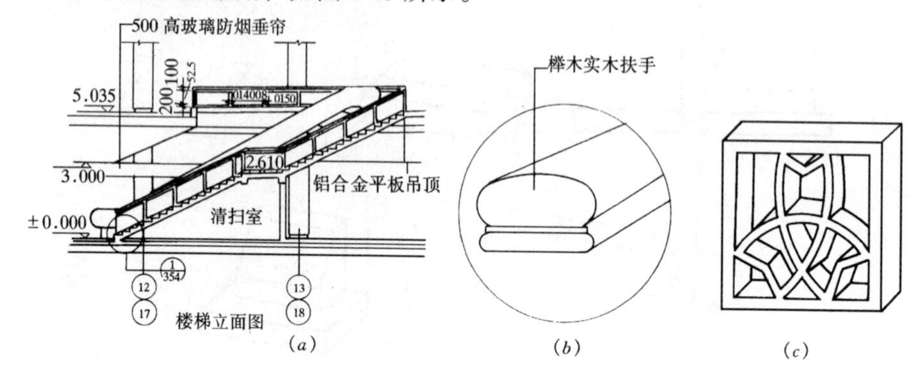

图 4-13 正面斜轴测的应用图

（*a*）楼梯立面图；（*b*）楼梯扶手详图；（*c*）花窗格

（四）水平斜轴测图的画法

【例 4-7】 已知房屋建筑的平面图和立面图，如图 4-14（*a*）所示，求作水平斜轴测图。

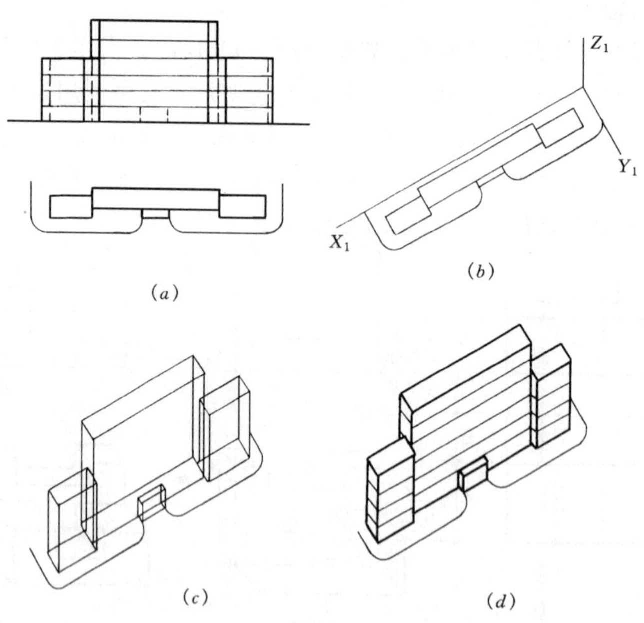

图 4-14 水平斜轴测图的画法

（*a*）已知正投影图；（*b*）画轴测平面图；（*c*）过交点向上量取建筑高度，并连线；（*d*）完成轴测图

房屋建筑的水平轴测图又称为鸟瞰图。作图步骤如下：

(1) 画轴测轴，并已知伸缩系数 $p=q=r=1$。作图时将房屋建筑平面图按逆时针方向偏转 30°角，作出轴测平面图，如图 4-14 (*b*) 所示。

(2) 然后，将轴测平面上的各交点向上竖铅垂线，分别量取房屋高度方向的尺寸于相对应的铅垂线上，并连接各点，如图 4-14 (*c*) 所示。

(3) 擦去多余的线，加深图线，完成房屋建筑的水平斜轴测图，如图 4-14(*d*)所示。

二、圆及曲面立体的轴测图画法

在平行投影法中，当圆所在的平面与投影面平行时，其投影为圆；而当圆所在的平面与投影面倾斜时，其投影为椭圆。下面介绍圆及曲面立体轴测图的画法实例。

(一) 八点法作椭圆

平行于坐标面的圆的正等轴测图画法，可用八点法作出椭圆。作图步骤如下：

(1) 过圆心建立 OX、OY 轴，并画圆外切正方形，得切点 a、b、c、d 及正方形对角线与圆交点 e、f、g、h，如图 4-15 (*a*) 所示。

(2) 画轴测轴 O_1X_1、O_1Y_1，取伸缩系数 $p=q=r=1$，并画出圆外切正方形的轴测平面，如图 4-15 (*b*) 所示。

(3) 以 c_1k_1 为斜边作等腰直角三角形△$c_1m_1k_1$，以 c_1 为圆心，c_1m_1 为半径画弧，交 c_1k_1 于 n_1，则 $c_1n_1=c_1m_1$，过 n_1 作 a_1c_1 的平行线与正方形对角线的交点 f、e 的轴测投影相交于点 f_1、e_1。用同样的方法求出点 g_1、h_1，如图 4-15 (*c*) 所示。

(4) 用曲线板光滑地连接 a_1、e_1、b_1、f_1、c_1、g_1、d_1、h_1 八个点，即得椭圆，如图 4-15 (*d*) 所示。

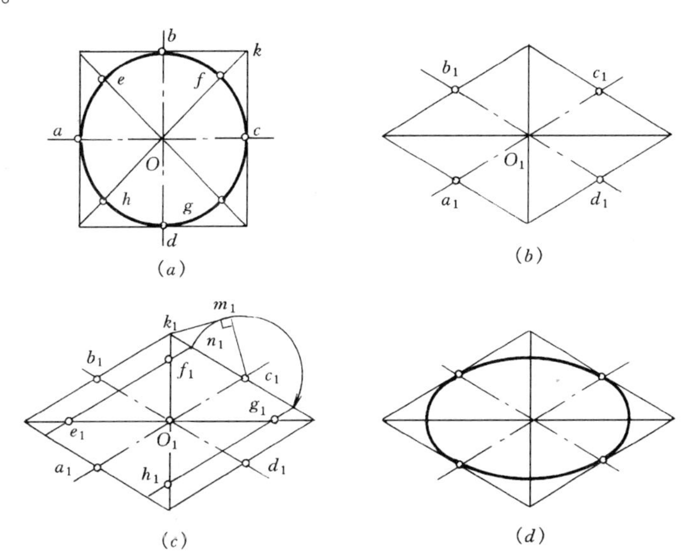

图 4-15　用八点法画椭圆

(*a*) 画圆外切正方形；(*b*) 画正方形轴测平面；

(*c*) 求作椭圆八点；(*d*) 完成轴测图

(二) 四心圆法近似画椭圆

平行于坐标面的圆的正等轴测图的画法，可采用四心圆法近似画出椭圆。现以 H 面

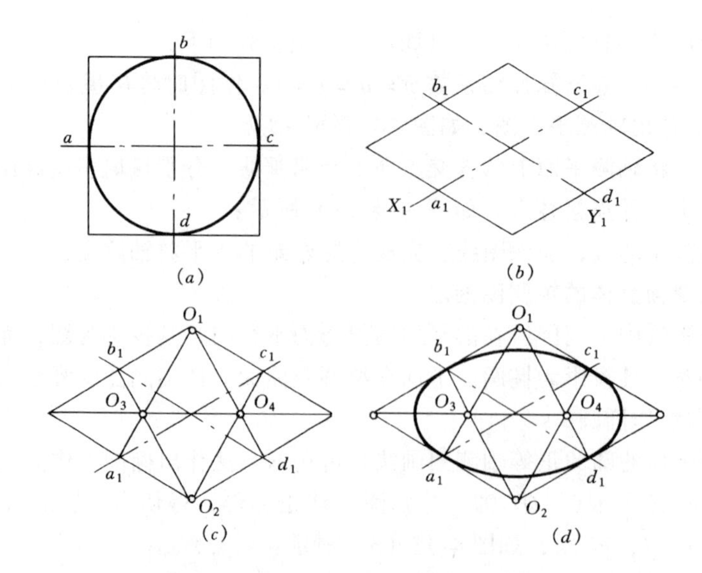

图 4-16 正等轴测四心圆法作椭圆

（a）画圆外切正方形；（b）画正方形轴测平面；

（c）求作四圆心；（d）完成轴测图

上圆的正等轴测图为例说明其画法，如图4-16所示。

（1）在圆的正投影图中，作圆的外切正方形，且使正方形的边平行于坐标轴 OX、OY，如图 4-16（a）所示。

（2）作圆的外切正四边形的正等轴测图为一菱形，同时确定其两个方向的直径 a_1c_1 及 b_1d_1，如图 4-16（b）所示。

（3）菱形两钝角的顶点为 O_1、O_2，连 O_1a_1 和 O_1d_1 分别交菱形的长对角线于 O_3、O_4，得四个圆心 O_1、O_2、O_3、O_4，如图 4-16（c）所示。

（4）分别以 O_1、O_2 为圆心，O_1a_1 为半径作上、下两段弧线，再分别以 O_3、O_4 为圆心，O_3a_1 为半径作左、右两段弧线，即得椭圆，如图 4-16（d）所示。

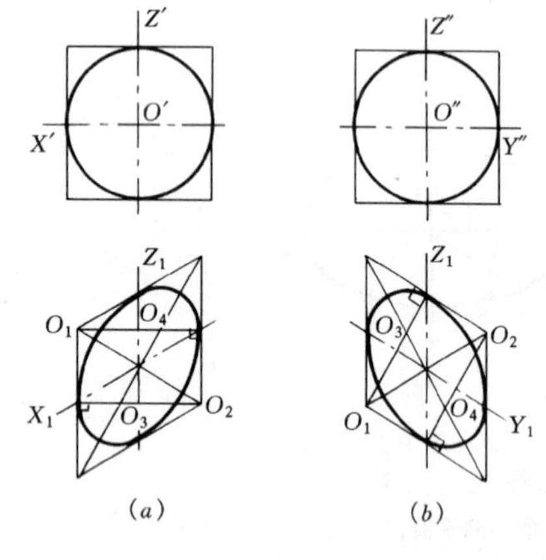

图 4-17 坐标面上圆的轴测图画法——四心圆法

（a）V 面上椭圆画法；（b）W 面上椭圆画法

V、W 面上的圆的正等轴测图（椭圆）的画法分别如图 4-17 所示。

（三）圆角的正等测图的画法

圆角的正等测图也可按上述近似法求作。如图 4-18 所示，实际上是在正等测图上先求出作图圆心画 1/4 椭圆。作图步骤如下：

（1）根据正投影图上的尺寸，画出正等测图，如图 4-18（a）、（b）所示。

（2）在两边线相交处分别量取圆角半径 r 的长度，得 a_1 及 b_1 两点，过 a_1、b_1 点作所在边线的垂线，两垂线的交点即为轴测圆角的圆心 O_1。

（3）以 O_1 为圆心作圆弧与两边线相切，得圆角的正等轴测图，如图 4-18（c）所示。

(4) 同理，可作出其余圆角的正等测图。

(5) 擦去多余的图线，加深图线，完成全图。

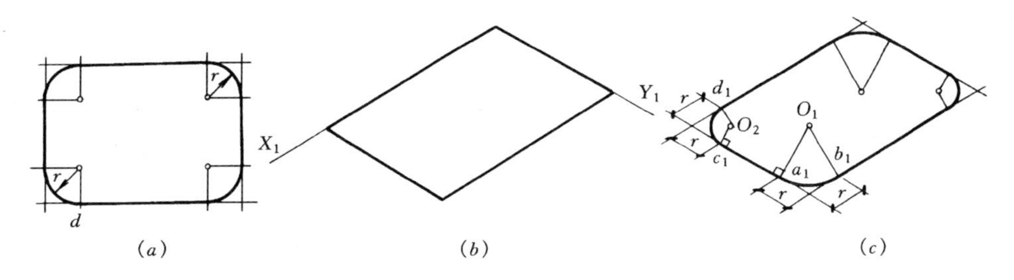

图 4-18 圆角的正等测图的画法

(a) 已知正投影图；(b) 画长方形轴测平面；(c) 分别求取轴测圆心，并画出轴测圆角

(四) 圆柱的正等轴测图的画法

【例 4-8】 已知圆柱体的正投影图，如图 4-19 (a) 所示，求作其正等轴测图。

分析圆柱体的正投影图可知，圆柱体的底面与顶面都平行于 H 投影面，作正等轴测图时，只要把两平行于坐标面的圆分别作出椭圆，再作出椭圆的切线，即完成圆柱体的正等轴测图。作图步骤如下：

(1) 先作出上、下底圆的正等轴测图——椭圆，如图 4-19 (b) 所示。

(2) 作出两椭圆的最左、最右切线，即为圆柱正等轴测图的轮廓线（切点是椭圆长轴端点）。

(3) 擦去多余的线，完成圆柱体的正等轴测图，如图 4-19 (c) 所示。

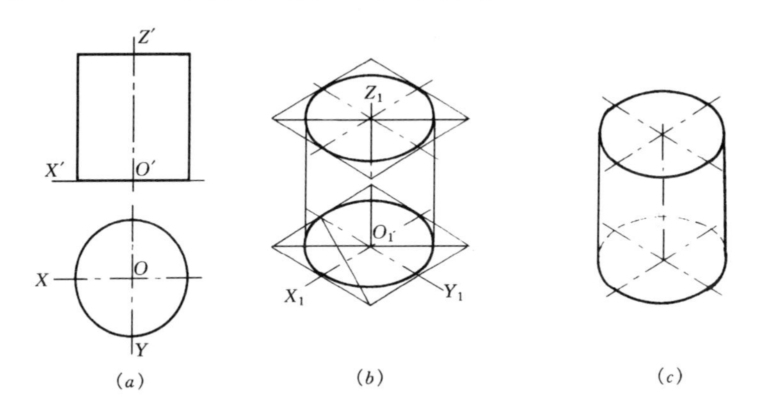

图 4-19 圆柱的正等轴测图画法

(a) 正投影；(b) 作上、下椭圆；(c) 作椭圆切线

(五) 带切口圆柱的正等轴测图的画法

【例 4-9】 已知带切口圆柱体的正投影图，如图 4-20 (a) 所示，求作其正等轴测图。

从正投影图可知圆柱的端面平行于 V 面，作正等轴测图时，只要把平行于坐标面的圆分别作出椭圆，再作出椭圆的切线和圆柱切口截交线，即完成带切口圆柱的正等轴测图。作图步骤如下：

(1) 画轴测轴和圆柱轴线，在轴线上量取长度 B_1，并在前后两端点分别作圆的外切正四边形的正等轴测图——菱形，如图 4-20 (b) 所示。

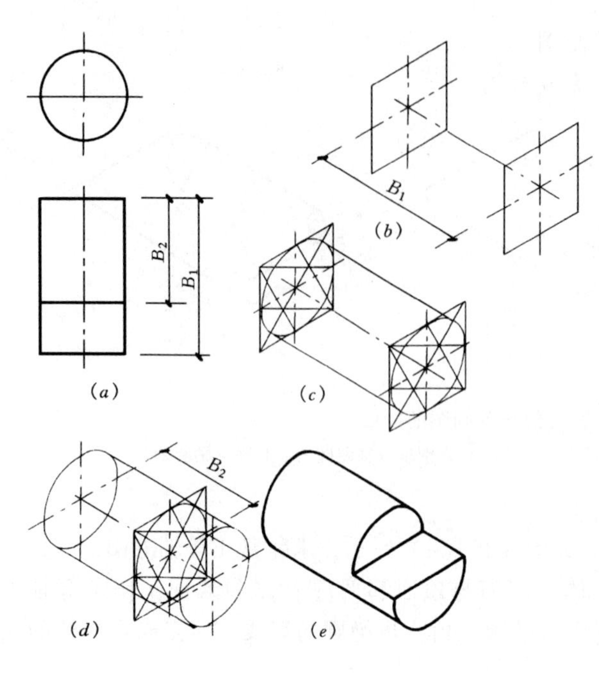

(a) (b) (c) (d) (e)

图 4-20　带切口圆柱的正等轴测图

(a) 已知正投影图；(b) 画两端外切正方形轴测平面；(c) 画两端椭圆；(d) 再画椭圆，并切割；(e) 完成轴测图

(2) 在两菱形中，用四心圆法近似画椭圆，并作两椭圆切线，如图 4-20 (*c*) 所示。

(3) 量取长度 B_2 作切口处半圆的正等轴测图也是先作椭圆，同时画出其相应的切口轮廓线，如图 4-20 (*d*) 所示。

(4) 擦去多余的图线，加深图线，完成带切口圆柱的正等轴测图，如图 4-20 (*e*) 所示。

(六) 圆柱组合体的正面斜轴测图的画法

【例 4-10】 已知圆柱组合体的正投影图，如图 4-21 (*a*) 所示，求作其正面斜轴测图。

从正投影图可知，该圆柱组合体具有四个圆，其中圆 B 与圆 C 为两个同心圆。应注意该形体上的四个圆都是平行于轴测投影面的，且这四个圆的正面斜轴测投影均不发生变形。作图步骤如下：

(1) 先按正面斜轴测投影画出圆柱的轴线，并在其上按伸缩系数定出各圆的圆心位置，如图 4-21 (*b*) 所示。

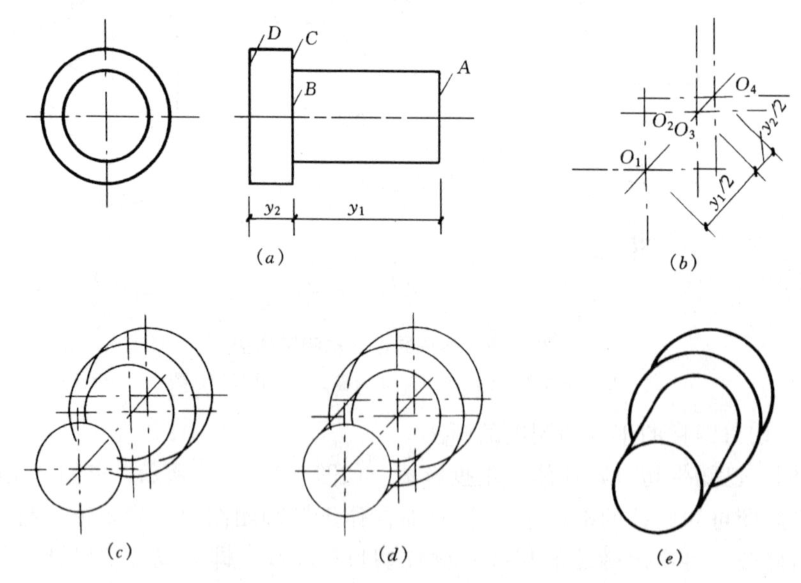

(*a*) (*b*) (*c*) (*d*) (*e*)

图 4-21　圆柱组合体的正面斜轴测图

(*a*) 已知正投影图；(*b*) 画轴测圆心；(*c*) 分别量取半径画圆；(*d*) 连接切线；(*e*) 完成轴测图

（2）从正投影图中量取各圆的半径，分别于各对应的圆心处画圆，如图 4-21（*c*）所示。

（3）作前后各圆的切线，如图 4-21（*d*）所示。

（4）擦去多余的图线，加深图线，完成圆柱组合体的正面斜轴测图，如图 4-21（*e*）所示。

小　　结

1. 轴测图与正投影图同属平行投影，两者之间可互相转换。轴测图中的形体尺寸及大小一般是从正投影图上直接量取过来的，所画出的轴测图有立体感，比较容易看懂。

2. 轴测投影图的画法一般有叠加法、切割法、坐标法等几种形式，但每种形式都应考虑其伸缩系数。如正等测图的伸缩系数为 $p=r=q=1$，正面斜轴测图为 $p=r=1$、$q=0.5$。

3. 作图之前，要根据形体的实际形状选择合适的轴测轴，应尽可能作图简便、表达清楚、富有立体感。

另外，还可以对照投影图动手制作模型，这是比较生动有趣的读图方法。具体制作步骤如图 4-22 所示。

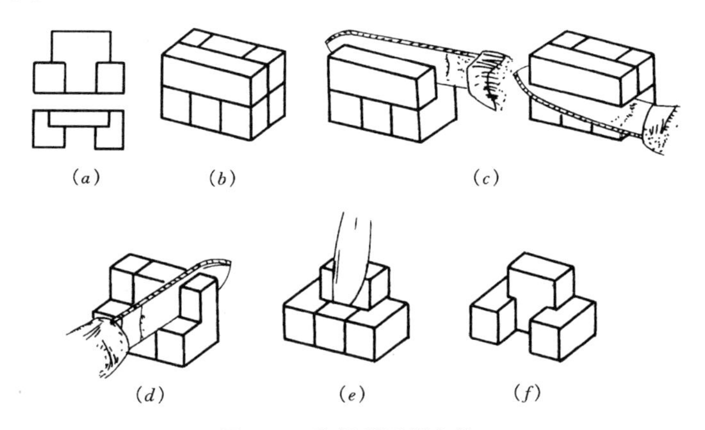

图 4-22　按投影图制作模型

（*a*）投影图；（*b*）对照投影图画线；（*c*）切前、上部分；（*d*）切上左、右部分；（*e*）切中间部分；（*f*）完成制作

思考题与习题

4-1　轴测投影图与正投影图有何不同？

4-2　常用的轴测投影图有哪几种？它们的伸缩系数各是多少？

4-3　作正等测图和正面斜轴测图的轴间角，一般用什么工具作图？

4-4　轴测图常用的作图方法有哪几种？

4-5　圆的轴测投影是椭圆，画椭圆常用的作图方法有哪几种？

第五章　形体的剖切投影

画形体的投影图时，形体上可见的轮廓线用粗实线表示，不可见的轮廓线用虚线表示。遇形体内部构造比较复杂的投影图时就会出现许多虚线，以致于重叠交错使投影很不清晰，难于识读形体内部构造也不便于标注尺寸。在工程制图中，常对这些内部结构复杂的形体，用假想在预定的位置进行剖切的方法来解决这一问题。让比较复杂的内部构造由不可见变为可见，然后用实线画出内部构造形状轮廓线。

第一节　剖面图的形成与画法

一、剖面图的形成

图 5-1(a)是钢筋混凝土预制水池的投影,四周有均匀的壁厚,左右壁有两个溢水口,水池的底部有一个落水口。该形体在 V、W 面投影上都出现较多的虚线,假想用一个通过水池前、后对称平面的剖切平面 P，将水池剖开，然后将处在观察者和剖切平面之间的半个水池移去,把留下来的半个水池投影到与剖切平面 P 平行的 V 面上,所得的图形称为剖视图(土木建筑制图中称为剖面图),如图 5-1(b)所示。用同样的方法在左、右对称平面上进

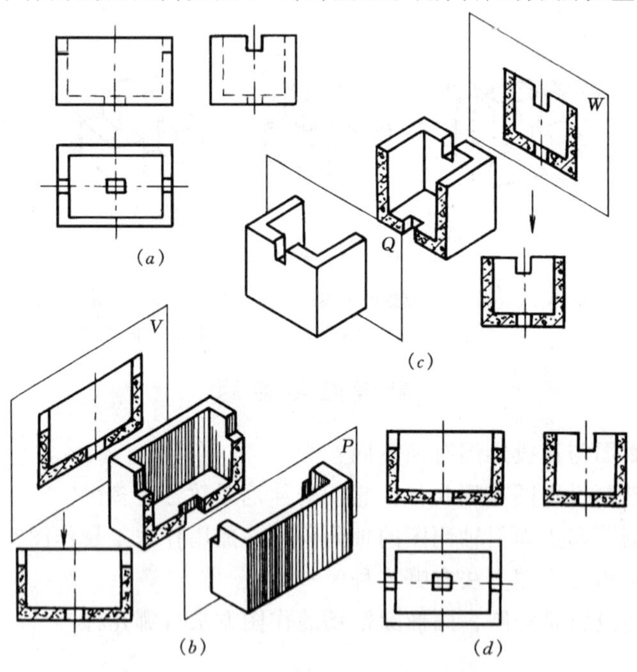

图 5-1　剖面图（剖视图）的形成与画法

(a)预制水池的投影;(b)V 投影面剖面图(剖视图)的形成;(c)W 投影面剖面图(剖视图)的形成;(d)剖面图(剖视图)配置在规定的投影面上

行剖切，可得到另一个方向的剖面图，如图 5-1(*c*)所示，剖视图与剖面图同属于一种剖切投影概念，故本章仍使用剖面图的名称。一般要使剖切平面平行于基本投影面。平行于 *V* 面的剖面图称为正剖面图，可代替原来有虚线的正面投影图。平行于 *W* 面的剖面图称为侧立面剖面图，可代替原侧立面投影图。也就是说基本投影图的配置规定同样适用于剖面图，如图 5-1(*d*)所示。

二、剖面图的画法

(一) 剖面图画法有关规定

1. 剖面图的剖切部位，应根据图纸的用途或设计深度，在平面图上选择能反映形体全貌、构造特征以及有代表性的部位剖切。

2. 剖面图的剖切符号应由剖切位置线与剖切投影方向线组成，均应以粗实线绘制。剖切位置线的长度宜为 6 ~ 10mm；剖切投影方向线应垂直于剖切位置线，宜为 4 ~ 6mm。画图时，剖切符号不宜与图面上的图线相重叠，如图 5-2 所示。

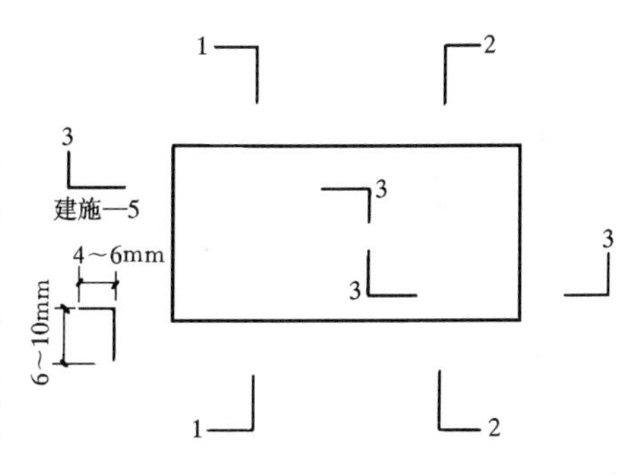

图 5-2　剖切符号与编号

3. 剖切符号的编号，一般采用阿拉伯数字，按顺序由左至右、由下至上连续编排，并应注写在投影方向线的端部。需要转折的剖切位置线，在转折处如与其他图线发生混淆，应在转角的外侧加注与该符号相同的编号（如图 5-2 中的 3-3 阶梯剖切符号）。

4. 剖面图如与被剖切图样不在同一张图纸内，可在剖切位置线的一侧注明其所在图纸的图纸号。如图 5-2 所注明的建施-5 也可在图纸上集中说明。

5. 剖面图除应画出剖切面切到部分的图形外，还应画出沿投射方向看到的部分，被剖切面切到部分的轮廓线用粗实线绘制，剖切面没有切到但沿投射方向可以看到的部分用中实线绘制。同时，应在剖切截面上画出物体采用的建筑材料图例见表 5-1。

常用建筑材料图例　　　　**表 5-1**

图　　例	名称	备　　注	图　　例	名称	备　　注
	天然土壤	包括各种自然土		毛石	
	夯实土壤	素土夯实		普通砖	包括实心砖、多孔砖、砌块等砌体。断面较窄不易绘出图例时，可涂红
	砂灰土	靠近轮廓线绘较密的点		耐火砖	包括耐酸砖等砌体
		砂砾石、碎砖三合土		空心砖	指非承重砖砌体
	石材			饰面砖	包括铺地砖、陶瓷锦砖、人造大理石等

续表

图　　例	名称	备　　注	图　　例	名称	备　　注
	混凝土	1. 本图例指能承重的混凝土及钢筋混凝土 2. 包括各种强度等级、骨料、添加剂的混凝土 3. 在剖面图上画出钢筋时不画出图例线 4. 断面较窄，不易画出图例线时，可涂黑		木材	1. 上图为横断面，上左图为垫木、木砖、木龙骨 2. 下图为纵断面
	钢筋混凝土			多孔材料	包括水泥珍珠岩、沥青珍珠岩、泡沫混凝土、非承重加气混凝土、软木、蛭石制品等

（二）剖面图的几种处理方式

1. 全剖面图

用一个剖切平面把形体全部剖开后得到的剖面图，称为全剖面图。如图 5-3（*b*）所示的 *H* 投影剖面图为全剖面图，它用一水平剖切平面 *P*，沿窗台以上适当位置并通过门、窗洞将整幢房屋所作的剖切，它清楚地表达了房屋的内部构造，如图 5-3（*a*）所示。在房屋建筑制图中，该 *H* 投影全剖面图又称为底层平面图。全剖面图主要适用于内部形状比较复杂且图形又不对称的形体。

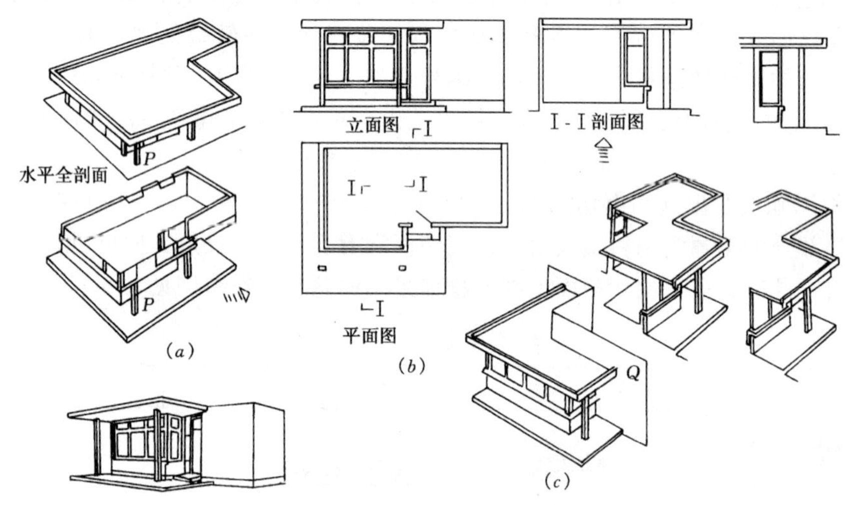

图 5-3　全剖面图与阶梯剖面图的画法

（*a*）水平剖切；（*b*）1-1 阶梯剖面图；（*c*）阶梯剖面

2. 阶梯剖面图

一个形体用几个平行的剖切平面剖切后得到的剖面图，称为阶梯剖面图。如图 5-3（*b*）所示 1-1 剖面图为阶梯剖面图，它用平行于 *W* 投影面的剖切平面 *Q*，转折成两个互相平行的剖切平面，同时经过门、窗对房屋所作的阶梯剖切，如图 5-31（*c*）所示。因为，剖切形体的过程是假想的，故阶梯剖面图中规定不画出两剖切平面转折处的交线，如图 5-4 中 1-1 阶梯剖面图上不能画出带“*X*”的图线。

3. 半剖面图

一个形体的投影和剖面图各占一半组合而成的图形，称为半剖面图。当形体左、右对称或前、后对称而外形较为复杂时，可以形体的对称中心线为界，一半画表示外部形状的

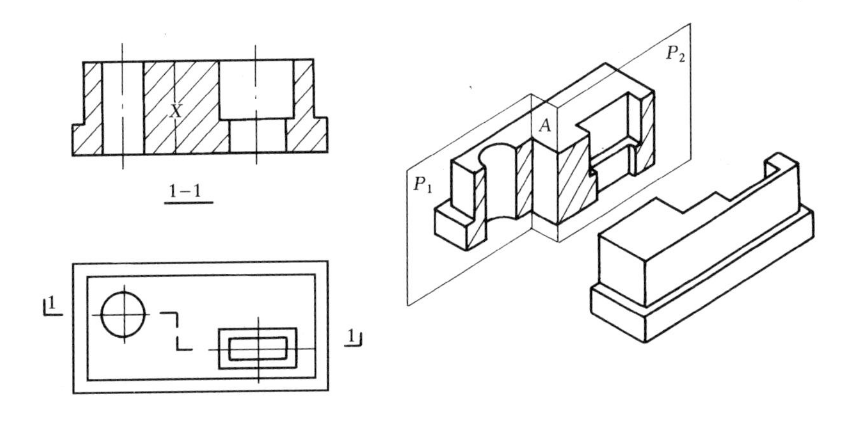

图 5-4 两剖切平面转折处不画加“X”的图线

投影，另一半画表示形体内部形状的剖面投影。如图 5-5 所示，半剖面图位于 *W* 投影面因为它是基本投影面，半剖切符号可不予标注。图 5-6 所示，半剖面图位于 *V* 投影面。应注意画半剖面图时，在不影响读图的情况下投影部分出现的虚线可省略不画，但轴线仍应画出；形体外观投影与形体剖切投影的分界线，应画出细实点划线，不能在半剖面图上画出带“*X*”的图线。图 5-6（*b*）所示为该形体半剖面的空间形状。

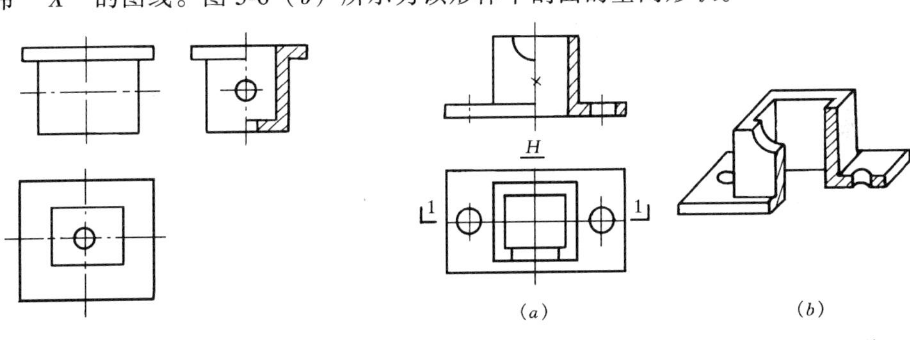

图 5-5 半剖面图

图 5-6 不能在半剖面图上画带“*X*”的图线

（*a*）半剖面图位于 *W* 投影面；（*b*）空间形状

4. 局部剖面图

形体被局部地剖开后得到的图样称为局部剖面图。它适应于没有必要用全剖面图或半剖面图的情况。对于形体既要显露其内部结构，又需要保留其部分外形时，可采用局部剖面图。局部剖面图只是形体整个外形投影图中的一部分，在图上不要标注剖切线，但是局部剖面与形体外形之间要用细实波浪线分界，如图 5-7 所示。波浪线不应和图样上其他线重合，也不能超出轮廓线。图 5-8 所示为分层局部剖面图,它表明了室内墙面装饰与构造情况。

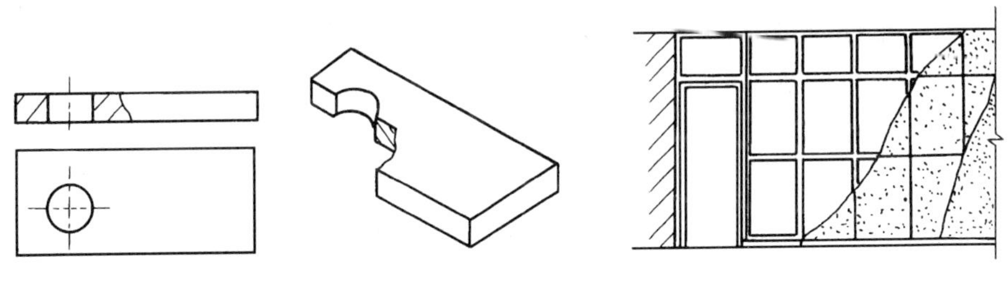

图 5-7 局部剖面图

图 5-8 墙面局部剖面图

第二节　断　面　图

一、断面图的形成

如图 5-9（*a*）所示，假想用剖切平面，将形体或建筑构件的某处切断，仅画出截断面的投影，这种图形称为断面图。从上述剖面图的形成可见，剖面图内已包含着断面图。画剖面图除应画出断面图形外，还应画出沿投影方向看到的部分，如图 5-9（*b*）所示。断面图则需画出剖切面切到部分的图形，如图 5-9（*c*）所示。

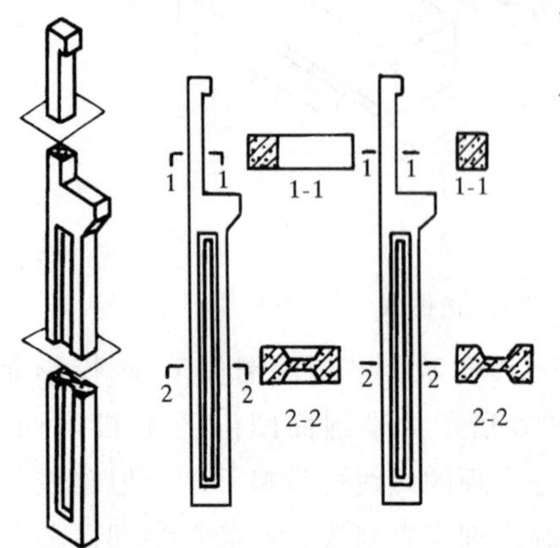

图 5-9　剖面图与断面图的区别
（*a*）立体图；（*b*）剖面图；（*c*）断面图

二、断面图的画法

（一）断面图画法有关规定

1. 断面的剖切符号应只用剖切位置线表示，并应以粗实线绘制，长度宜为 6～10mm，如图 5-10 所示。

2. 断面剖切符号的编号，宜采用阿拉伯数字，按顺序连续编排，并应注写在剖切位置线的一侧；编号所在的一侧应为该断面的投影方向，如图 5-10 所示。

3. 断面图如与被剖切图样不在同一张图纸内，可在剖切位置线的一侧注明其所在图纸的编号（如结施-8），也可在图纸上集中说明，如图 5-10 所示。

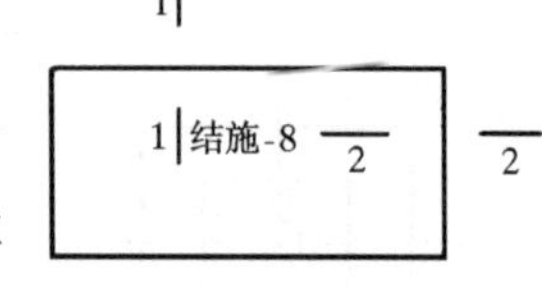

图 5-10　断面剖切符号与编号

4. 为重点突出断面的形体，移出断面和中断断面的轮廓线用粗实线画出；同时在断面上用细实线画出该物体的材料符号，其图例见表 5-1。

（二）断面图的几种处理方式

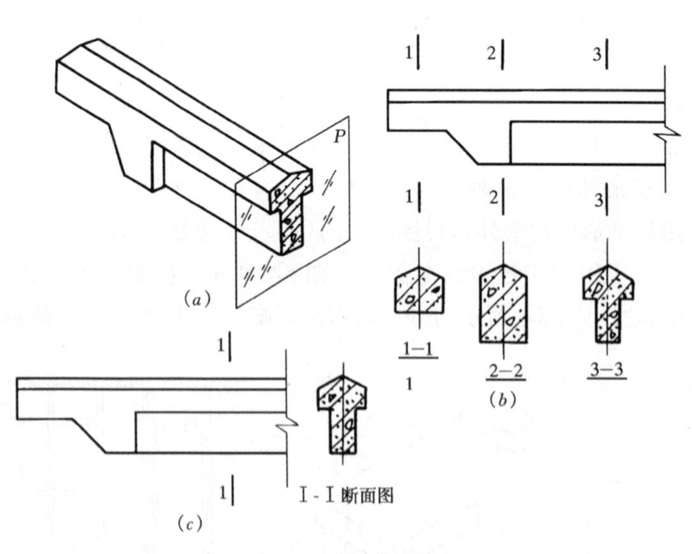

图 5-11　移出断面图及标注
（*a*）立体图；（*b*）、（*c*）移出断面图

1. 移出断面图

把断面图形画在投影图轮廓线外面的断面图称为移出断面。如图 5-11（*b*）所示为移出断面图，杆件的断面图可绘制在靠近杆件正立面图的一侧或端部并按顺序依次排列，如图 5-11（*b*）、（*c*）所示。图 5-11（*a*）为形体被剖切平面 *P* 所切开的断面空间形状。这种断面图常用来表示形体形状或形体内部有变化的构件。

2. 重合断面图

重合在投影图之内的断面图，称为重合断面图。图 5-12 和图 5-13 均为重合断面图，重合断面图一般不用标注。图 5-12 所示重合断面，表达了外墙面的装饰形状。图 5-13 所示重合断面，表达了屋面厚度与屋面形状。为了与形体轮廓线相区别，重合断面的轮廓线用细实线表示。这种断面图常用来表示整体墙面的花饰、屋面形状、坡度以及局部杆件等。

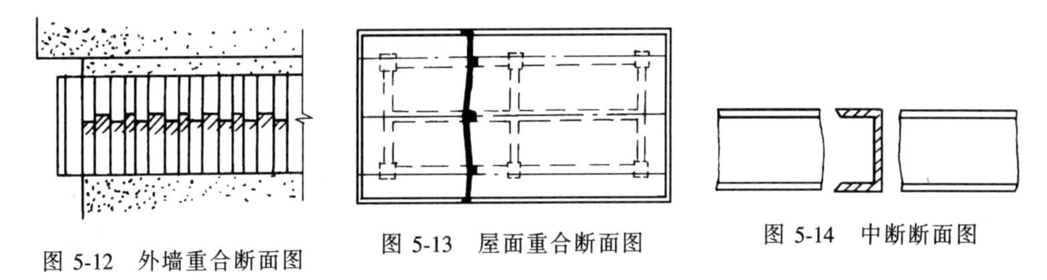

图 5-12 外墙重合断面图

图 5-13 屋面重合断面图

图 5-14 中断断面图

3. 中断断面图

布置在投影图中断处的断面图称为中断断面图。如图 5-14 所示，槽钢的断面图画在槽钢投影图的中断处，均不用标注剖切位置线和编号，并用波浪线表示断裂处。这种断面图，常用来表示较长而只有单一断面的杆件及型钢，而且不加任何标注。

小　　结

1. 为了表示形体的内部形状采用剖切的方法，用剖切平面把形体剖开，移去观察者与剖切平面之间的那一部分形体，将剩下的部分形体（凡被剖到和看到的部分），都投影到投影面，所得到的投影图称为剖面图。仅画出形体截断面的投影，这种图形称为断面图。由此可见，剖面图已包含着断面图。

2. 剖面图主要有全剖面图、半剖面图、阶梯剖面图、局部剖面图等；断面图主要有移出断面图、重合断面图、中断断面图等。

思考题与习题

5-1　什么是剖面图？什么是断面图？它们之间有什么区别？

5-2　试述剖面图和断面图的剖切符号的含义及标注要求。

5-3　什么是全剖面图？什么是局部剖面图？

5-4　画半剖面图、阶梯剖面图、局部剖面图时，各自应注意些什么？

5-5　常用的断面图有哪几种？它们各适用于什么情况？

第六章　房屋建筑施工图的识读

在一幢房屋建筑修建出来之前，是由房屋建筑工程图来表达该建筑的形状、大小、构造、结构、装修、设备等具体内容的。它是建筑施工、编制预算等工作的重要依据。

那么，一套房屋建筑工程图的图量与该房屋建筑的复杂程度有关，从十几张到几十张甚至上百张不等。将这些图纸分类进行编排，一般分为以下几类：

1. 建筑施工图：简称建施。由首页图、总平面图、建筑平面图、立面图、剖面图和建筑详图等组成。

2. 结构施工图：简称结施。由结构设计总说明、结构平面布置图和结构构件详图等组成。

3. 设备施工图：简称设施。由给水排水、采暖通风、电气照明等设备的平面布置图、系统图、详图和其说明等组成。

通常在识读一套施工图时，我们会按照上述的编排先进行顺序识读，然后对一些难点、疑问进行重点的识读。另外，有一些工程图样的识读，必须和其他的图样结合起来，要进行图样的前后对照。因此，我们应养成耐心、细致的工作作风。

本章以二层别墅为例说明房屋建筑施工图的识读过程，如图 6-1 ~ 图 6-2 所示。

建筑施工图是表达房屋建筑的形状、大小、构造、装修等情况的工程图样。在识读建筑施工图之前必须明确以下几个问题：

1. 建筑施工图的绘制原理：正投影原理。

2. 绘制建筑施工图应遵循的相关标准：《房屋建筑制图统一标准》GB/T 50001—2001、《总图制图标准》GB/T 50103—2001、《建筑制图标准》GB/T 50104—2001。

3. 建筑施工图中图样的尺寸单位：除总平面图和标高以米（m）为单位外，其他图样均以毫米（mm）为单位。

第一节　首页图与总平面图

一、首页图

首页图通常包括建施设计说明、一些表格和总平面图，但有些建施图是将总平面图单独放在一张图中。

1. 建施设计说明

建筑设计说明主要表达该工程的平面形式、建筑面积、结构形式及建筑各部分的构造做法等内容。另外，对于用图样无法表达或表达不清的部分，也可在设计说明中加以说明。

2. 一些表格

首页图中的表格主要包括建施图纸目录、门窗统计表。另外，还可以用表格的形式来

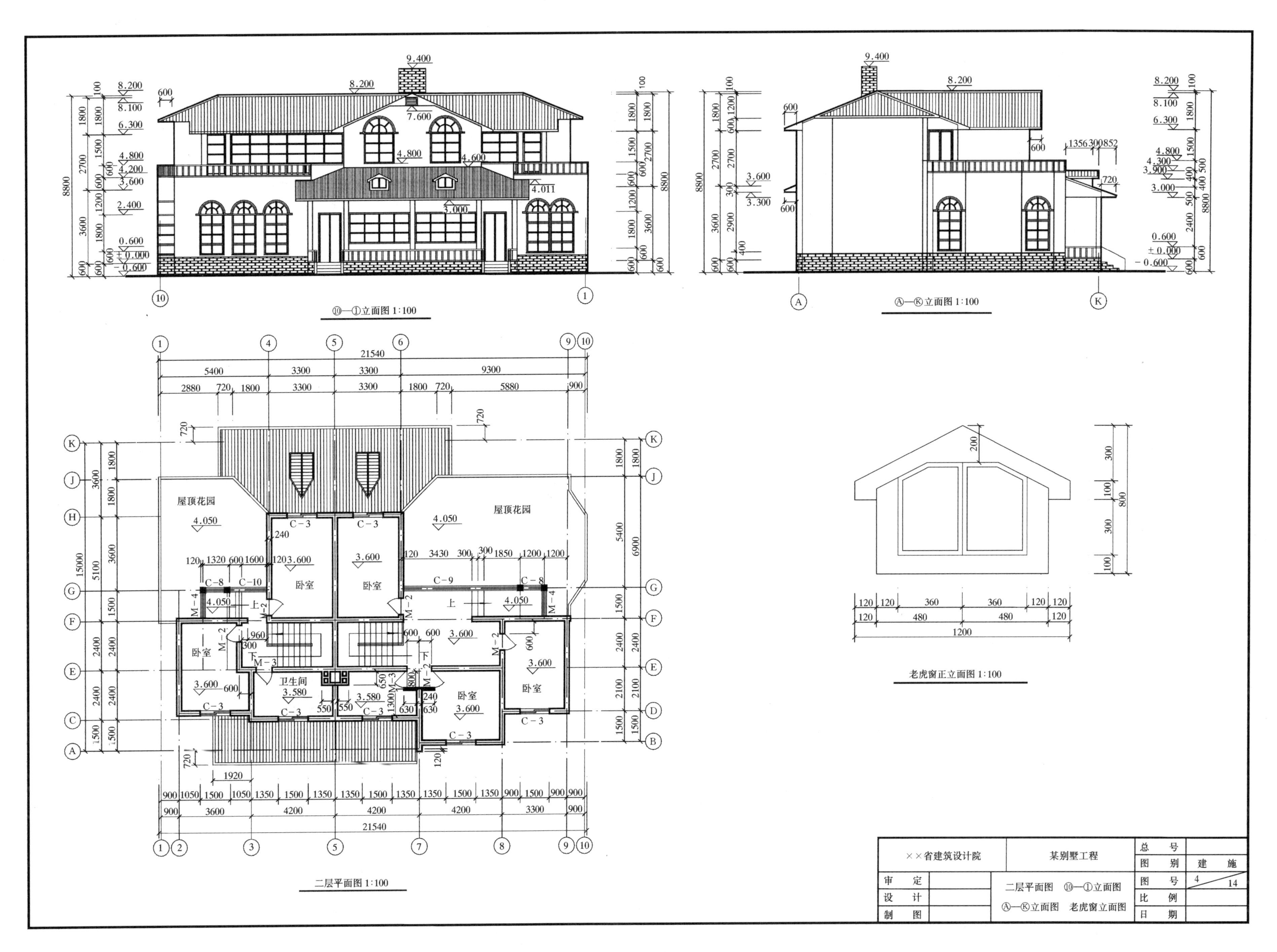

图 6-2 某别墅工程建施图(二)

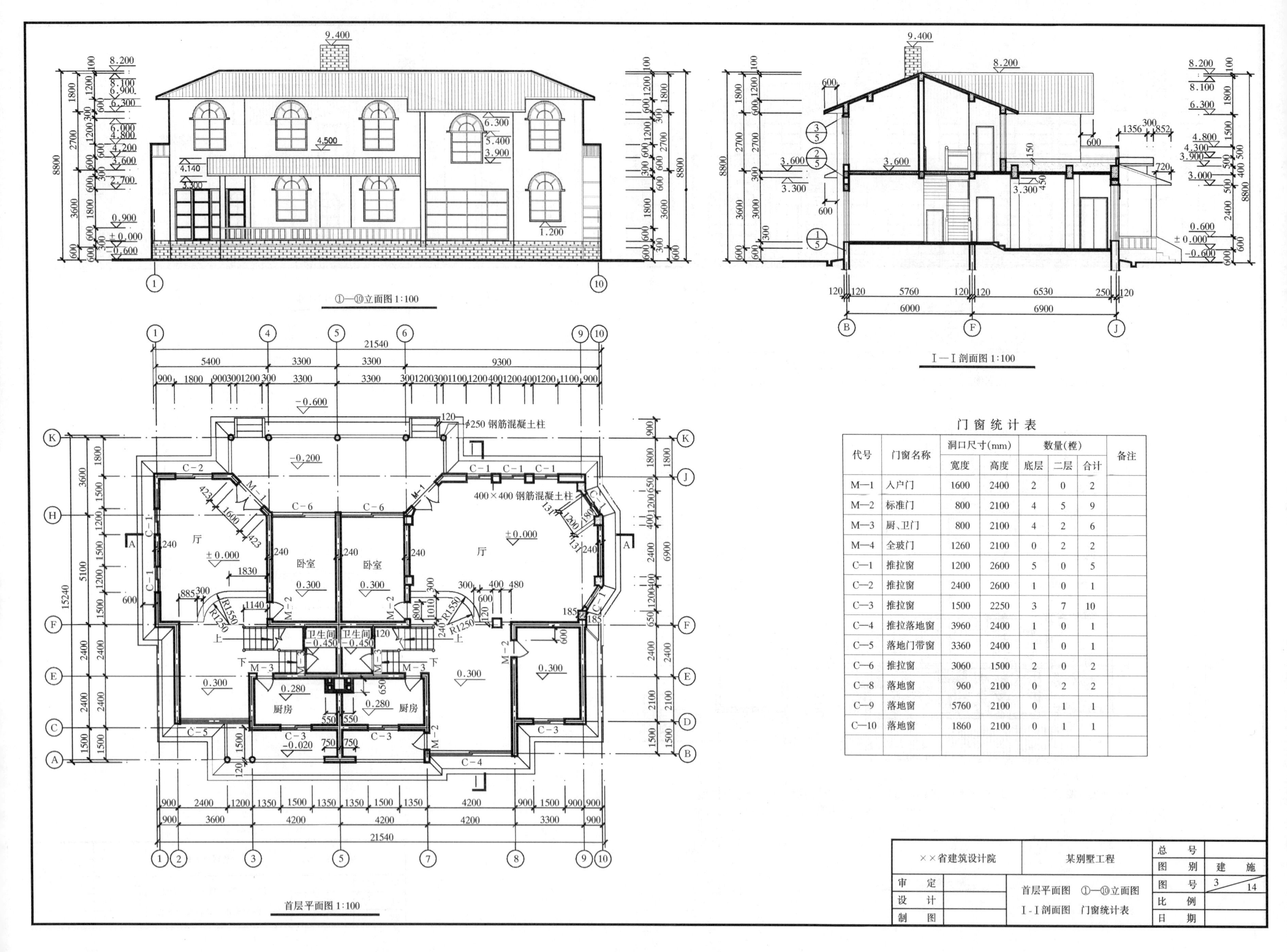

门 窗 统 计 表

代号	门窗名称	洞口尺寸(mm)		数量(樘)			备注
		宽度	高度	底层	二层	合计	
M—1	入户门	1600	2400	2	0	2	
M—2	标准门	800	2100	4	5	9	
M—3	厨、卫门	800	2100	4	2	6	
M—4	全玻门	1260	2100	0	2	2	
C—1	推拉窗	1200	2600	5	0	5	
C—2	推拉窗	2400	2600	1	0	1	
C—3	推拉窗	1500	2250	3	7	10	
C—4	推拉落地窗	3960	2400	1	0	1	
C—5	落地门带窗	3360	2400	1	0	1	
C—6	推拉窗	3060	1500	2	0	2	
C—8	落地窗	960	2100	0	2	2	
C—9	落地窗	5760	2100	0	1	1	
C—10	落地窗	1860	2100	0	1	1	

图 6-1 某别墅工程建施图(一)

表达建筑各部分的构造做法。

3. 识读

习题集中某别墅建筑施工图“建施 1”。首先注意图标栏的内容，然后识读设计说明、建施图纸目录、门窗统计表的具体内容和它们的表达形式。

二、总平面图

1. 内容与作用

总平面图是表达新建建筑的平面形式、层数、所在位置、朝向、周围环境（原有建筑、道路、绿化、所在地的地形地貌）等情况的图样。它是建筑定位、建筑施工组织、各项专业管线设备平面布置的依据。

2. 必须掌握的相关规定

绘制总平面图应按照《总图制图标准》GB/T 50103—2001 的规定进行，所以必须对这些规定十分熟悉（表 6-1），才能识读总平面图。

总平面图图例（摘自 GB/T 50103—2001） 表 6-1

序号	名称	图例	说明
1	新建的建筑物	8 ▲	1. 需要时，可用▲表示出入口，可在图形内右上角用点数或数字表示层数 2. 建筑物外形（一般以 ± 0.00 以上高度处的外墙定位轴线或外墙面线为准）用粗实线表示。需要时，地面以上建筑用中粗实线表示，地面以下建筑用细实线表示
2	原有的建筑物		用细实线表示
3	计划扩建的预留地或建筑物		用中粗虚线表示
4	拆除的建筑物		用细实线表示
5	建筑物下面的通道		
6	挡土墙		被挡土在“突出”的一侧
7	围墙及大门		上图为实体性质的围墙，下图为通透性质的围墙，若仅表示围墙时不画大门
8	护坡		1. 边坡较长时，可在一端或两端局部表示 2. 下边线为虚线时表示填方
9	室内标高	151.00（± 0.00）	

续表

序号	名　　称	图　　例	说　　明
10	室外标高	● 143.00　▼143.00	室外标高也可采用等高线表示
11	原有的道路		
12	计划扩建的道路		
13	桥梁		1. 上图为公路桥 下图为铁路桥 2. 用于旱桥时应注明
14	常绿针叶树、阔叶乔木、阔叶灌木		
15	落叶针叶树、阔叶乔木、阔叶灌木		
16	竹类、花卉		
17	草坪、花坛		

除表 6-1 中所列的图例外，在总平面图中还有其他一些符号：

（1）指北针：可确定建筑的朝向。指北针符号圆直径宜为 24mm，用细实线绘制，指北针尾部宽度宜为 3mm，指针头部应标注“北”或“*N*”字样，如图 6-3（*a*）所示。

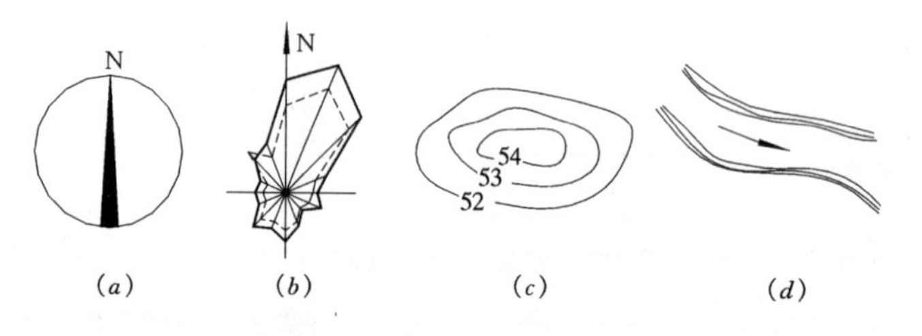

图 6-3

（*a*）指北针；（*b*）风向频率玫瑰图；（*c*）等高线；（*d*）河流水面

（2）风向频率玫瑰图：可确定建筑朝向和该地区常年的风向频率，最大数字为主导风向，如图 6-3（*b*）所示。

（3）等高线：依据可了解地形情况，如图 6-3（*c*）所示。

（4）河流水面，如图 6-3（*d*）所示。

3. 识读。

总平面图的识读举例如图 6-4 所示。

(1) 看图名、比例，总平面图的绘图比例一般采用较小的比例，如 1∶200、1∶500、1∶1000 等，本书所举的总平面图的绘图比例为 1∶300。

(2) 根据总平面图图例，在图样中分别了解新建建筑的平面形状、层数，根据指北针了解建筑朝向以及与周围建筑之间的关系（通常在图中有尺寸标注，尺寸单位为米）。

(3) 了解新建建筑的室内地坪与室外地坪标高情况，由此可知室内外高差。在总平面图中标注的标高为绝对标高（即以我国青岛市外的黄海海平面作为零点而测定的高度）。

(4) 了解周围环境，如周边其他建筑、道路、绿化等情况。

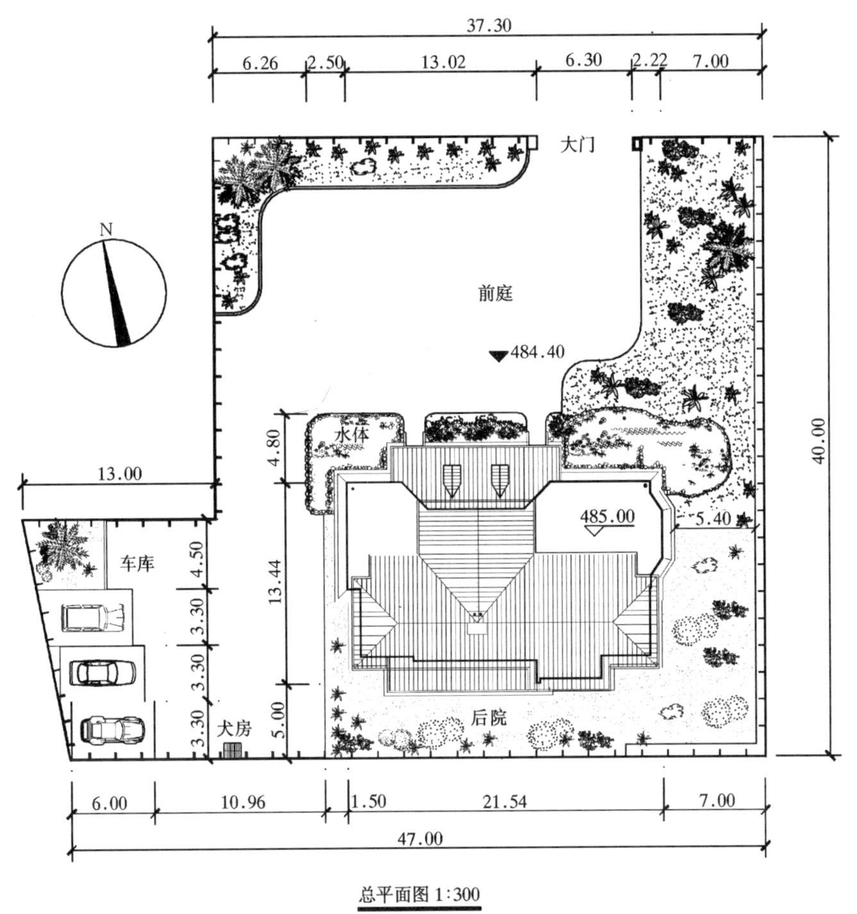

图 6-4　某别墅工程总平面图

第二节　建筑平面图的识读

一、建筑平面图的形成、内容、命名方法、数量

假设一个水平剖切平面沿着略高于窗台的位置对建筑进行剖切，将上面部分挪走，按剖面图画法作剩余部分的水平投影图，该投影图称作建筑平面图。建筑平面图实际上是建筑的水平剖面图。建筑平面图表达建筑的各层平面形状、房间大小、用途、相互关系、墙体的材料与厚度、门窗的位置等情况。

建筑平面图的图名是按照水平剖切面所在楼层来命名的。如水平剖切面设在略高于底层窗台，则所得平面图称作底层平面图，其系平面图依次类推。

那么，一幢建筑的建筑平面图与该建筑的层数及复杂程度有关。如果该建筑层数多，但每层平面布局、构造相同，则只需要绘制三个建筑平面图，即底层平面图、标准层平面图（中间各楼层平面图用一个图样表达）、顶层平面图。反之，若该建筑的每层平面布局、构造均不相同，则需要绘制每层的平面图。

二、必须掌握的相关规定

绘制建筑平面图时，应按照《房屋建筑制图统一标准》GB/T 50001—2001、《建筑制图标准》GB/T 50104—2001 的相关规定执行。只有对这些规定十分熟悉，才能很好地识读建筑平面图。

1. 定位轴线

定位轴线是用于表示建筑承重构件（墙、柱、梁）的相对位置，便于施工时定位放线和确定墙体及各构件之间相互关系的基准线。

定位轴线应用细点画线绘制。定位轴线一般应编号，编号应注写在轴线端部的圆内。圆应用细实线绘制，直径为 8～10mm。定位轴线圆的圆心，应在定位轴线的延长线上或延长线的折线上。

横向定位轴线的编号应用阿拉伯数字，按从左到右的顺序编写，纵向定位轴线的编号应用大写拉丁字母，按从上至下的顺序编写。其中，拉丁字母中的 I、O、Z 不得作为轴线编号。另外，对于一些次要构件可画附加轴线，编号应用分数表示：分母表示前一轴线的编号，分子表示附加轴线的编号，编号宜用阿拉伯数字顺序编写，如图 6-5（*a*）所示。1 号轴线和 A 号轴线之前的附加轴线应以分母 01 或 0A 表示，如图 6-5（*b*）所示。

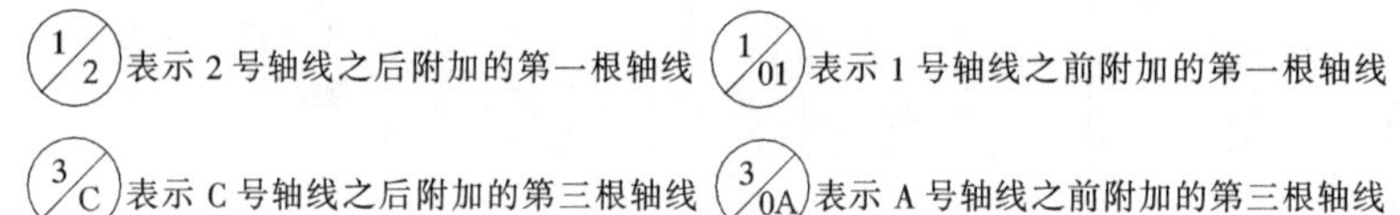

（*a*）　　（*b*）

图 6-5　附加定位轴线的表示方法

2. 建筑构造及配件图例

在建筑平面图中，门窗应标注代号与编号，以便与门窗统计表相对应。门的代号为 M；窗的代号为 C，用 1、2、3 等数字给不同类型门窗编号，如 M-1、M-2、……和 C-1、C-2……等。建筑构造及配件图例见表 6-2。

三、识读

识读举例为某别墅工程底层平面图，如图 6-6 所示。

1. 识读图名、比例：建筑平面图的绘制比例一般为 1:200、1:100、1:50 等，该别墅底层平面图的绘制比例为 1:100。

2. 了解建筑的平面布局：各房间的形状、用途、室内布置及相互关系。

3. 了解门窗情况：门窗的位置、编号。

4. 识读尺寸：建筑平面图中的尺寸很多，可分为外部尺寸与内部尺寸。

（1）外部尺寸：即标注于图样外的尺寸，一般分三道标注。

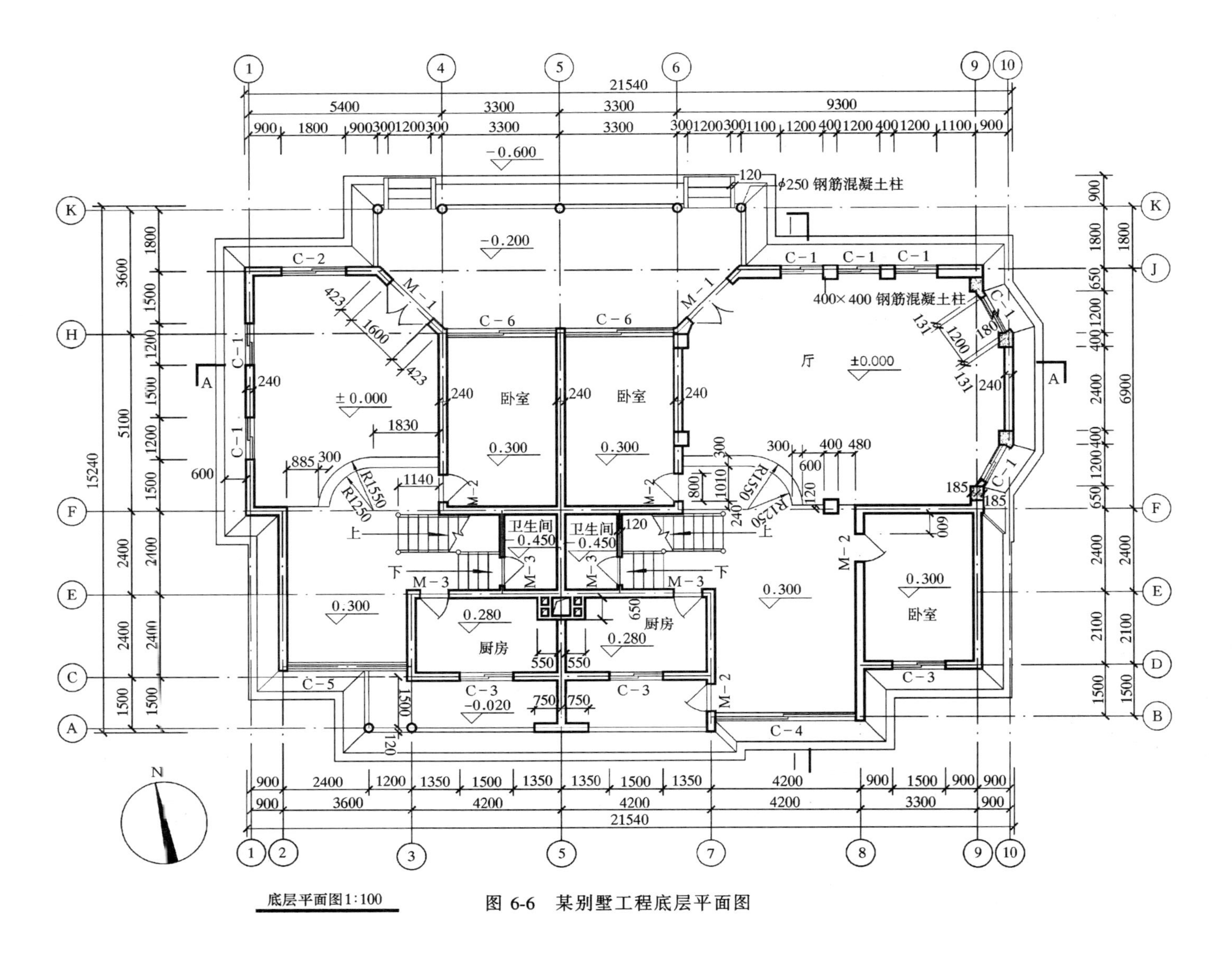

图 6-6　某别墅工程底层平面图

建筑构造及配件图例（GB/T 50104—2001）　　表 6-2

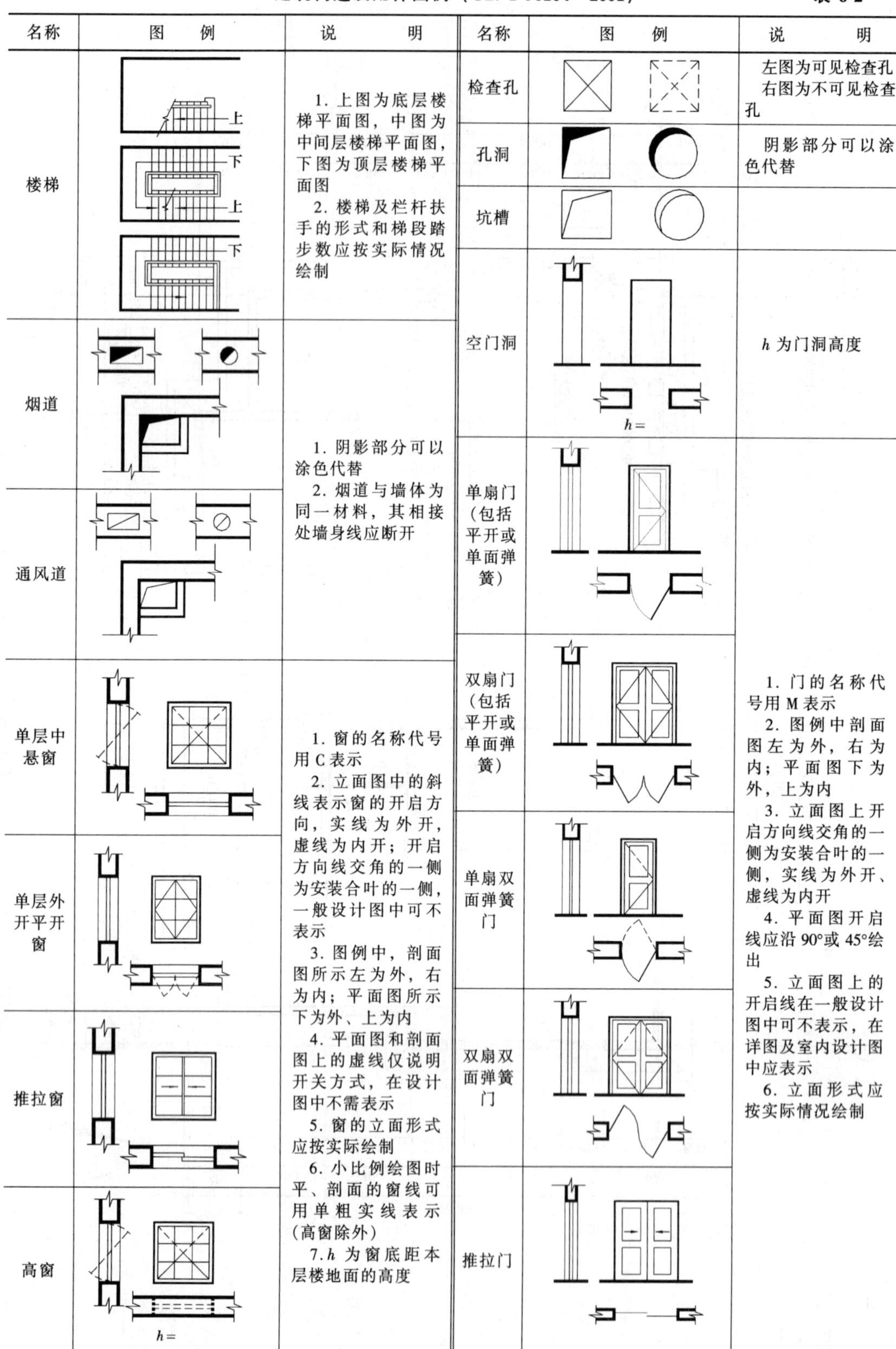

名称	图　例	说　明
楼梯	上 下 上 下	1. 上图为底层楼梯平面图，中图为中间层楼梯平面图，下图为顶层楼梯平面图 2. 楼梯及栏杆扶手的形式和梯段踏步数应按实际情况绘制
烟道		1. 阴影部分可以涂色代替 2. 烟道与墙体为同一材料，其相接处墙身线应断开
通风道		
单层中悬窗		1. 窗的名称代号用 C 表示 2. 立面图中的斜线表示窗的开启方向，实线为外开，虚线为内开；开启方向线交角的一侧为安装合叶的一侧，一般设计图中可不表示 3. 图例中，剖面图所示左为外，右为内；平面图所示下为外、上为内 4. 平面图和剖面图上的虚线仅说明开关方式，在设计图中不需表示 5. 窗的立面形式应按实际绘制 6. 小比例绘图时平、剖面的窗线可用单粗实线表示（高窗除外） 7. h 为窗底距本层楼地面的高度
单层外开平开窗		
推拉窗		
高窗	h=	
检查孔		左图为可见检查孔 右图为不可见检查孔
孔洞		阴影部分可以涂色代替
坑槽		
空门洞	h=	h 为门洞高度
单扇门（包括平开或单面弹簧）		1. 门的名称代号用 M 表示 2. 图例中剖面图左为外，右为内；平面图下为外，上为内 3. 立面图上开启方向线交角的一侧为安装合叶的一侧，实线为外开、虚线为内开 4. 平面图开启线应沿 90°或 45°绘出 5. 立面图上的开启线在一般设计图中可不表示，在详图及室内设计图中应表示 6. 立面形式应按实际情况绘制
双扇门（包括平开或单面弹簧）		
单扇双面弹簧门		
双扇双面弹簧门		
推拉门		

第一道尺寸：标注门窗洞口宽度、门窗间墙体、墙体厚度及各细小部分的构造尺寸。

第二道尺寸：标注轴线之间的距离，即房间的开间（横向定位轴线之间的距离）和进深（纵向定位轴线之间的距离），从此处可知房间的大小。

第三道尺寸：标注建筑外轮廓的总尺寸，即总长与总宽，是从一端的外墙边到另一端的外墙边的距离。

（2）内部尺寸：即标注于图样内的尺寸。主要标注内墙门窗洞的位置与洞口宽度、墙体厚度、室内设备的大小与位置。

5. 了解标高情况：在底层平面图中标注的标高为相对标高，即以底层室内主要地面为零点标高（±0.000）而测定的高度尺寸。通常标注室外地坪标高、室内地坪标高，如室外地坪标高为-0.600。另外，室内两相邻地面有高差时，也应标注标高，以明确它们之间的高差，如厨房地面为0.280。

6. 了解几个符号：

指　北　针——了解建筑的朝向并与总平面图对照。

剖面图符号——以便与建筑剖面图对照识读。

7. 了解细部：建筑室外的散水、明沟、台阶、坡道的位置与尺寸。

对于识读楼层平面图和顶层平面图而言，方法与底层平面图的识读相同，需要注意的是，在楼层与顶层平面图中不再绘制底层的散水、明沟、台阶、坡道、指北针等，而只绘制下一层的雨篷、遮阳板等，楼梯的画法也有区别，见表6-2。

第三节　建筑立面图的识读

一、立面图的形成、内容、命名方法

运用正投影原理对建筑各外立面所作的投影图即为建筑立面图。它表达建筑各外立面的造型、装修做法、各配件的形状与相互关系及建筑高度方向的尺度。

正规施工图中，建筑立面图的名称宜按其首尾轴线来命名的，如图6-7中所示①—⑩立面图，按朝向即为从南向北投影所得。

二、立面图的图示方法

绘制建筑立面图时，一般会用不同粗细的线来表达图样。建筑立面的外轮廓、建筑较大转折处用粗实线绘制，门窗洞口、檐口、阳台、雨篷、壁柱等突出墙面的部分用中粗线绘制，门窗扇、花格、雨水管、墙面分格线等用细实线绘制，室外地坪线用略粗于粗实线的线绘制。

三、识读

某别墅工程立面图识图举例如图6-7所示。

1. 识读图名、比例：根据图名了解该立面图的投影方向，本例为①—⑩立面图，投影方向即为从南向北。立面图的绘制比例与平面图一致，本例为1:100。

2. 根据该立面图的投影方向，对照建筑平面图，了解该建筑此立面的外貌形状、屋面、门窗、雨篷、台阶等细部的形状与位置。

3. 识读尺寸：立面图中的尺寸标注通常标注在立面图的左右两侧，分三道标注：

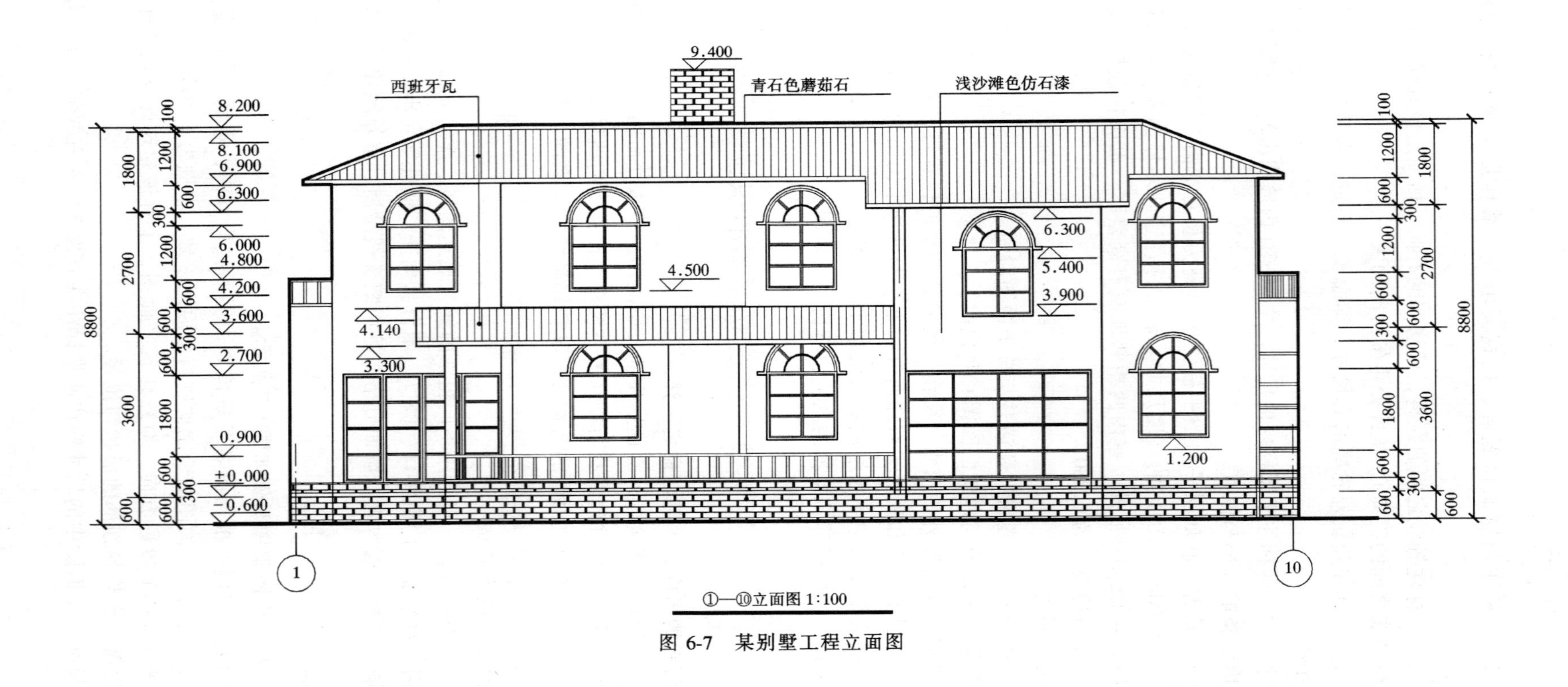

①—⑩立面图 1:100

图 6-7 某别墅工程立面图

第一道尺寸：门窗洞口、窗间墙、檐口的高度及室内外高差。

第二道尺寸：室内外高差、层高及檐口的高度。

第三道尺寸：建筑的总高度。

另外，在立面图的下方，还须标注出首尾轴线，但不标注尺寸。

4. 识读标高：立面图中的标高除在图样外标注室外地坪、室内地坪、层高、建筑最高点标高和一些门窗洞口上下檐标高外，还可在图样中标注一些门窗洞口上下檐标高和高度变化处标高。

5. 识读立面装修文字说明及索引符号：若立面图局部需绘制详图，应在立面图上绘制索引符号。

第四节　建筑剖面图的识读

一、剖面图的形成、内容、数量、命名方法

假设一个或一个以上的正平面或侧平面，对建筑进行竖向的剖切后所得的剖面图即为建筑剖面图，简称剖面图。它表达建筑竖向内部空间的结构、分层、层高、楼地面与屋面的构造及各构配件在垂直方向的相互关系。

剖面图的数量根据建筑的复杂程度而定，通常只作一个横向剖面图，即用侧平面剖切而得，且剖切平面常通过门窗洞口及楼梯间。若建筑内部空间复杂，可增加剖面图，直至表达清楚为止。

剖面图图名是按照设在底层平面图中的剖切符号编号来确定的，如Ⅰ-Ⅰ剖面图、A-A剖面图等。由此可见，识读建筑剖面图的要点是，必须和建筑平面图对照识读。

二、识读

某别墅工程Ⅰ-Ⅰ剖面图识读举例，如图6-8所示。

1. 根据图名，对照底层平面图中的Ⅰ-Ⅰ剖切符号，了解剖切位置与投射方向。本例为Ⅰ-Ⅰ剖面图，剖切位置设在⑦和⑧之间的窗洞口处，投射方向为从右向左。剖面图比例一般同平面图。常用的建筑剖面图比例有1:50、1:100、1:200。本例为1:100。

2. 了解建筑的内部竖向空间情况，如结构形式、层数、墙体与梁板的连接、门窗洞口及屋顶形式等。楼地面、屋面的构造通常用文字说明的形式标注于图中，若图中没有标注构造，可在设计说明中了解。

3. 识读尺寸：

在剖面图的外侧向一般标注三道尺寸：

第一道尺寸：窗洞口尺寸和窗间墙尺寸。

第二道尺寸：层高与室内外高差。

第三道尺寸：建筑的总高度。

在剖面图的下方应绘制主要承重墙的轴线，标注轴线编号和轴线间距尺寸。

4. 识读标高：在剖面图中应标注窗台、过梁、地面、楼面、屋面、室外地坪等处的标高。

5. 注意索引符号以便于和后面的详图对照。

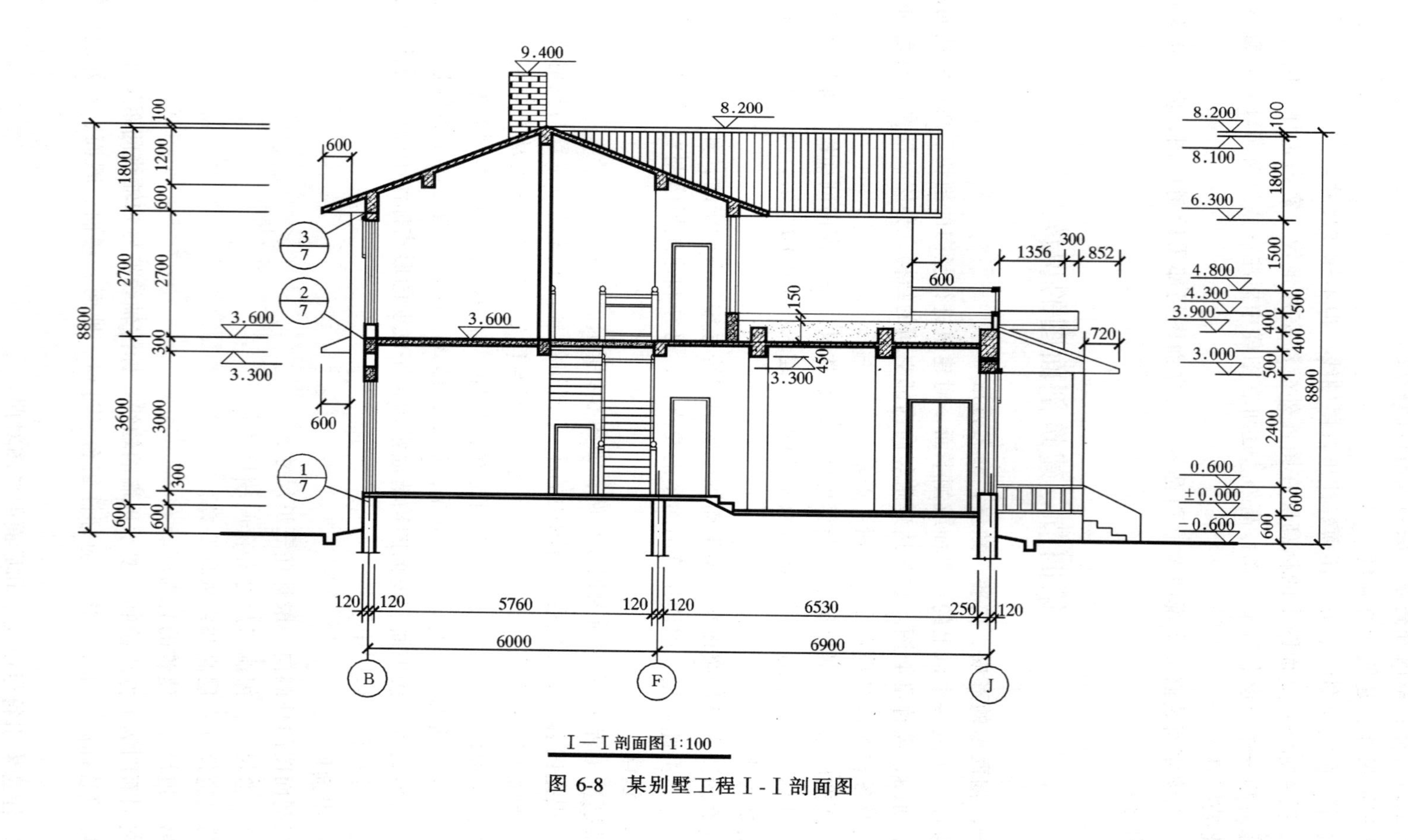

I—I 剖面图 1:100

图 6-8 某别墅工程 I-I 剖面图

小　　结

1. 房屋建筑工程图的类型有：建施图、结施图、设施图；

2. 建施图的内容：首页图、总平面图、建筑平面图、立面图、剖面图、建筑详图等。

3. 掌握建筑平面图、立面图、剖面图的形成，尤其应重点理解建筑平面图的形成。

4. 熟练掌握总平面图例和建筑构造及配件图例。

5. 掌握建筑平面图、立面图、剖面图的识读方法。特别要注意在识读过程中应将建筑平面图、立面图、剖面图结合起来识读。

第五节　建筑详图的识读

前面识读的总平面图、建筑平面图、立面图、剖面图均为建施图的基本图样，绘制比例较小，许多细部构造无法表达清楚。因此，需要将这些细部构造单独用较大比例详细地绘制出来，这些图称为详图或大样图。详图绘制比例一般为：1∶50、1∶30、1∶20、1∶10等。

一、建筑详图的种类

建筑详图主要包括外墙身节点构造详图、楼梯详图、门窗详图、特殊房间（厨房、卫生间等）详图及建筑其他细部构造详图（如檐口、雨篷、阳台、台阶、花格、栏杆等）。

二、索引符号与详图符号

在识读建筑详图时必须和前面的建筑基本图样进行对照，应明确该建筑详图是表达建筑哪个细部的构造。因此，规定了索引符号与详图符号来进行相互对照。

在《房屋建筑制图统一标准》GB/T 50001—2001 中作了以下规定：

1. 索引符号：索引符号是由直径为 10mm 的圆和水平直径组成，圆及水平直径均应以细实线绘制。索引符号的编写方法如图 6-9 所示。

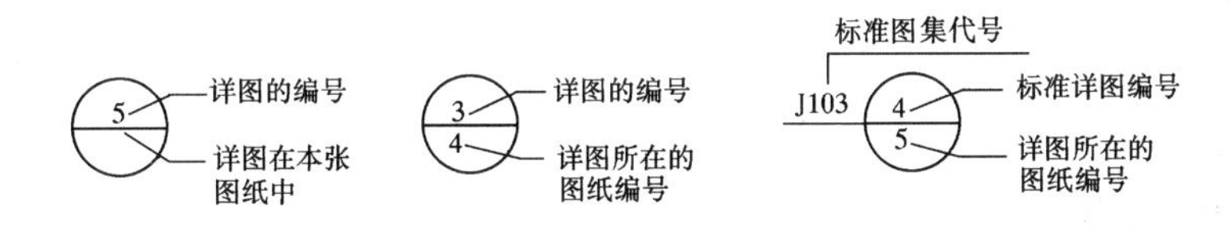

图 6-9　索引符号

索引符号如用于索引剖视详图，应在被剖切的部位绘制剖切位置线，并应以引出线引出索引符号，引出线所在的一侧应为投射方向。索引符号的编写同前，如图 6-10 所示。

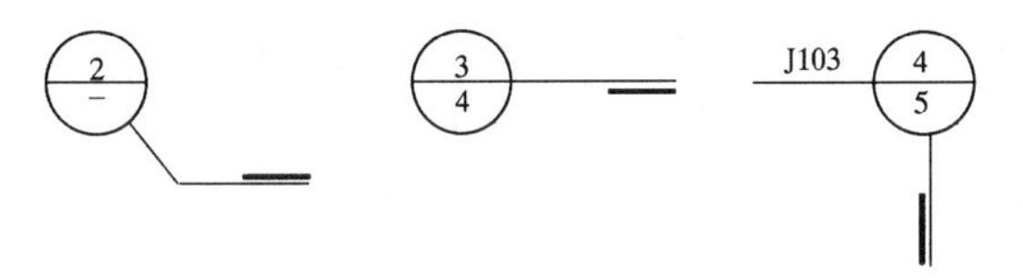

图 6-10　用于索引剖面详图的索引符号

2. 详图符号：详图符号的圆应以直径为 14mm 的粗实线绘制。详图符号的编号如图 6-

11 所示。

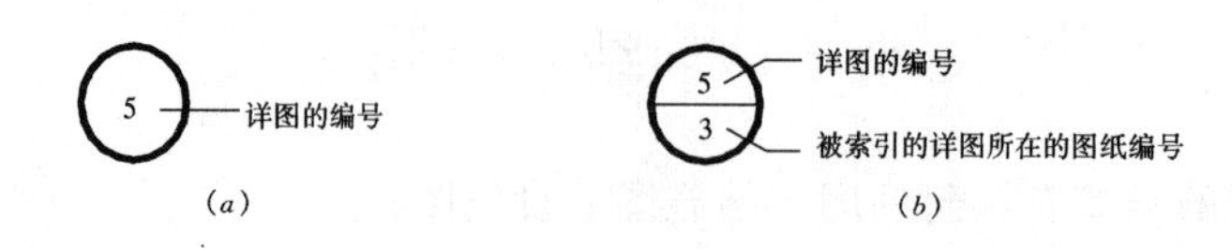

图 6-11　详图符号

(*a*) 与被索引图样同在一张图纸内的详图符号；

(*b*) 与被索引图样不在同一张图纸内的详图符号

三、楼梯详图的识读

楼梯详图的识读包括平面图、剖面图、节点详图等，分别如图 6-12、图 6-13、图 6-14 所示。

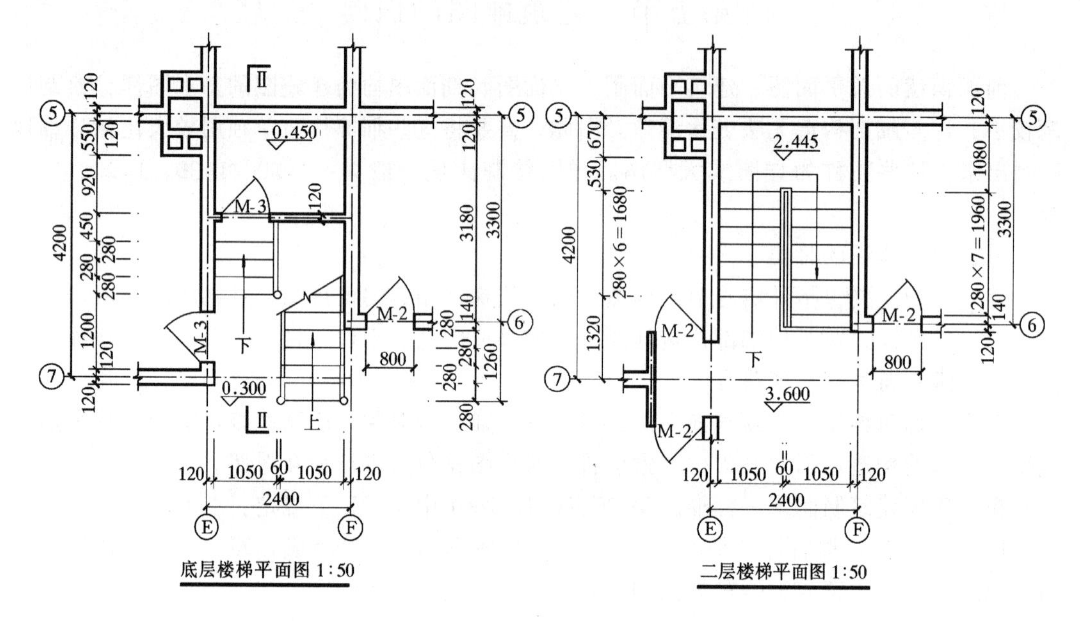

图 6-12　某别墅工程楼梯平面图

1. 楼梯平面图

每层应画一个楼梯平面图，若中间各层相同，可用一个标准层平面代替。楼梯平面图的形成与建筑平面图的形成是一致的。因此，在底层楼梯平面图和楼层楼梯平面图中，在每层的第一梯段中间要绘制折断线。

识读楼梯平面图，首先根据楼梯平面图中的轴线编号对照前面的建筑平面图，了解该楼梯处于建筑的哪个位置；然后了解该楼梯的平面形式。本例楼梯为双跑楼梯，根据图中标注的上下箭头，了解楼梯的走向（注，标注的上下箭头都是以本层楼、地面为起点的）；最后识读尺寸与标高，了解该楼梯各部分构件的尺寸与高度位置，如楼梯的开间与进深、楼梯段的宽度、平台的宽度、梯井的宽度、踏步数量和宽度，楼梯休息平台和楼层平台的标高等。

2. 楼梯剖面图

首先，根据图名对照楼梯底层平面图了解剖切位置和投射方向。然后，根据剖面图了

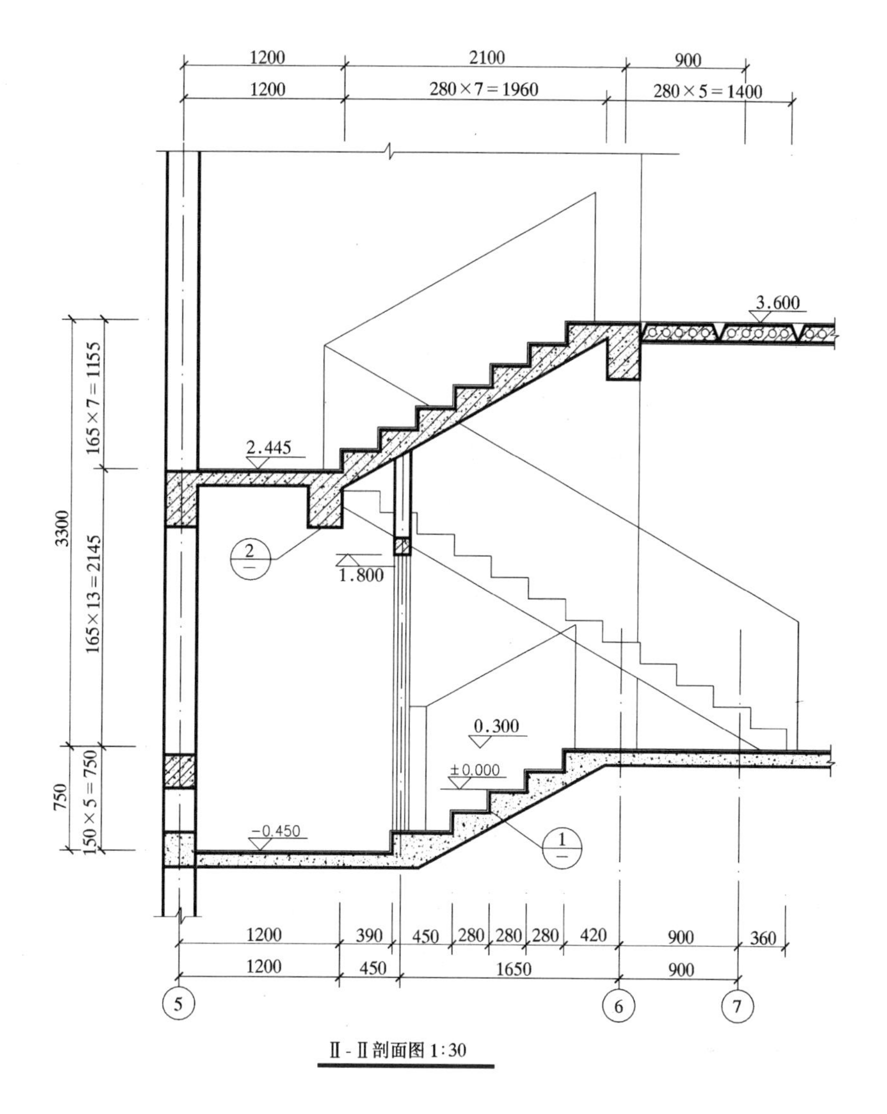

图 6-13　某别墅工程楼梯剖面图

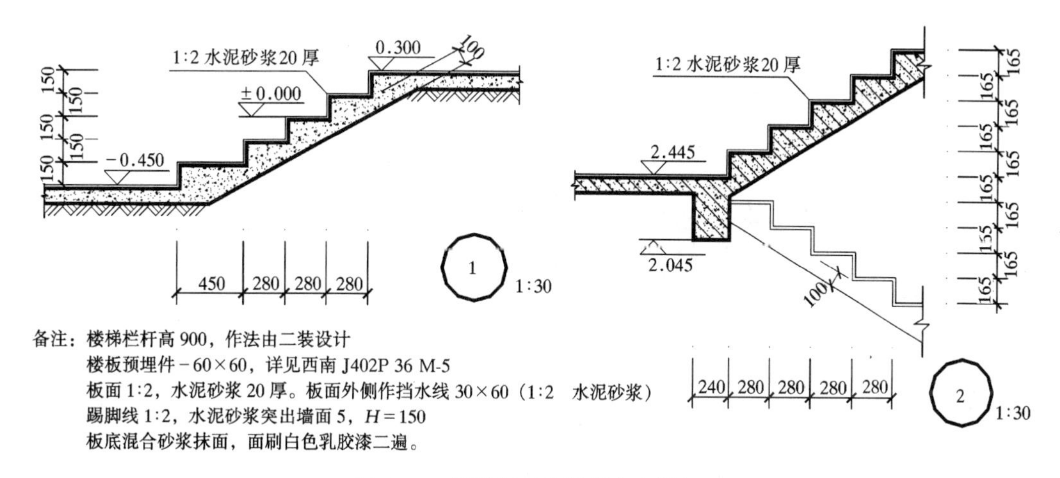

备注：楼梯栏杆高 900，作法由二装设计

楼板预埋件 −60×60，详见西南 J402P 36 M-5

板面 1:2，水泥砂浆 20 厚。板面外侧作挡水线 30×60（1:2　水泥砂浆）

踢脚线 1:2，水泥砂浆突出墙面 5，$H=150$

板底混合砂浆抹面，面刷白色乳胶漆二遍。

图 6-14　某别墅工程楼梯节点详图

解楼梯的结构形式和材料、楼梯段数量、楼梯平台位置等情况，本例楼梯为钢筋混凝土板式楼梯。最后，识读尺寸和标高，了解楼梯踏步数量与高度、平台宽度、建筑层高及楼梯平台标高等。

3. 楼梯节点详图

识读楼梯节点详图，首先根据节点详图的详图符号，在楼梯平面图和剖面图中去对照索引符号；然后根据详图了解这些节点的构造和尺寸等具体内容。如图 6-14 所示，①详

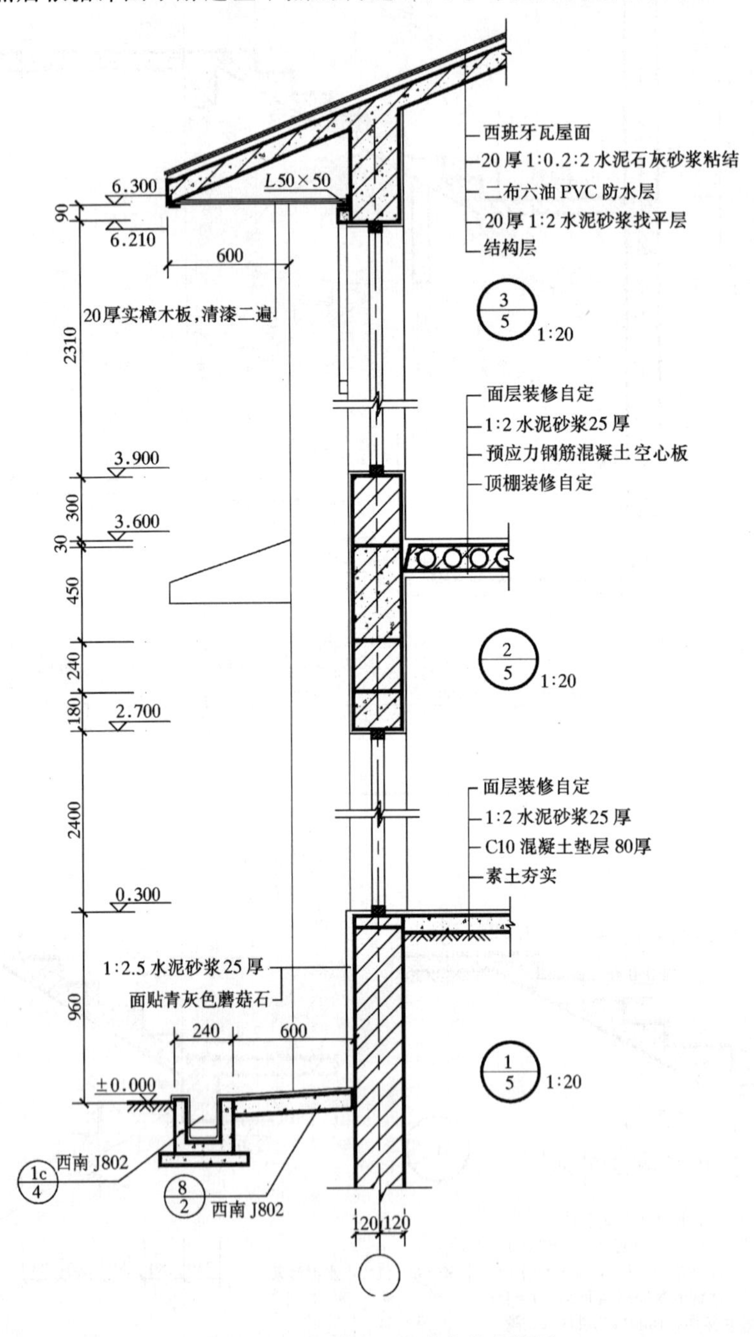

图 6-15 某别墅工程墙身节点详图

图表示的是台阶的构造，②详图表示的是楼梯休息平台转折处的构造。另外，详图中说明应认真阅读。

四、墙身节点详图的识读

墙身节点详图的识读举例：某别墅工程墙身节点详图，如图 6-15 所示。

1. 识读墙身节点详图的图名（即详图符号），在其他图样（通常在剖面图）中找到相对应的索引符号，可了解该详图所绘构造是建筑的哪个部位。

2. 墙身节点详图常分为三个部分来绘制，即底层部分、楼层部分（若中间各楼层节点相同，可只绘制一个图样）、檐口部分。绘制图样时应将这三部分依次对齐排列。

（1）底层部分：绘图范围是从室外地坪到底层窗台。

首先了解轴线位置与编号；然后了解墙体、室外散水、明沟、勒脚、室内地坪、窗台、墙面内外装修的材料、构造层次和相关尺寸；最后了解室内外地坪的标高。

（2）楼层部分：绘制范围是从下一层的窗过梁到上一层的窗台。

根据图样从下到上依次了解窗过梁、墙体、楼面、窗台、墙体内外装修的材料、构造层次和相关尺寸；楼板、梁等构件与墙体的相互关系；以及窗过梁、楼面、窗台等处的标高。

（3）檐口部分：绘制范围是从顶层窗过梁到屋顶。

根据图样从下到上依次了解顶层窗过梁、檐口、屋面等处的形式、材料、构造层次和相关尺寸；了解窗过梁、檐口等处的标高。

小　　结

1. 掌握建筑详图的种类：外墙身节点构造详图、楼梯详图、门窗详图、特殊房间（厨房、卫生间等）详图及建筑其他细部构造详图（如檐口、雨篷、阳台、台阶、花格、栏杆等）。

2. 掌握索引符号与详图符号的相关规定。

3. 掌握楼梯详图、墙身节点详图的识读方法。其中，应特别注意识读详图与前面的基本图样相互对照。其他建筑详图的识读方法与之相同，不在一一叙述。

思考题与习题

6-1　一套房屋建筑工程图由哪几类图组成？它们各自又包括哪些主要内容？

6-2　建筑总平面图的内容与作用是什么？

6-3　建筑的平面图、立面图与剖面图分别是怎样形成的？它们的主要内容是什么？

6-4　建筑的平面图与剖面图中的外部尺寸分别应怎样标注？

6-5　楼梯详图的内容有哪些？

6-6　墙身节点详图一般分哪几部分绘制？分别表达哪些主要内容？

第七章　室内装饰施工图的识读

建筑室内装饰施工图是表达建筑内墙、顶棚、地面的造型与饰面以及美化配置、灯光配置、家具配置等内容的图样。它主要包括装饰平面图、顶棚图、内墙立面图、剖面图和装修节点详图等，是室内装饰施工、室内家具和设备的制作、购置和编制装饰工程预算的依据。

本章仍以某别墅工程为例，讲解室内装饰施工图的识读。

第一节　装 饰 平 面 图

一、装饰平面图的形成、内容与作用

装饰平面图的形成与建筑平面图的形成方法相同，即假设一个水平剖切平面沿着略高于窗台的位置对建筑进行剖切，将上面部分挪走，按剖面图画法作剩余部分的水平投影图：用粗实线绘制被剖切的墙体、柱等建筑结构的轮廓；用细实线绘制在各房间内的家具、设备的平面形状，并用尺寸标注和文字说明的形式表达家具、设备的位置关系和各表面的饰面材料及工艺要求等内容。

根据装饰平面图，可进行家具、设备购置单的编制工作；结合尺寸标注和文字说明，可制作材料计划和施工安排计划等。

二、识图前应注意的问题

1. 装饰施工图仍然采用正投影原理绘制。

2. 熟悉常用建筑构造及配件图例（参阅第六章相关内容）。

3. 常用装饰平面图图例：

在装饰平面图中，通常要将室内家具、美化配置等情况表达出来，因此应对这些常用平面图例非常熟悉。表 7-1 为常用装饰平面图图例。

常用装饰平面图图例　　表 7-1

名　称	图　例	备　注	名　称	图　例	备　注
双人床		室内家具平面轮廓可按实际情况绘制	钢　琴		
单人床			地　毯		满铺地毯在地面用文字说明
沙　发					
凳　椅			盆栽		
桌					

三、装饰平面图的识读

以某别墅工程B户型室内装饰工程为例。由于室内家具、设备数量较多，地面装饰也较为复杂，因此用室内平面布置图和地面装饰图来表达B户型底层装饰的内容，这样可使各部分内容表达地更清晰，如图7-1、图7-2所示。当然，如果室内装饰内容简单，

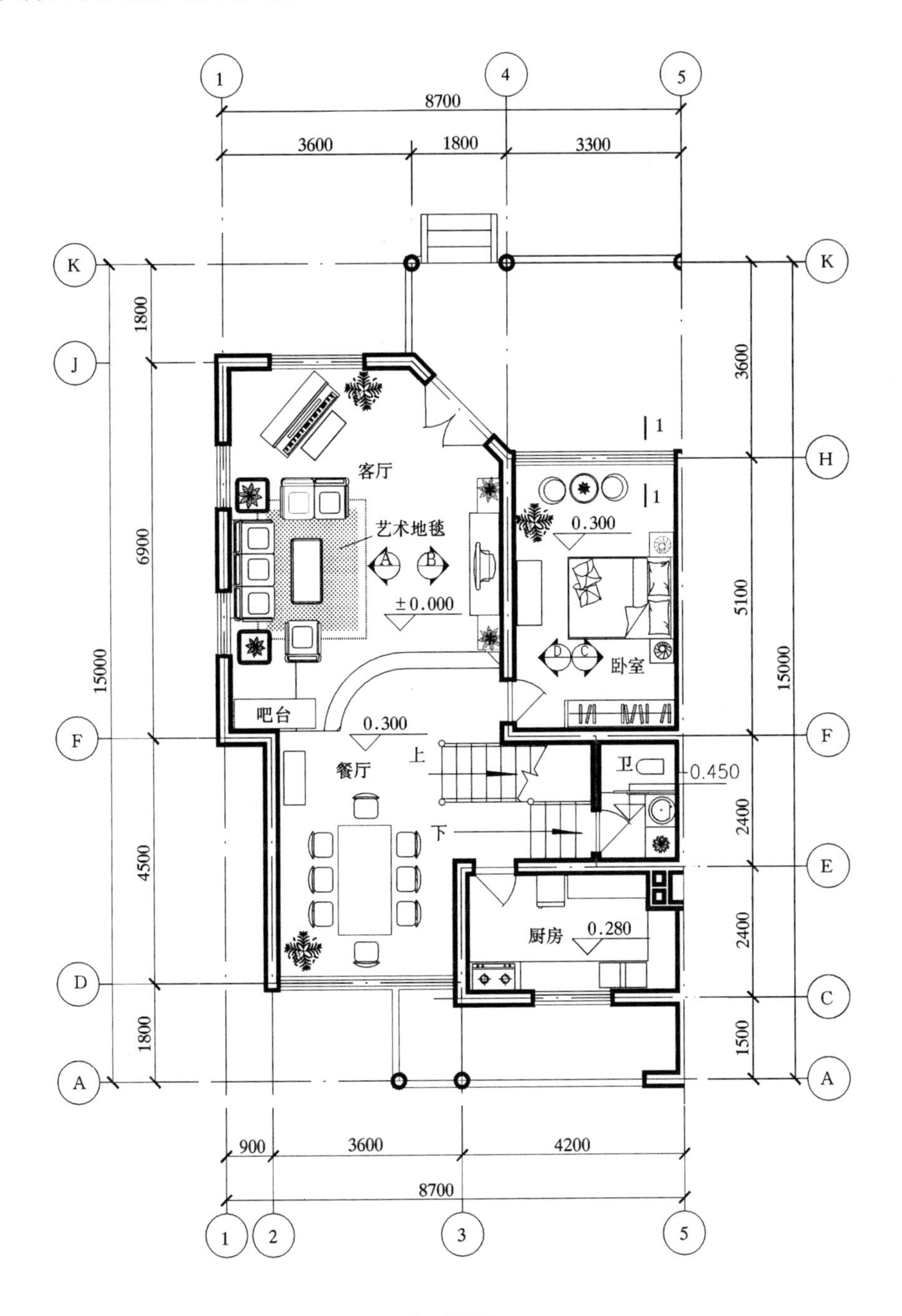

图7-1 某别墅工程底层平面布置图

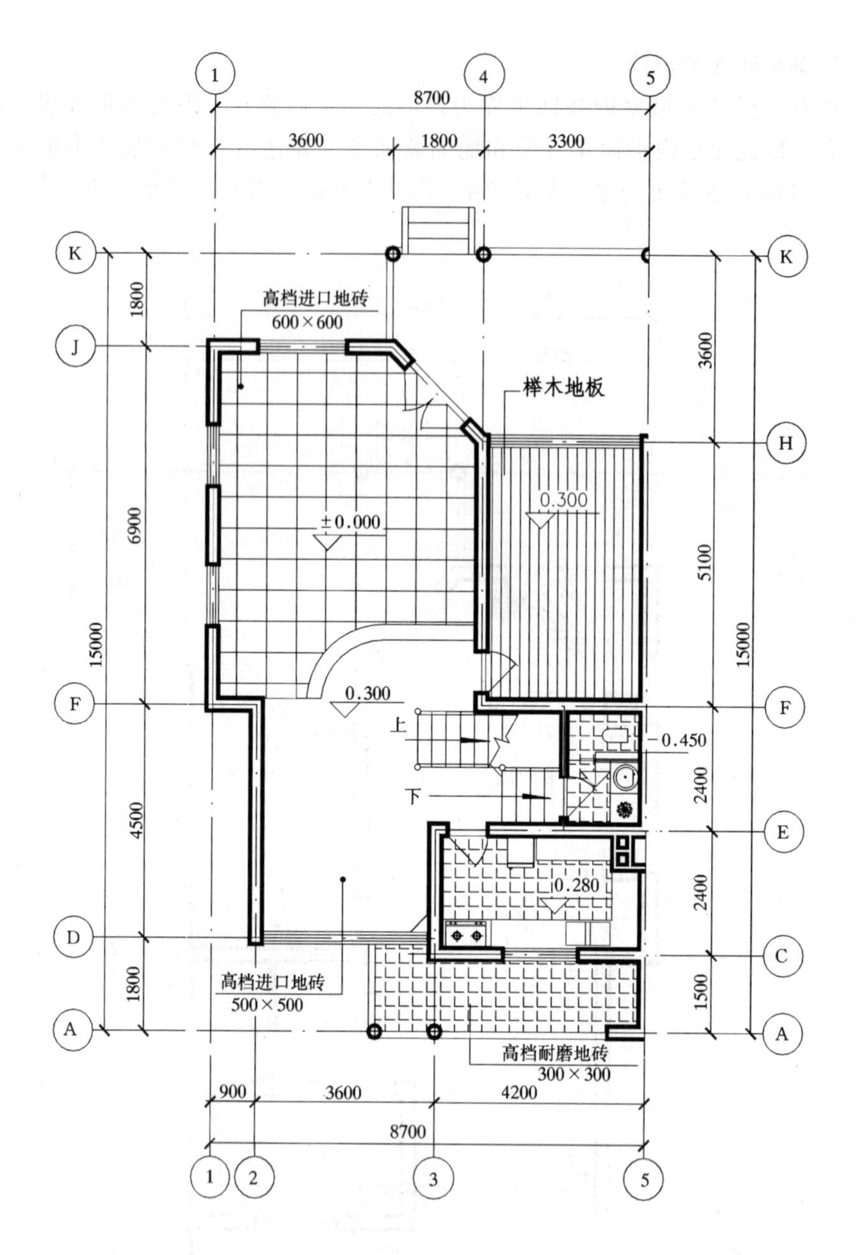

图 7-2　某别墅工程底层地面装饰平面图

可将室内平面布置图和地面装饰图合并起来表达。

（一）室内平面布置图的识读

室内平面布置图的识读举例：某别墅工程底层平面布置图，如图 7-1 所示。

1. 识读图名、比例：首先应明确看的是什么图，绘图的比例是多少。一般装饰平面图的绘制比例为：1∶100、1∶50 等。本例为 1∶100。

2. 了解各房间的名称和功能：B 户型底层有客厅、餐厅、卧室、厨房和卫生间等几个房间。

3. 识读标注在图样外部的尺寸，一般分为两道标注：

第一道尺寸：房间的开间、进深尺寸。

第二道尺寸：轴线总尺寸。

通过尺寸的识读，可了解各房间的大小，作为编制材料用量计划的依据。

4. 了解各房间内的设备、家具安放位置、数量、规格和要求。例如，客厅内除设有沙发、茶几、电视组合柜、钢琴、吧台等家具外，还在室内设有植物盆景，以丰富室内空间环境。

5. 识读各种符号：在装饰平面图中通常要绘制以下符号：

(1) 标高符号：通过该符号可了解室内各地面的高度关系。客厅地面比餐厅地面低300mm，卫生间地面比餐厅地面低750mm，厨房地面比餐厅地面低20mm。

(2) 表明各立面图的视图投影关系和视图位置的投影符号，在以后识读立面图时应与该符号对照。

(3) 剖切符号：卧室窗户有1-1剖切符号，在以后识读剖面图时应与此处对照。

(二) 室内地面装饰图的识读

室内地面装饰图的识读举例：某别墅工程底层地面装饰平面图，如图7-2所示。

1. 与室内平面布置图的识读方法一样，首先应了解图名、比例、房间名称及大小。因为，图7-2所表达的仍为B户型底层，所以在图中没有标注房间名称。

2. 了解各房间地面的装饰材料：客厅为600mm×600mm高级进口地砖地面；餐厅为500mm×500mm高级进口地砖地面，并且地砖的铺设角度与客厅不一致；卧室为榉木地板；厨房、卫生间和阳台为300mm×300mm高档耐磨地砖地面。根据这些内容，可进行地面材料的准备及进行地面施工等工作。

3. 了解各房间地面标高：与室内平面布置图中的内容相同。

第二节 顶 棚 图

一、顶棚图的绘制原理

为了表达顶棚的设计做法，我们就要仰面向上看，若就此绘制顶棚的正投影图，可能与实际的情况相反，造成一些误会。因此，通常采用镜像投影法绘制顶棚图。

二、顶棚图的内容与作用

顶棚图主要表达室内各房间顶棚的造型、构造形式、材料要求，顶棚上设置的灯具的位置、数量、规格，以及在顶棚上设置的其他设备的具体情况。

根据顶棚图可以进行顶棚材料的准备和施工，购置顶棚灯具和其他设备以及灯具、设备的安装等工作。

三、识读顶棚图

以某别墅工程底层顶棚平面图为例，如图7-3所示。

1. 识读图名、比例：根据图名，了解该图的绘制原理。本图采用镜像投影法绘制。

2. 了解各房间顶棚的装饰造型式样和尺寸、标高：该别墅B户型客厅顶棚平面造型为十字型，尺寸标注在图样中，餐厅顶棚平面造型为圆形，直径为2100mm；顶棚底面标

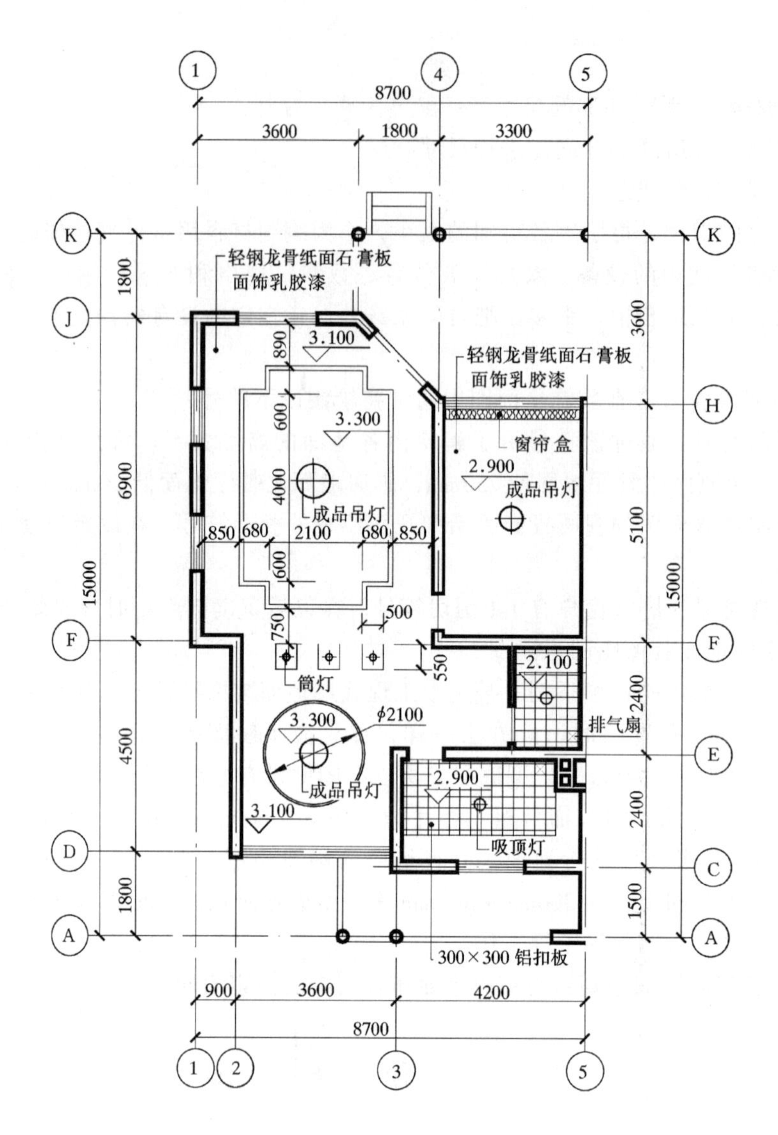

图 7-3　某别墅工程底层顶棚平面图

高为 3.100 和 3.300；卧室、厨房和卫生间顶棚没有做凹凸变化，卧室和厨房顶棚底面标高为 2.900，卫生间顶棚底面标高为 2.100。

3. 根据文字说明，了解顶棚所用的装饰材料及规格：客厅、餐厅、卧室的顶棚为轻钢龙骨纸面石膏板，面饰乳胶漆；厨房、卫生间的顶棚为 300mm × 300mm 铝扣板。

4. 了解灯具式样、规格及位置：在客厅、餐厅、卧室的顶棚中心位置分别设置一盏成品吊灯，厨房、卫生间顶棚中心位置分别设置一盏吸顶灯，在客厅与餐厅之间的顶棚位置设置了三盏筒灯。

5. 了解设置在顶棚的其他设备的规格和位置：在厨房和卫生间的顶棚上靠近通风道处，分别设置了排气扇。

6. 注意剖面图剖切符号的位置。

第三节　内 墙 立 面 图

一、内墙立面图的图示内容与作用

内墙立面图应按照装饰平面图中的投影符号所规定的位置和投影方向来绘制。内墙立面图的图名通常也是按照装饰平面图中的投影符号的编号来命名的，如 A 立面图、B 立面图等。

在绘制内墙立面图时，通常用粗实线绘制该空间周边一圈的断面轮廓线，即内墙面、地面、顶棚等处的轮廓；用细实线绘制室内家具、陈设、壁挂等处的立面轮廓；标注该空间相关轴线、尺寸、标高和文字说明。

根据内墙立面图，可进行墙面装饰施工和墙面装饰物的布置等工作。

二、识读内墙立面图

以某别墅工程 B 户型底层卧室 C 立面图为例，如图 7-4 所示。

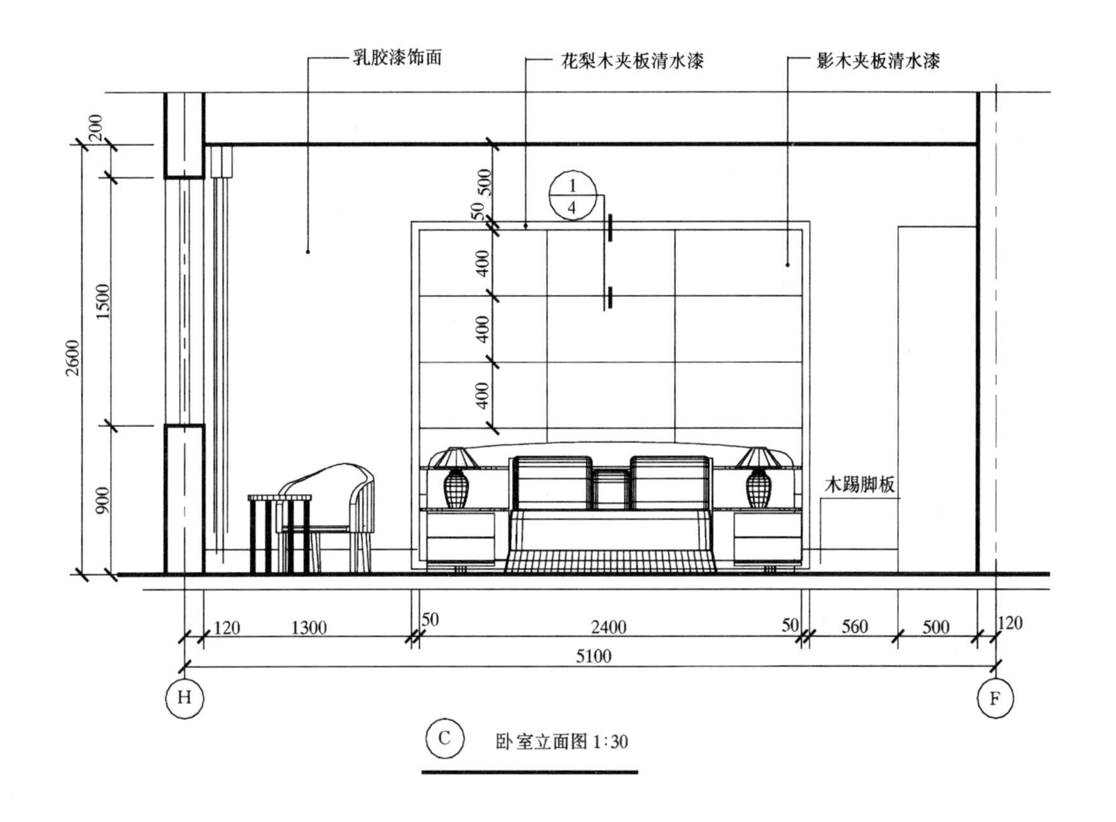

图 7-4　某别墅工程卧室立面图

1. 识读图名、比例：根据内墙立面图的图名与装饰平面图进行对照，明确视图投影关系和视图位置。内墙立面图的绘制比例通常与装饰平面图相同，但也可根据情况将比例放大进行绘制，以使所绘图样表达的更清楚。该别墅的 C 立面图的绘制比例为 1:30。

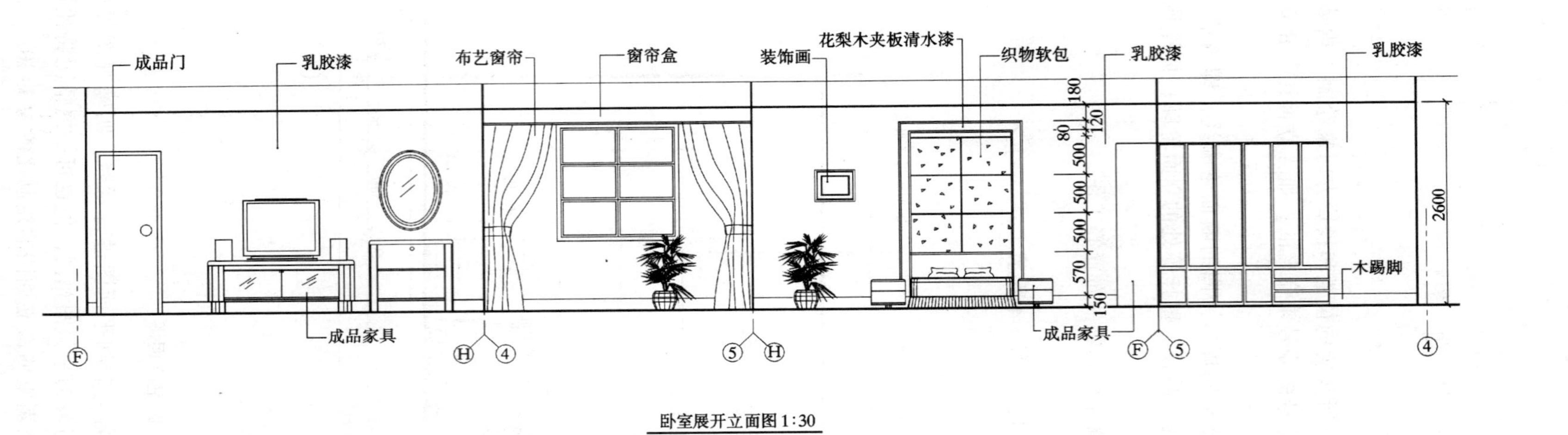

卧室展开立面图 1:30

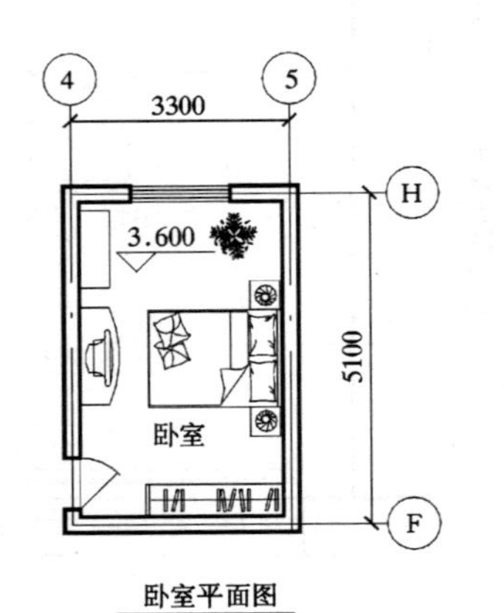

卧室平面图

图 7-5　内墙展开立面图

2. 与装饰平面图进行对照识读，了解室内家具、陈设、壁挂等的立面造型。根据规定的投影方向，可看见卧室中的床、小沙发、茶几、衣柜等家具，床靠的墙面上的主题墙造型。

3. 根据图中尺寸、文字说明，了解室内家具、陈设、壁挂等规格尺寸、位置尺寸、装饰材料和工艺要求。

4. 了解内墙面的装饰造型的式样、饰面材料、色彩和工艺要求。卧室墙面为乳胶漆饰面，主题墙为影木夹板清水漆，以花梨木夹板清水漆收边。

5. 了解吊顶顶棚的断面形式和高度尺寸。

6. 注意详图索引符号。在主题墙处有一索引符号，详图应到装饰施工图的第 4 张上查阅。

三、内墙展开立面图

图 7-4 只表达了房间的一面墙的装饰内容，若要了解该卧室的所有墙面的装饰内容，就需要看其他几个立面图。因此，为了能让人们通过一个图样就能了解整个房间所有墙面的装饰内容，就需绘制内墙展开立面图。图 7-5 为一卧室的内墙展开立面图，将卧室的四个墙面拉平在一个连续的立面上，把各墙面的装饰内容连贯的表达出来，便于了解各墙面的相关装饰做法。

绘制内墙展开立面图时，用粗实线绘制连续的墙面外轮廓、面与面转折的阴角线、内墙面、地面、顶棚等处的轮廓，然后用细实线绘制室内家具、陈设、壁挂等的立面轮廓。为了区别墙面位置，在图的两端和墙阴角处标注与平面图一致的轴线编号。另外，还标注与之相关的尺寸、标高和文字说明。

识读内墙展开立面图的方法与前述卧室 C 立面图相同，这里不在叙述。需要强调的是，在识读内墙展开立面图时，一定要根据立面图中标注的轴线编号与平面图对照，弄清楚是室内的哪一面墙的立面装饰内容。

第四节 剖面图与节点图

在前面的装饰平面图、顶棚图和内墙立面图识读完之后，我们了解了室内装饰的主要内容：如，室内家具的布置、室内地面的装饰、各房间的顶棚造型、灯具与其他设备的规格、数量和安装位置、房间内墙面的装饰作法等内容。有一些装饰内容仍然未表达清楚，因此根据实际情况，还需绘制装饰剖面图与节点图。

装饰剖面图是将装饰面整个剖切或局部剖切，以表达它的内部构造和装饰面与建筑结构相互关系的图样；节点图是将在平面图、立面图和剖面图中未表达清楚的部分，以大比例绘制的图样。

在识读装饰剖面图与节点图时，应首先根据图名，在平面图、立面图中找到相应的剖切符号或索引符号，弄清楚剖切或索引的位置及视图投影方向。然后，在装饰剖面图与节点图中了解有关构件、配件和装饰面的连接形式、材料、截面形状和尺寸等内容。图 7-6 为某别墅工程装饰 1-1 剖面图和节点详图。

1-1 剖面图的剖切位置在 B 户型底层卧室的窗洞处，主要表达内窗台、窗帘盒等处的装饰内容。从图中可知：内窗台为枫木夹板制作；窗洞侧面墙面装修与室内墙面相同，即乳胶漆饰面；窗帘盒宽 200mm，以 10 厚枫木收边；窗帘盒与顶棚交接处，以 10 宽柚木压边。

图 7-6 中所示的节点详图的索引位置在卧室 C 立面图中，即卧室主题墙的构造，并且该节点详图为剖面节点详图。从图中可知：在花梨木和影木饰面的内侧，衬以 9 厚的夹板；花梨木饰面与影木饰面之间的分格缝处饰以橡木实木条，截面形状与尺寸均绘制于图中。

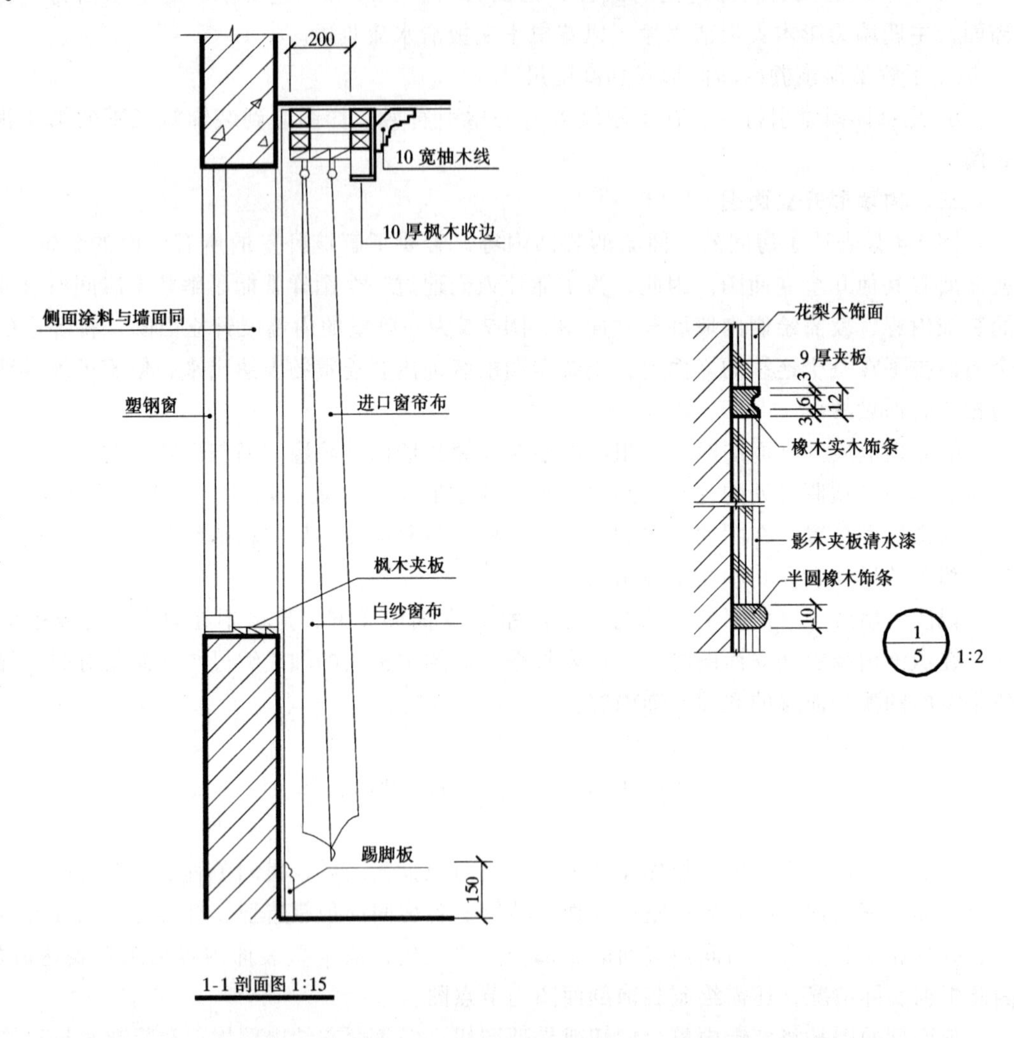

图 7-6 某别墅工程装饰 1－1 剖面图和节点详图

小 结

1. 室内装饰施工图的基本组成：主要包括装饰平面图、顶棚图、内墙立面图、剖面图和装修节点详图。

2. 顶棚图的绘制原理：通常用镜像投影法绘制。

3. 识读立面图、剖面图和节点图时，应注意与平面图和顶棚图相对照。

思 考 题 与 习 题

7-1　装饰平面图是怎样形成的？它的主要内容和作用是什么？

7-2　顶棚图一般采用的绘制原理是什么？顶棚图的主要内容和作用是什么？

7-3　内墙立面图的主要内容有哪些？

7-4　剖面图和装修节点详图的主要内容有哪些？

第八章　室内设备施工图的识读

设备施工图是表达建筑室内水、电、暖气、空调等设备平面布置与系统配置等内容的施工图。这里主要讲解室内给水排水、电气照明施工图的识读。

第一节　室内给水排水施工图的识读

室内给水排水施工图一般由平面布置图、系统轴测图和详图组成，表达一幢建筑的给水和排水工程。

在识读室内给水排水施工图之前，应先了解给水排水施工图的以下特点：

1. 绘制给水排水施工图一般采用统一的图例，识图者应对这些图例有所了解。表 8-1 是室内给水排水施工图图例。

2. 在给水排水施工图中，一般采用斜等轴测图来表示管道系统的空间关系及其走向，这种直观图称为管道系统轴测图，简称系统轴测图。

3. 给水排水施工图与建筑施工图有着密切的联系，留洞、预埋件、管沟等对土建的要求应在图纸上明确标注。

室内给水排水施工图图例 GB/T 50106—2001　　　　**表 8-1**

序　号	名　　称	图　　　例	说　　　明
1	生活给水管	—— J ——	
2	污水管	—— W ——	
3	管道交叉		在下方和后面的管道应断开
4	三通连接		
5	四通连接		
6	管道立管	XL-1 平面　XL-1 系统	X：管道类别 L：立管 1：编号
7	存水弯		
8	圆形地漏		

续表

序　号	名　　称	图　　　例	说　　　明
9	截止阀	DN≥50　　DN<50	
10	放水龙头		左图为平面，右图为系统
11	洗脸盆		左图为立式，右图为台式
12	浴　盆		
13	污水池		
14	蹲式大便器		
15	坐式大便器		
16	小便槽		
17	水　表		

一、给水施工图的识读

（一）平面布置图

识读给水平面布置图，应从以下几个方面着手：

1. 用水设备：如盥洗台、浴盆、大便器、洗涤池等的类型及位置。

2. 各立管、水平干管及支管的各层平面位置、管径尺寸、各立管的编号等。

3. 各管道零件，如阀门、流量表等的平面位置。

4. 给水引入管的管径、平面位置及与室外给水管网的连系。

以某别墅工程给排水平面布置图为例，如图 8-1 所示。在一层的 A 户型中设有一个洗涤池、厨房外设有洗衣机位置、一个蹲式大便器和一个盥洗台，B 户型中设有一个洗涤池、厨房外设有洗衣机位置、一个蹲式大便器和一个盥洗台。在二层的 A、B 户型中均设有一个蹲式大便器、一个盥洗台和一个浴盆。给水引入管（*DN*32 表示管径 32mm）从室外到厨房后分两个给水立管 *JL*-1、*JL*-2 分别供水给 A、B 两户。在别墅室外的给水引入管上设有阀门和水表，在 A、B 两户的厨房处设有各自的给水管道阀门和水表（注：图 8-1 中，管线上标注“*J*”为给水管；管线上标注“*W*”为污水管）。

（二）系统轴测图

给水系统轴测图是采用斜等测投影的方法绘制的表示给水系统的上下层之间和左右前后之间空间关系的图样。在系统轴测图上标注有各管径尺寸、立管编号和管道标高等内

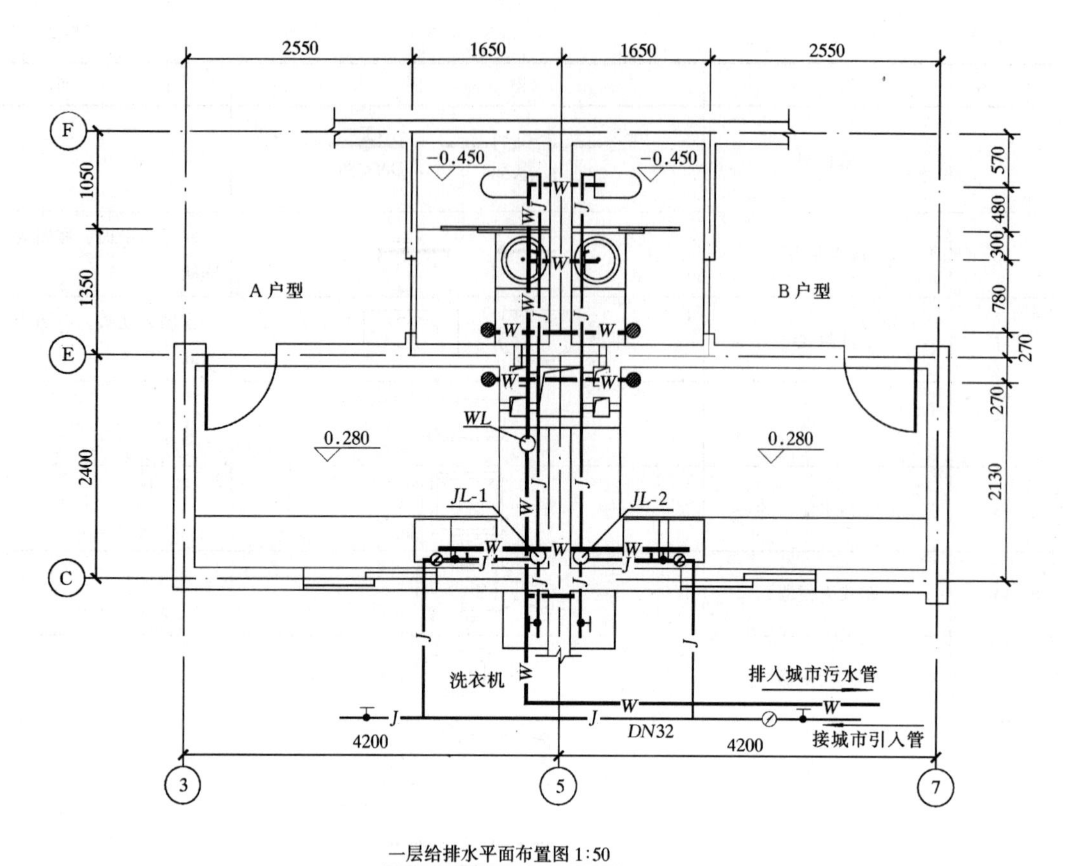

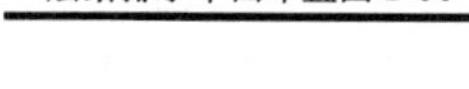
一层给排水平面布置图 1:50

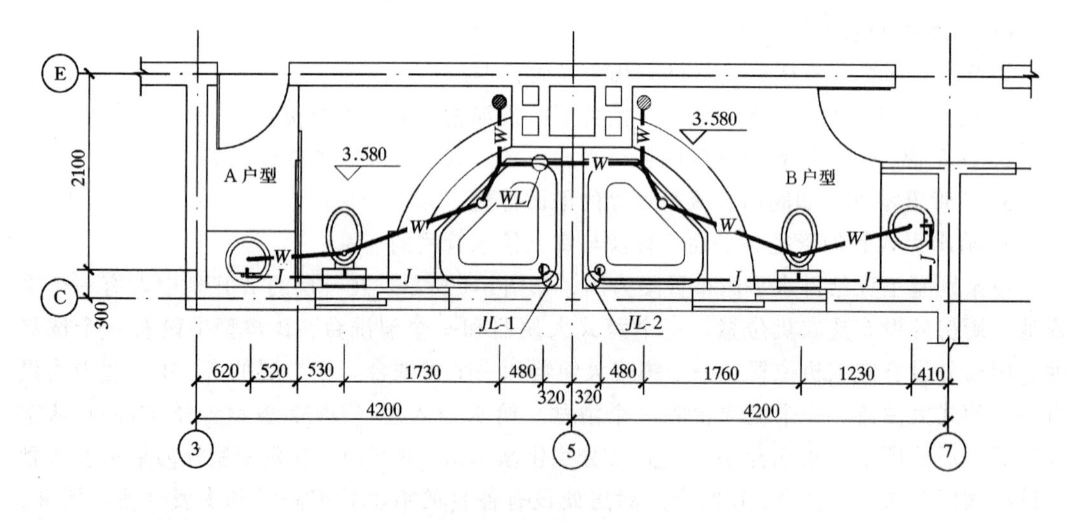

二层给排水平面布置图 1:50

图 8-1 某别墅工程给排水平面布置图

容。把系统轴测图和平面布置图对照识读，可以了解整个室内给水管道系统的全貌。

识读给水系统轴测图时可按以下的流向进行：

引入管→水表井（或阀门井）→干管→立管→支管→用水设备

以某别墅工程给水系统轴测图为例，如图 8-2 所示。在别墅室外接城市引入管 *DN*32（*DN* 表示管径，32 为直径数字）经阀门井后，通过 *DN*25 的干管分别进入 A、B 两户的厨房与立管 *JL*-1、*JL*-2（*DN*20）连接，立管 *JL*-1、*JL*-2 通过标高在 -0.800 处的水平支管 *DN*20 到一层卫生间的用水设备；立管 *JL*-1、*JL*-2 通过标高在 0.600 处的水平支管 *DN*15 接洗衣机。在二层立管 *JL*-1、*JL*-2 通过标高在 3.900 处的水平支管 *DN*20、*DN*15 到用水设备。

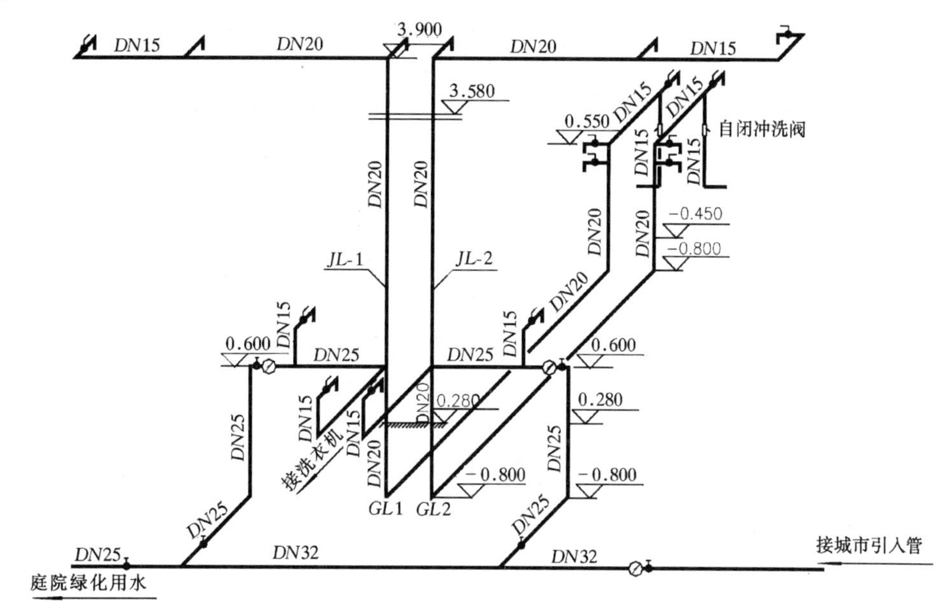

图 8-2　某别墅工程给水系统轴测图

二、排水施工图的识读

（一）平面布置图

识读方法与给水平面布置图相同。以某豪华别墅工程给排水平面布置为例，如图 8-1 所示。在二层 A、B 两户卫生间内的盥洗台、大便器、浴盆和地漏污水横管中的污水汇流到污水立管 *WL*，在一层 A、B 两户卫生间内的盥洗台、大便器、地漏和厨房内的洗涤池、地漏及厨房外的洗衣机的污水横管中的污水汇流到 *WL* 中，然后排到城市污水管网中。

（二）系统轴测图

识读排水系统轴测图时可按以下的流向进行：

用水设备排水口→存水弯（或支管）→干管→立管→总管→室外污水井。

以某别墅工程排水系统轴测图为例，如图 8-3 所示。各层的用水设备中的污水流经各水平支管 *DN*75 到污水立管 *DN*100 向下至标高 -2.100 处，再经水平总管 *DN*150 排入城市污水管网。

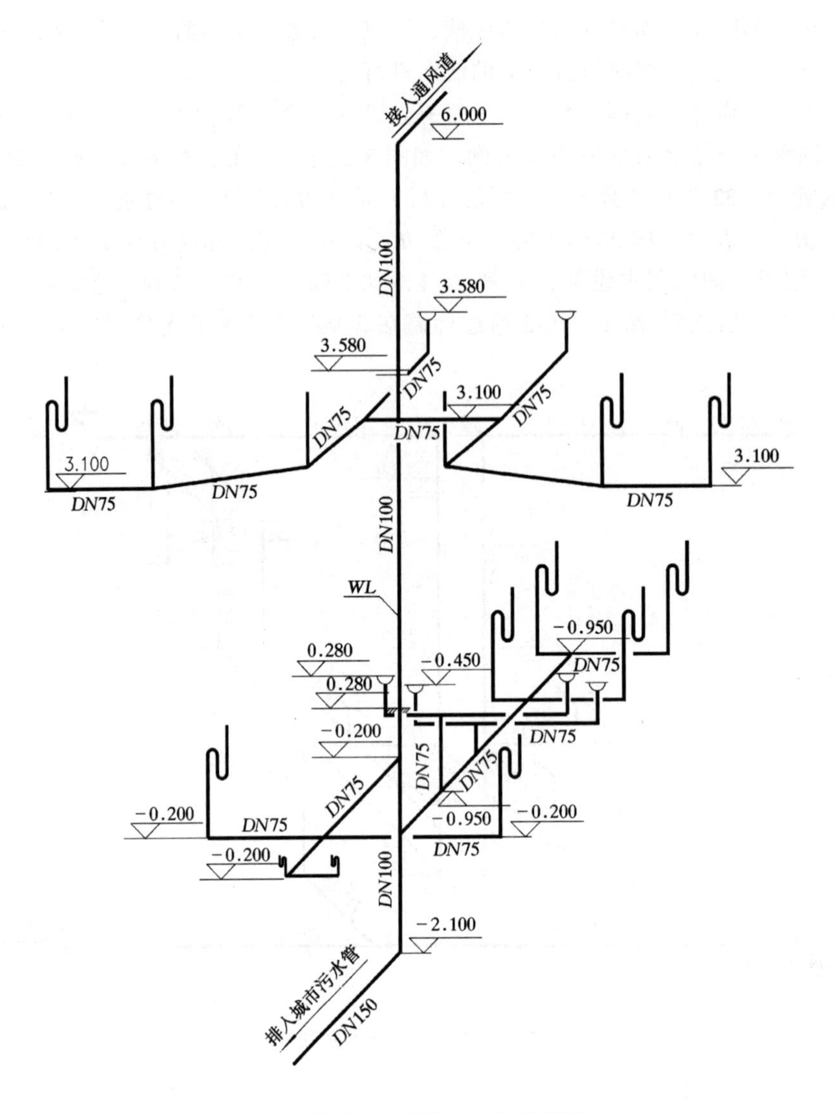

图 8-3　某别墅工程排水系统轴测图

小　　结

1. 熟悉给水排水施工图的特点，尤其是熟练掌握室内给水排水施工图图例。

2. 识读给水、排水施工图的一般顺序：

(1) 根据下面的流向对给水系统、排水系统进行总体了解。

给水系统：引入管→水表井（或阀门井）→干管→立管→支管→用水设备。

排水系统：用水设备排水口→存水弯（或支管）→干管→立管→总管→室外污水井。

(2) 将平面布置图与系统轴测图对照，了解给水系统、排水系统中各管道和零件的位置、管径、编号等情况。

第二节　室内电气照明施工图的识读

室内电气照明施工图分为设备用电和照明用电两个分支，设备用电主要指空调、供开水、电炉等高负荷用电设备。室内电气照明施工图一般由施工图说明、平面图和系统图组成。识读电气照明施工图之前，首先要了解有关电气图例与符号的内容含义。表 8-2 为常用电气照明施工图图例与符号。

常用电气照明施工图图例与符号　　**表 8-2**

图形符号	说　明	图形符号	说　明
	屏、台、箱、柜一般符号	(kWh)	电度表（千瓦小时计）
	动力或动力-照明配电箱		熔断器式开关
	照明配电箱		灯的一般符号
	单级开关（暗装）		球形灯
	双级开关（暗装）		花灯
	单相插座（明装）		顶棚灯
	单相插座（暗装）		壁灯
	带接地插孔的单相插座（明装）		开关
	带接地插孔的单相插座（暗装）		重复接地

一、照明平面图

照明平面图是表示建筑物内照明设备平面布置、线路走向的工程图样。图上标出电源实际进线的位置、规格、穿线管径，配电箱的位置、配电线路的走向，干支线的编号、敷设方法，开关、插座、照明器具的位置、型号、规格等。一般照明线路走向是电源从建筑物某处进户后，经总配电箱和分配电箱，由干线、支线连接起来，通向各用电设备。其中，干线是由外线引入总配电箱及由总配电箱到分配电箱的连接线，支线是从分配电箱引至各用电设备的导线。

以某别墅工程为例，图 8-4 为某别墅工程底层照明平面图，因别墅 A、B 两户平面布局相似，所以在 A 户型绘制的是电气插座线路平面布置，B 户型绘制的是照明灯具线路平面布置。别墅电源进线用 4 根 16mm^2（VV22-1kV-（4×16）PVC40．Q．A）塑料凯装管，电源电压为 380/220V，3 相 4 线制，引至 A、B 两户照明配电箱，该照明配电箱引出 5 条线路（*N*1～*N*5）。*N*1、*N*5 提供照明灯具用电，均用两根 2.5mm^2 的铜芯聚氯乙烯导线穿管径 20 的 PVC 管沿墙暗敷。其中 *N*1 提供卧室、卫生间和厨房照明用电；*N*2 提供客厅、餐厅照明用电，照明灯具的开关均为暗装单级开关；*N*2、*N*3、*N*4 提供其他家用电器用电。其中，*N*2 用 3 根 4.0mm^2 的铜芯聚氯乙烯导线穿管径 20 的 PVC 管沿墙暗敷，提供卧室、客厅空调用电；*N*3 用 3 根 2.5mm^2 的铜芯聚氯乙烯导线穿管径 20 的 PVC 管沿墙暗敷，提供卧室、卫生间、厨房和餐厅及其他家用电器用电，*N*4 用 3 根 2.5mm^2 的铜芯聚氯乙烯导线穿管径 20 的 PVC 管沿墙暗敷，提供客厅（A 户型还包括一卧室）的其他家用电器用电，所有的插座均为暗装带接地插孔的单相插座。

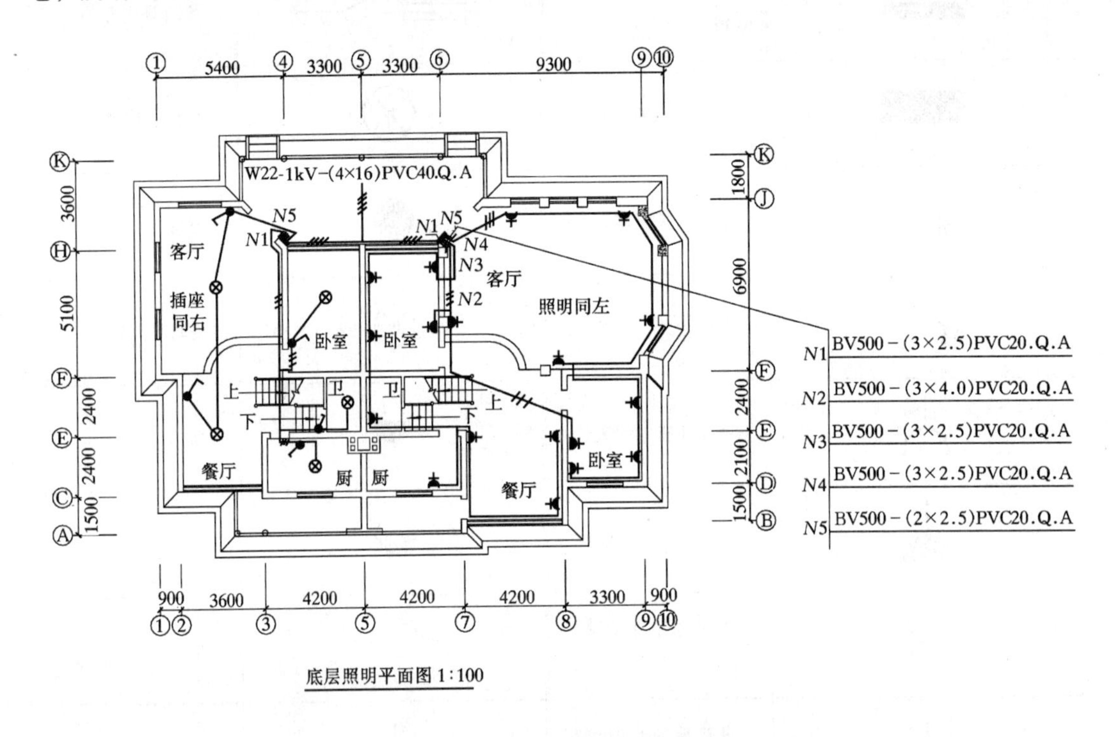

图 8-4　某别墅工程底层照明平面图

二、照明系统图

照明系统图是表示建筑物内的照明及其日用电器等配电基本情况的工程图样，图中表示建筑物内的配电系统和容量分配情况、配电装置、导线型号、截面、敷设方式及穿管管径，开关与熔断器的规格型号等。

以某别墅工程为例，图 8-5 为某别墅工程照明系统图。别墅电源进线用 4 根 16mm^2 的塑料凯装管（VV22-1kV-（4×16）PVC40．Q．A），电源电压为 380/220V，3 相 4 线制，由干线（BV500-（5×10）PVC32．Q．A）引至 A、B 两户照明配电箱，经配电箱内的电度

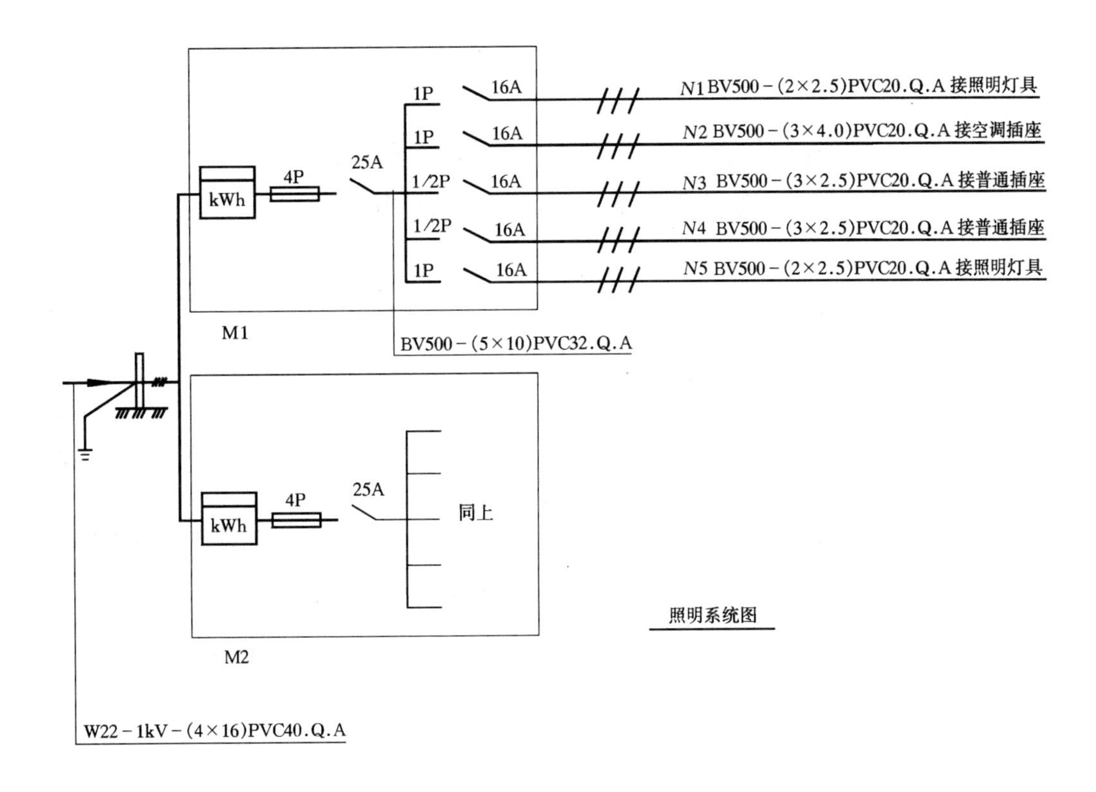

图 8-5　某别墅工程照明系统图

表、熔断器式开关（规格为 4P/25A），经整流后，分为 $N1\sim N5$ 五个支路。

小　　结

1. 掌握常用电气照明施工图图例与符号。

2. 识读照明平面图和系统图时，可根据电源线路的走向作为识图的线路，沿途了解用电设备的类型、规格、数量、位置，导线的规格、布置和安装方式等内容。

思考题与习题

8-1　室内给水、排水施工图由哪些图样组成？

8-2　识读给水、排水施工图的一般顺序是什么？

8-3　照明平面图和照明系统图的主要内容各是什么？

第九章　建筑形体的表面交线、表面的展开和剖切轴测图

（选用模块）

第一节　建筑形体的表面交线

常见的建筑形体表面交线有两种形式：一种是用截平面与形体断面相交形成的表面公有交线，如图 9-1（*a*）所示；另一种是形体与形体相交形成的表面公有交线，如图 9-1（*b*）所示。本章学习和了解这些形体的表面交线，可帮助解决工作实践中经常遇到的有关求作形体表面交线的实际问题。

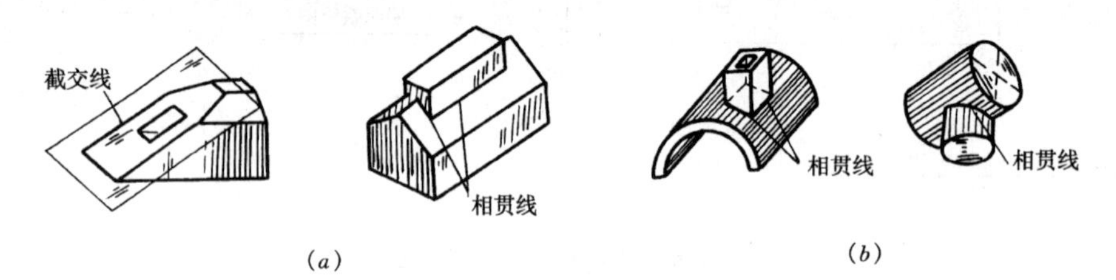

图 9-1　形体表面交线

（*a*）表面交线——截交线；（*b*）表面交线——相贯线

一、简单形体的截交线与同坡屋面的投影

平面与形体断面相交，假设用于截断形体的平面称为截平面。截平面与形体截断表面相交的交线称为截交线。由截交线围成的平面称为断面。学习平面与形体相交的目的，在于清晰地表达出建筑形体及构、配件的形状，以保证施工的正确性。

（一）三棱锥的截交线

如图 9-2（*a*）所示，三棱锥被平面 *P* 所截，截交线Ⅰ-Ⅱ-Ⅲ-Ⅰ既在平面 *P* 上又在三棱锥截断面上。因此，截交线是截平面 *P* 与三棱锥截面的公有交线，并且是封闭的平面折线。图 9-2（*b*）所示为求作三棱锥截交线的投影图。作图步骤如下：

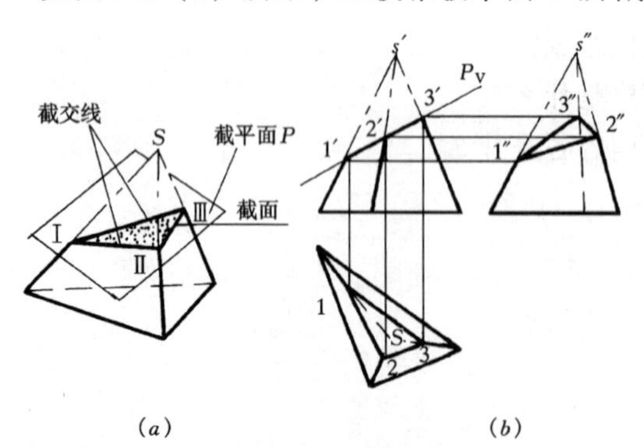

图 9-2　求作三棱锥截交线

（*a*）断面立体图；（*b*）投影图

1. 分析图 9-2 可知，截平面 *P* 为积聚在 *V* 投影面的一斜直线用 P_V 表示，则三棱锥截交线的 *V* 面投影与 P_V 重合，无需再求。

2. 利用 P_V 的积聚性，即可以从

V 的投影面上求出截交线的转折点 1′、2′、3′。

3. 按照点的投影规律分别求出截交线在 H 投影面上的投影 1、2、3 和 W 投影面上的投影 1″、2″、3″。

4. 依次连接交点 1、2、3、1 和 1″、2″、3″、1″，即得 V、W 投影的截交线，完成作图全过程。

【例 9-1】 已知正四棱锥被垂直于 V 投影面的截平面 P 所截，求截交线的投影。

如图 9-3（a）、（b）所示，截平面 P 与四个棱面都相交，所以断面是一个四边形 $ABCD$，其四个顶点是 P 平面与四条棱线的交点，截平面 P 为积聚在 V 投影面的一斜直线，则截交线的 V 投影与 P_V 重合，无需再求，只要求截交线的 H 投影即可。作图步骤如下：

（1）如图 9-3（c）所示，断面 V 投影 $a'b'c'$（d'）即为已知，由 a' 向下作竖直线交于左边棱线的 H 投影得到 a；同样，由 c' 向下作竖直线可得到 c。

（2）求作 H 投影 b 与 d 时，由于前、后棱线重合并处于与 W 投影面平行的位置，不能直接求作。按投影性质，可过 b'（d'）作一水平线交右边棱线于 e'，由 e' 向下作竖直线得到 e，再过 e 作底边的平行线，交于前、后棱线的 H 投影上分别得到 b、d 点。

（3）依次连结 a、b、c、d、a，即得截交线的 H 投影。

（4）最后，判别投影的可见性。截交线所在的立体表面投影为可见，棱锥上小下大各棱面 H 投影均为可见，故 $abcda$ 为可见。加深图线，完成作图全过程。

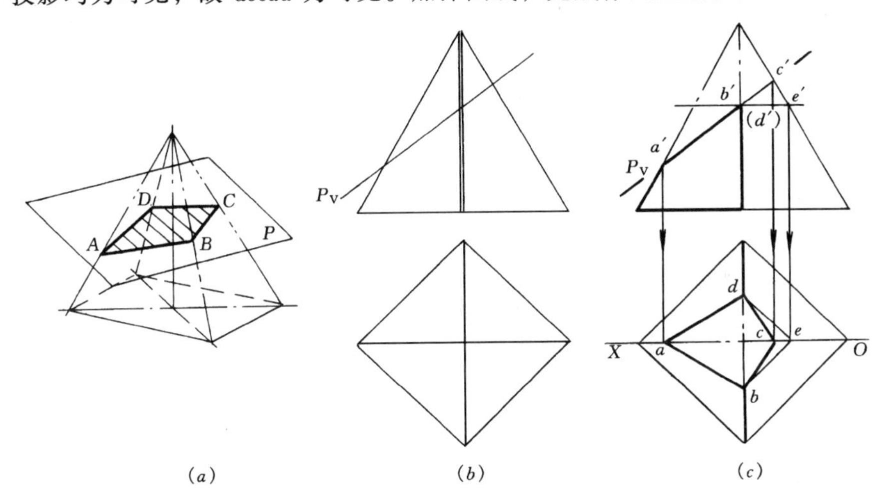

图 9-3 正四棱锥的截断

（a）立体图；（b）已知；（c）作图

（二）同坡屋面的投影

坡屋面是常见的一种屋面形式，如图 9-4 所示，坡屋顶的各顶面通常作成对 H 面的倾角相等，则称为同坡屋面。

同坡屋面有如下特点：

1. 檐口线平行的两个坡面相交，其交线是一条水平的且平行于檐口线的屋脊线。屋脊的 H 投影，必平行于檐口线的 H 投影且与两檐口线等距，如图 9-4c 所示。

2. 檐口线相交的相邻两个坡面，其交线是一条斜脊线或天沟线。它们的 H 投影为两

檐口线 H 投影夹角的平分线，斜脊位于凸墙角上、天沟位于凹墙角上，如图 9-6（a）所示。

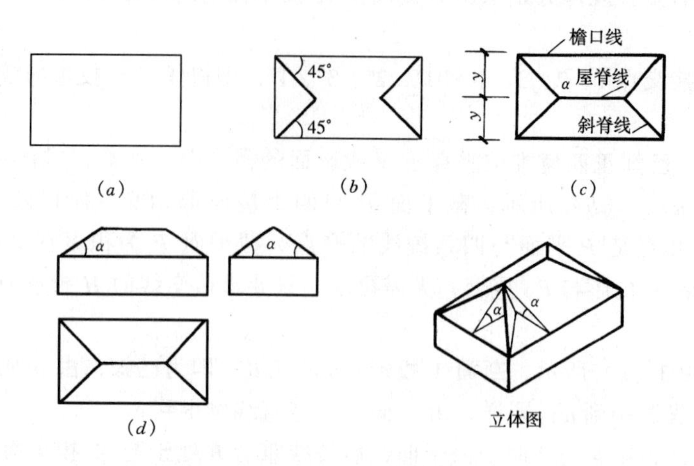

图 9-4 作四坡顶屋面的交线

（a）已知平面图形状；（b）作 45°斜脊线；（c）过交点 a 连屋脊线；

（d）按投影规律作 V、W 面投影图；（e）立体图

3. 如果两斜脊、两天沟或一斜脊和一天沟相交于一点，必有另一条屋脊线通过该点。该点是三个相邻屋面的公有点，如图 9-6 所示。若檐口跨度相等时，有几个坡屋面相交，必有几条脊线交于一点，如图 9-5 所示。

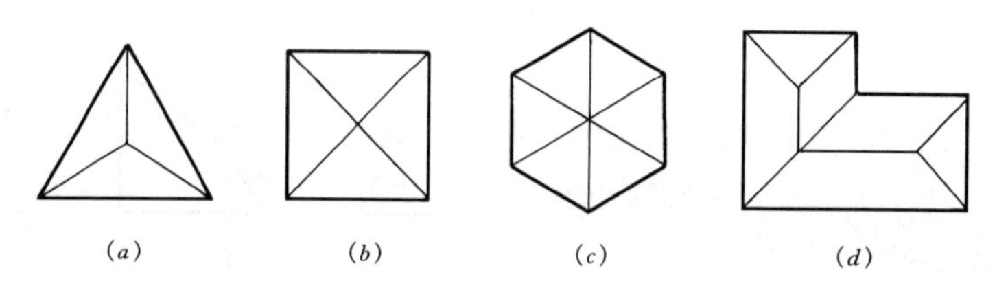

图 9-5 檐口跨度相等的几个坡屋面

（a）三角形亭；（b）四方亭；（c）六角亭；（d）转角屋顶

屋面坡度大小（α）与屋面材料有关，练习画图时，V、W 投影面 α 角一般按 30°画出。四坡顶屋面作图步骤如图 9-6 所示。

L 形四坡屋面作图步骤如下：

1. 先作 L 形四坡屋面的 H 面投影，把 L 形平面分为两个矩形平面 $abcd$ 及 $cefg$，如图 9-6（b）所示。

2. 画出各矩形线框凸墙角处 45°的斜脊线，两斜脊线相交点必有屋脊线从该点出发。

3. 画出凹墙角处 45°天沟线，交于矩形线框 $cefg$ 屋脊线，其交点必有斜脊线从该点出发，即该点落在过 d 点作出的斜脊线上，如图 9-6（c）所示。

4. 擦出多余的图线即得 H 投影图，如图 9-6（d）所示。

5. 根据所绘屋顶坡面有倾角（$\alpha = 30°$）和墙体的高度，按照“长对正、高平齐、宽相等”的投影规律，即可画出 V、W 面投影图，如图 9-6（e）所示。

6. 加深图线，完成作图全过程。

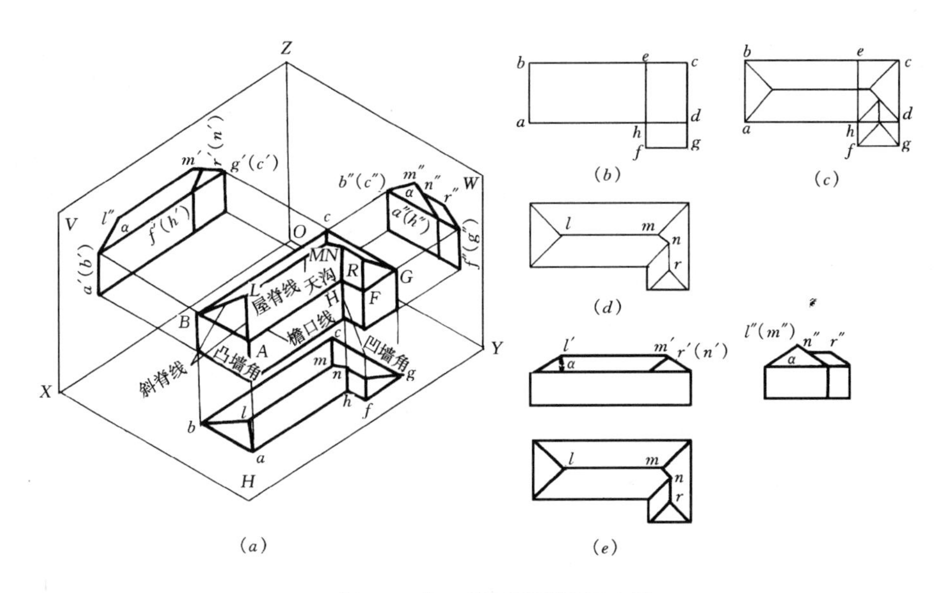

图 9-6　作 L 形四坡顶屋面交线

（*a*）空间立体；（*b*）分 L 形平面；（*c*）作斜脊、天沟、屋脊线；

（*d*）完成 L 形平面图；（*e*）作 *V*、*W* 面投影图

（三）圆柱体的截交线

当截平面与圆柱轴线的相对位置不同时，则有不同形状截交线。如图 9-7（*a*）所示，截平面垂直于圆柱轴线切割圆柱，*V* 投影截平面 P_V 与截后圆柱的顶面重合，*H* 投影仍是圆不用改动，如图 9-7（*b*）所示。又如图 9-7（*c*）所示截平面平行于圆柱轴线切割圆柱，*H* 投影截平面 P_H 与截后圆柱的积聚直线重合，*V* 投影反映平行于 *V* 面的断面，如图 9-7（*d*）所示。

但对于截平面倾斜于轴线时的截交线，需按一定的步骤分析作图。

【例 9-2】　如图 9-8（*a*）所示，一圆柱体被垂直于 *V* 投影面的截平面所截，试求作

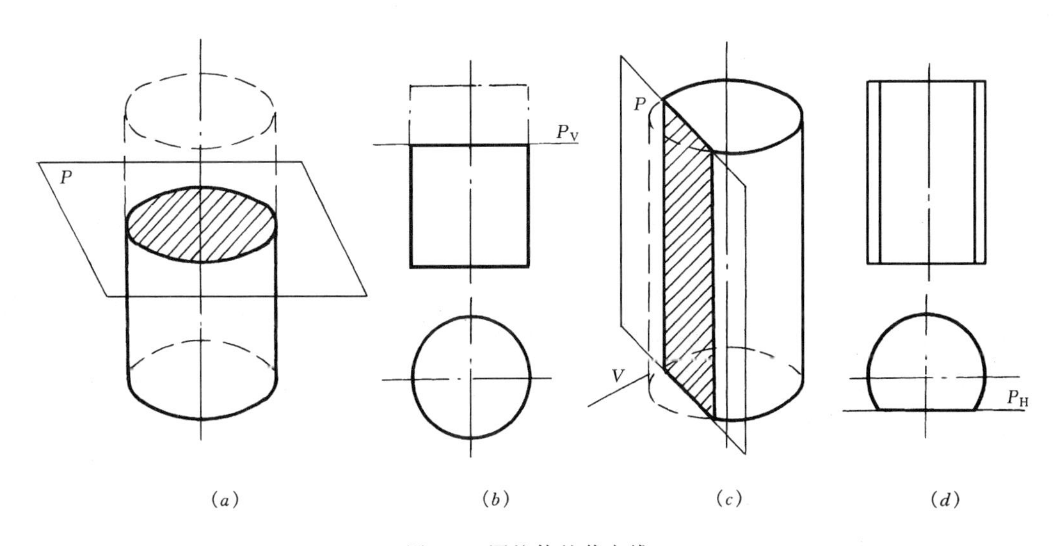

图 9-7　圆柱体的截交线

（*a*）立体图；（*b*）截平面与轴线垂直；（*c*）立体图；（*d*）截平面与轴线平行

圆柱截交线。

如图 9-8（b）所示，V 投影截平面 P_V 与截交线重合为一斜直线，H 投影仍反映圆，可见 V、H 投影均为已知，而 W 投影反映椭圆不能直接得到，需按一定的步骤分析作图。分析图 9-8（a）可知，求作回转体的截交线，实质上是先求出截平面与各条素线的相交点，然后依次用曲线板连接这些相交点。作图时，若求得回转体的前、后、左、右最大素线位置的交点，即称为截交线上的特殊点。求出的其余素线位置的交点称为截交线上的一般位置点。求作 W 面投影的步聚如下：

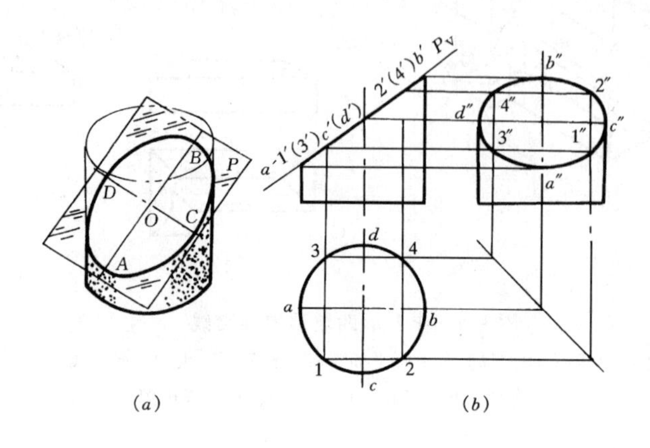

图 9-8　求 W 面截交线

（a）立体图；（b）投影图

（1）求截交线上的特殊点：从图 9-8（a）中可以看出，截交线上的 A、B、C、D 分别为最左、最右、最前、最后四个点，也是椭圆长短轴的端点。这四个点的 W 面投影 a''、b''、c''、d''可直接从 V、H 投影图上求出，并符合点的投影规律，如图 9-8（b）所示。

（2）求截交线上的一般位置点：因为截交线的 V、H 投影有积聚性，可在 V 面投影适当位置定出 1′、2′点，再向 H 面投影得 1、2 点，依照点的投影规律，即可求出 W 面一般位置点 1″、2″，如图 9-8（b）所示。

（3）用相同的方法可求得 3′、3、3″、4′、4、4″等一般位置点的投影。用曲线板圆滑地连接 a''、1″、c''、2″、b''、4″、d''、3″、a''，即得截交线的 W 面投影，如图 9-8（b）所示。

（四）圆锥体的截交线

由截平面对圆锥轴线相对位置的不同，可产生五种不同形状的截交线，如图 9-9 所示。

求作圆锥截交线同求作圆柱截交线的步骤与方法。即，先求出截交线上若干点的投影，然后依次把这些点用曲线板圆滑地连接起来，即为所求的截交线。

【例 9-3】　用一平行于圆锥轴线的截平面 P_H 切割圆锥，在 H 投影面上截平面 P_H 与截交线重合，如图 9-10（a）所示，试完成 V、W 面投影图。

从图 9-10（a）已知条件中可知，截平面 P_H 平行于 V 投影面，又分别垂直于 H、W 投影面。故求圆锥的截交线，只要作出截交线的 V 面投影即可。因为截交线的 H、W 面的投影已与截平面 P_H 重合，并分别作出平行于 V 投影面的直线。完成 V、W 投影的作图步骤如下：

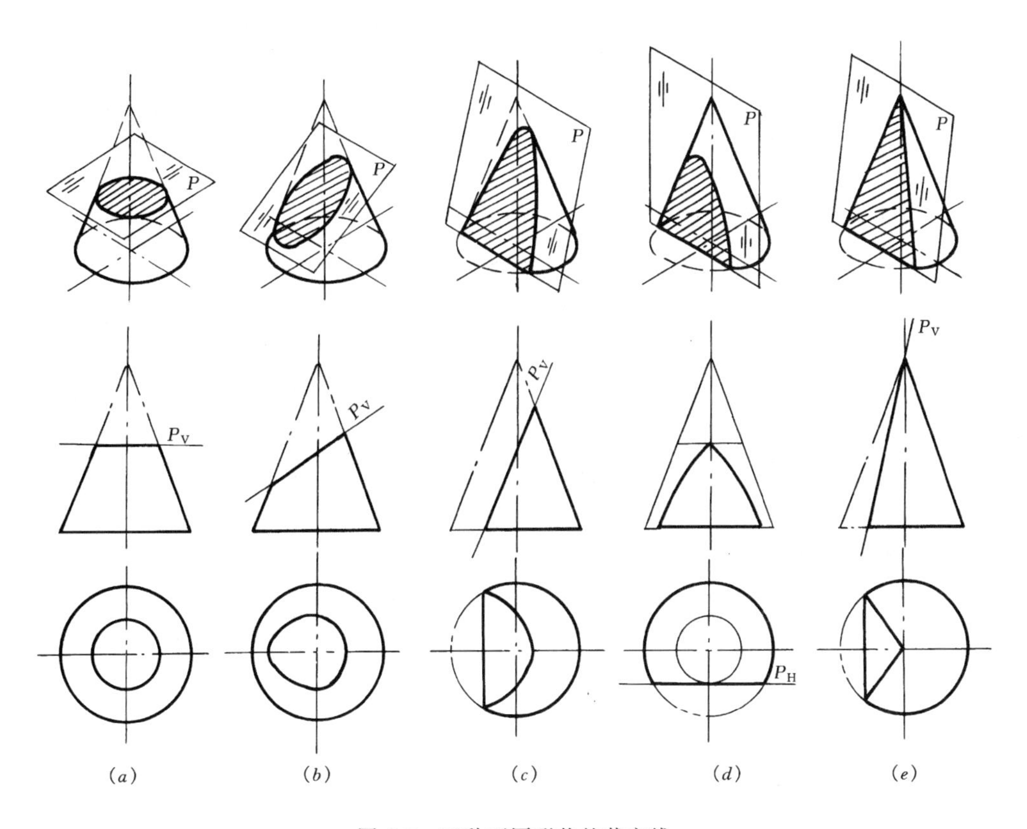

图 9-9　五种不同形状的截交线

(a) 圆；(b) 椭圆；(c) 抛物线；(d) 双曲线；(e) 两条素线

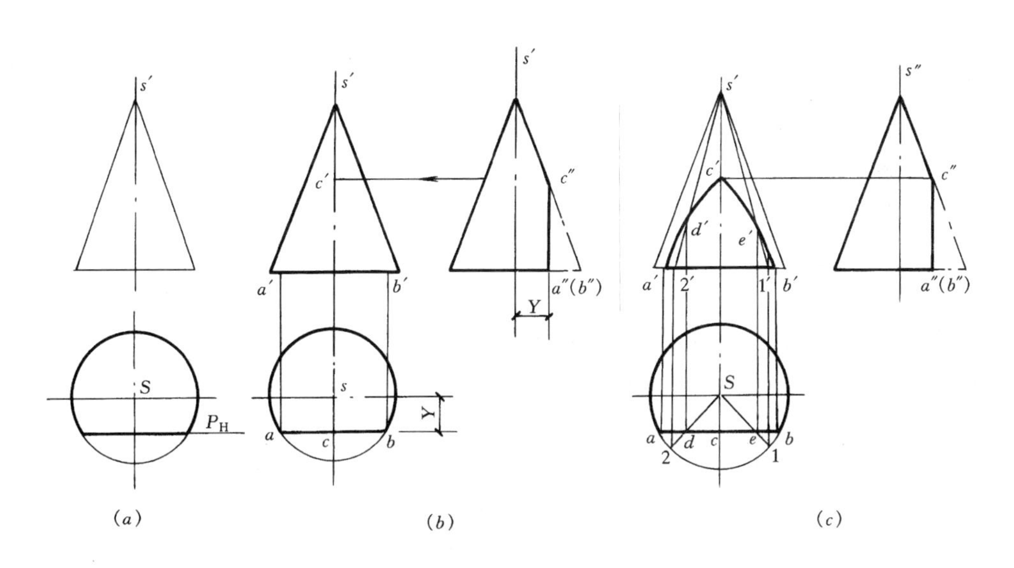

图 9-10　求作圆锥面的截交线

(a) 已知条件；(b) 补画圆锥 W 投影，求作特殊点；(c) 求一般点，完成全图投影

(1) 首先根据 V、H 面投影图补画 W 面投影图。

(2) 求截交线上的特殊点：先作出 W 面投影 c″点，即为双曲线上的最高点，a″、

（b''）即为最低点，a''、b''、c''均为特殊点；依照点的投影规律，即可得到 V 投影面特殊点 c' 与 a'、b'，如图 9-10（b）所示。

（3）求截交线上的一般位置点：在 H 投影上任取一点 e，然后用素线法（在第三章已作介绍）求出 e'；用相同的方法求得与点 e 对称的点 d 的投影 d、d'，如图 9-10（c）所示。

（4）依次用曲线板连接各点：在 V 投影上依次连接 a'、d'、c'、e'、b' 各点，即得 V 投影截交线为双曲线；截交线在 H、W 面的投影均已积聚为直线。

（5）擦去多余的线，加深图线，完成作图全过程。

综上所述，求回转体的截交线，总是先区分截平面与轴线之间的相对位置，了解截交线在各投影面上的投影形状。然后，根据正投影关系求作截交线上的若干点，先求截交线上的特殊点，后求截交线上的一般位置点，再用曲线板圆滑地将这些点连接起来，即为回转体的截交线。求作截交线上的一般位置点，实质上是求作回转体表面上的点，详细介绍见第三章内容。

二、简单组合体的相贯线

组合体的表面交线常称为相贯线。相贯线是两立体表面的公有线，一般情况下是封闭交线，如图 9-1（b）所示。正确表达出相贯线是读、画组合体投影图的一项重要内容。其一般画法如下：

（一）利用积聚性求相贯线

当两个基本形体相交，其中有一个基本体的投影有积聚时，可采用表面取线、取点的方法，求出相贯线上的点。

【例 9-4】 求天窗与屋面相贯线的 V 投影。

如图 9-11 所示，天窗与屋面相交在 H、W 投影面上有积聚性，天窗垂直于 H 面、屋面垂直于 W 面，求作相贯线 V 投影时，正是利用了投影有积聚性的特性来作图。作图步骤如下：

1. 自投影点 a''、点（b''）向 V 面作水平线，自投影点 a、点 e 与点 b、点 d 向 V 面引垂线，得相交点 a'（e'）与 b'（d'），再求天窗与屋脊线 V 投影的交点 c'、f'。

2. 连接相贯线的 V 投影点 a'、b'、c'、（d'）、（e'）、f'、a'，即为所求。

如图 9-12 中没有给出 W 投影图，可利用表面取线、取点的方法，求出相贯线上的点。在 H 投影上过 b 点，作一直线与屋脊线、檐口线相交于 1、2 两点，画出Ⅰ、Ⅱ直线在 V 面上的投影 $1'2'$，按照点的投影规律求出点 b'。因相贯线投影点 a' 与点 b' 等高，又因该相贯线前后对称，在后面的相贯线为不可见，于是，可得 V 投影点（d'）与点（e'）。V 投影点 c'、f' 的求作方法同图 9-11 所述，连接相贯线的 V 投影点 a'、b'、c'、（d'）、（e'）、f'、a'，即为所求。

（二）利用辅助平面法求相贯线

已知两形体相交，若用辅助平面平行于或垂直于轴线剖切两相交体，则两截交线的相交点是公有点，也是两形体相贯线上的点。在选择辅助平面时，应使截交线的投影简单易画（为直线或图）。一般情况下，多采用投影面平行面作为辅助平面。图 9-13 所示为辅助平面法求相贯线上的点，选择的辅助截平面 P_H 平行于 V 面，截得Ⅳ、Ⅴ两个公有点。按照点的投影规律，在 V 投影面上即得到一般位置点 $4'$ 与 $5'$。

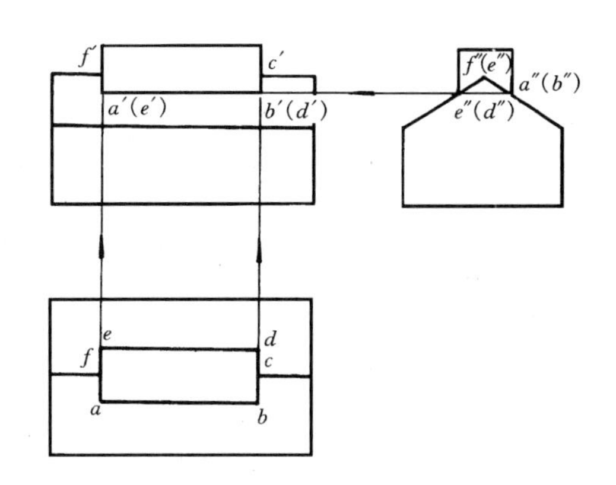

图 9-11　利用积聚性求相贯线

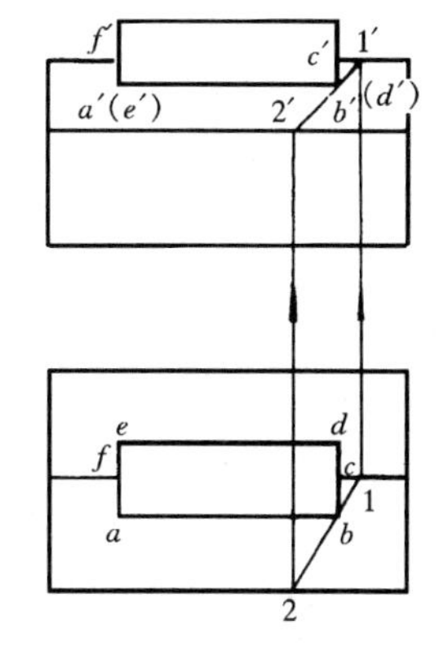

图 9-12　表面取线取点法求相贯线

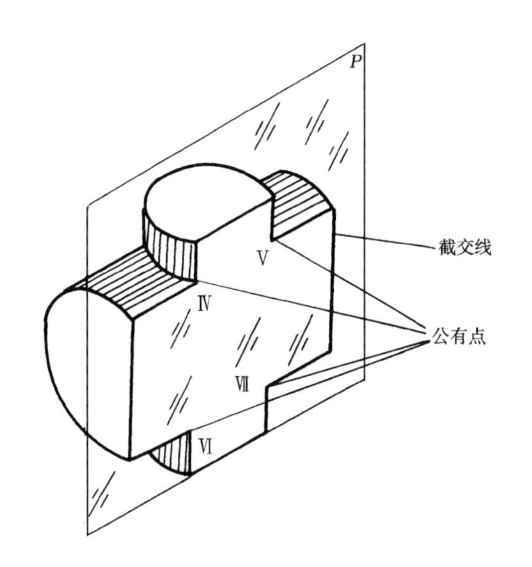

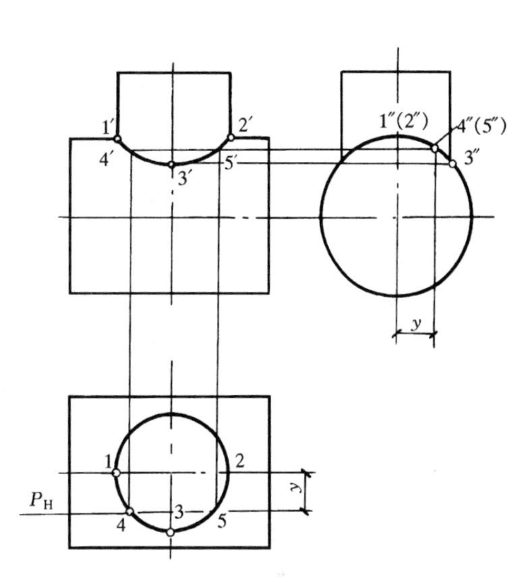

图 9-13　辅助平面法求相贯线上的点

【例 9-5】　已知圆柱与圆锥相交的 V、H 投影，求作相贯线。

由图 9-14（a）、（b）已知，两相交形体的轴线互相平行，圆柱在 H 面投影有积聚性，相贯线也重合在圆柱的 H 投影上，只需求出 V 投影面相贯线。作图步骤如下：

1. 求相贯线上的特殊点：根据投影分析，可直接求得最低点Ⅰ（1、1′）、Ⅱ（2、2′）。过锥顶 s 作圆柱的水平投影圆的相切圆，可定出辅助水平面 R_{V3} 的高度位置，求得最高点Ⅶ（7、7′），如图 9-14（c）所示。

2. 求相贯线上的一般位置点：分别用辅助水平面 R_{V1}、R_{V2}，求出一般位置点 3、（3′），4、4′，5、5′，6、6′。

3. 连点并判别可见性：最左、最右点是Ⅱ、Ⅴ，最前、最后点是Ⅰ、Ⅵ，相贯线 V 面投影的虚实分界是 5′。相贯线的 V 投影前段 1′－4′－5′为可见，画实线。后段 5′－（7′）－（6′）－（3′）－（2′）为不可见，画虚线。依次光滑连接相贯线上的点 1′－4′－5′－（7′）－（6′）－（3′）－（2′）－1′，即为所求。

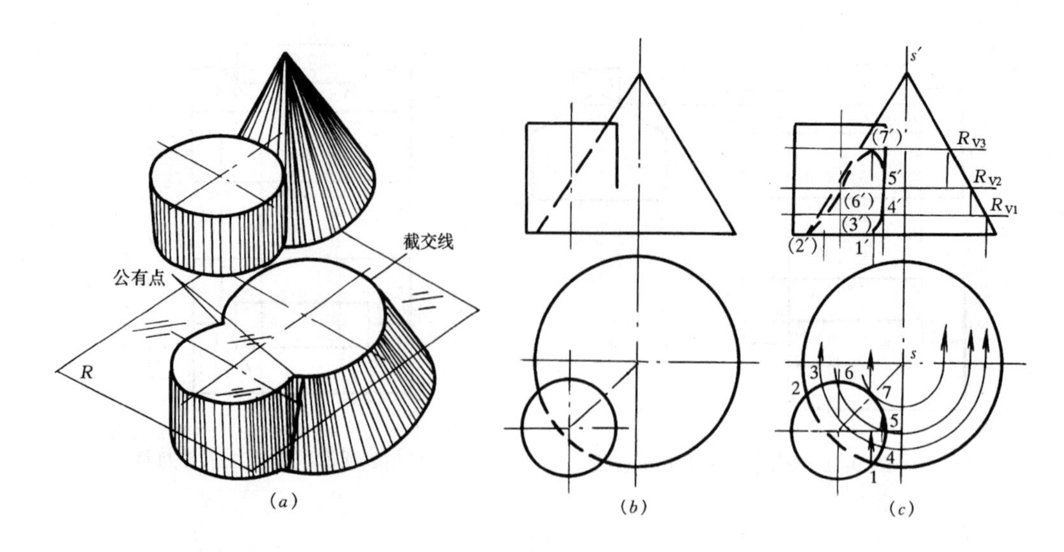

图 9-14 辅助平面法求相贯线

（a）立体图；（b）已知条件；（c）投影图

（三）两圆柱正交时相贯线的画法

1. 两圆柱直径相等时，两圆柱表面的交线为两个垂直相交的椭圆，其正面投影成为两条相交的直线，如图 9-15 所示。

2. 两圆柱直径明显不相等时，在作图要求不高的情况下，可采用简化画法。取大圆柱的半径 $D/2$ 为半径，以 a' 或 b' 为圆心画圆弧轴线交于 o'，再以 o' 为圆心，以 $D/2$ 为半径作圆弧，即得相贯线投影的简化画法，如图 9-16 所示。

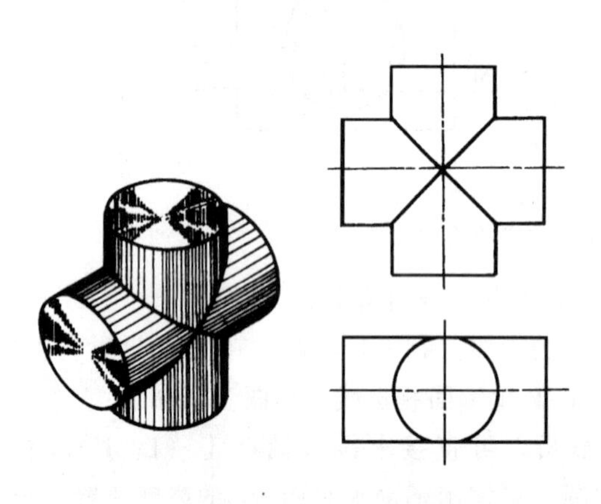

图 9-15 两圆柱直径相等的相贯线的画法

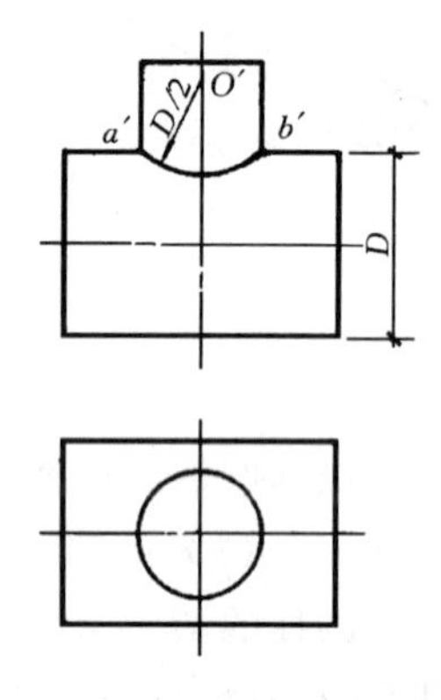

图 9-16 两圆柱直径不相等的相贯线的简化画法

第二节 建筑形体表面的展开

一、形体表面展开图的识读

如图 9-17 所示，将形体表面展开，依次摊平在平面上所得到的平面图形，称为该形体表面的展开图。展开图在工程上应用极为广泛，常使用金属薄板制作出空心的建筑设备构件或配件。应注意在金属薄板下料工作中，展开图要考虑接缝搭接的金属余量等。若在接口处，如果采用咬口连接时，应根据咬口形式、板材的厚度，增加咬口余量，其余量尺寸可查阅有关板金工手册，本节不予考虑。

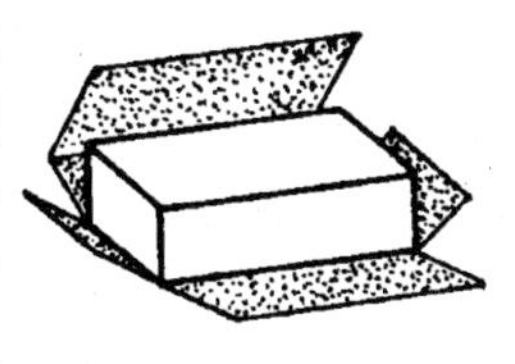

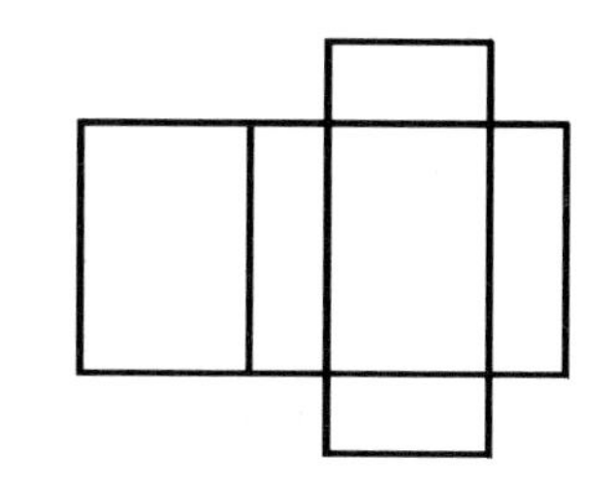

图 9-17　长方体表面的展开

平面体的表面和圆柱面、圆锥面，均为可展开表面。球体的表面为不可展开表面。本节只识读几种比较简单的表面展开图。

（一）三棱柱表面的展开

已知：图 9-18（*a*）为三面投影图，是一截断三棱柱。三棱柱被截断后的各个棱面不再是长方形，而是大小不等的梯形，且都垂直于 *H* 投影面。其三角形底面平行于 *H* 面，垂直于 *V*、*W* 面；三角形顶面垂直于 *V* 面，对应的 *H*、*W* 面分别反映缩小的几何图形。求作三棱柱被截断后整个表面展开的作图步骤如下：

1. 将三棱柱底面三角形的三条边展开成一条直线Ⅰ-Ⅱ-Ⅲ-Ⅰ，如图 9-18（*b*）所示。

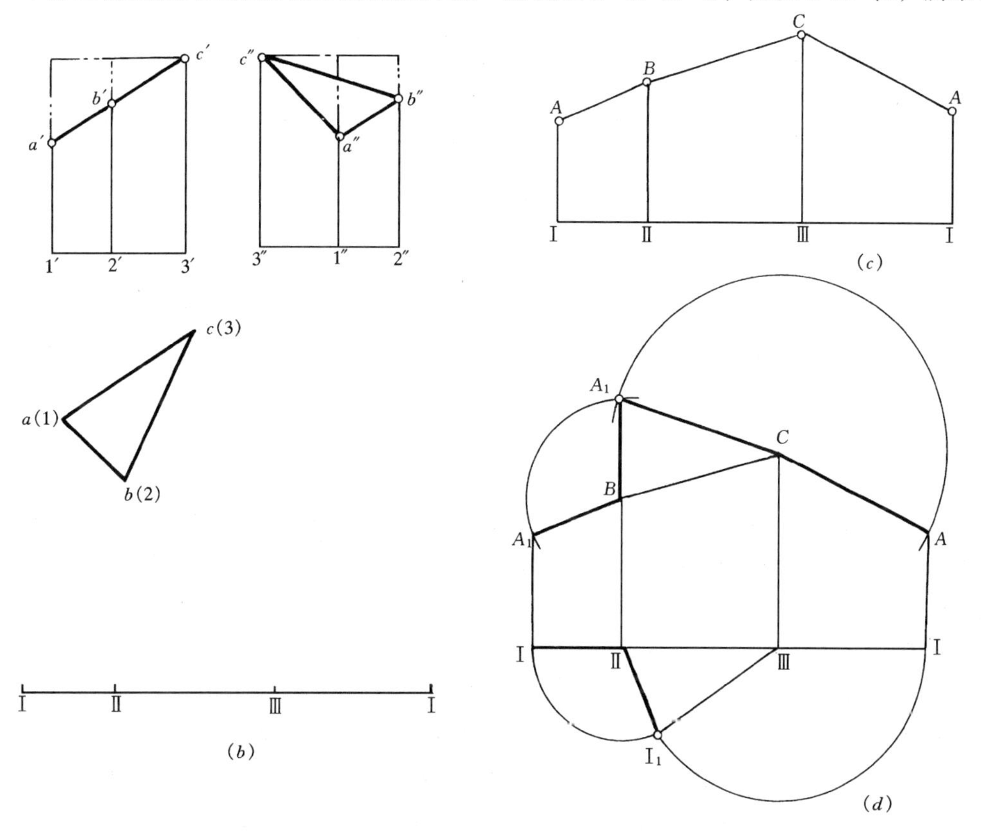

图 9-18　截断三棱柱表面的展开

（*a*）投影图；（*b*）展开底面三条边线；（*c*）展开步骤；

（*d*）求作顶面和底面，完成全图

2. 过Ⅰ、Ⅱ、Ⅲ、Ⅰ各点作垂线，并从图 9-18（*c*）中量取各棱线被截断后的高度，使 *A*Ⅰ = *a*′1′，*B*Ⅱ = *b*′2′、*C*Ⅲ = *c*′3′。连接 *A*、*B*、*C*、*A* 四点所得的封闭图形（*A-B-C-A*-Ⅰ-Ⅲ-Ⅱ-Ⅰ-*A*），即为三棱柱被截断后各棱面的表面展开图，如图 7-18（*c*）所示。

3. 求作三棱柱截断后的顶面实形，即在已知的 *A-B-C-A* 线上以 *B* 为圆心，以 *AB* 为半径作弧。再以 *C* 为圆心，以 *CA* 为半径作弧。两弧相交得点 A_1，连 BA_1 和 CA_1，则三角形 A_1BCA_1 即为所求。同理，在已知Ⅰ-Ⅱ-Ⅲ-Ⅰ线上以Ⅱ为圆心，以Ⅰ Ⅱ为半径作弧，再以Ⅲ为圆心，以Ⅲ Ⅰ为半径作弧。两弧相交得点$Ⅰ_1$，连Ⅱ $Ⅰ_1$和Ⅲ $Ⅰ_1$，则三角形$Ⅰ_1$ⅡⅢ $Ⅰ_1$即为底面实形，如图 9-18（*d*）所示。

4. 加深加粗 *A-B-*A_1*-C-A*-Ⅰ-Ⅲ-$Ⅰ_1$-Ⅱ-Ⅰ-*A* 线框，即为三棱柱被截断后整个表面展开图，如图 9-18（*d*）所示。

（二）圆柱管的展开

如图 9-19 所示，把圆柱管外表面沿一条素线截开并把它依次摊平在平面上，就得到该圆柱管的展开图。

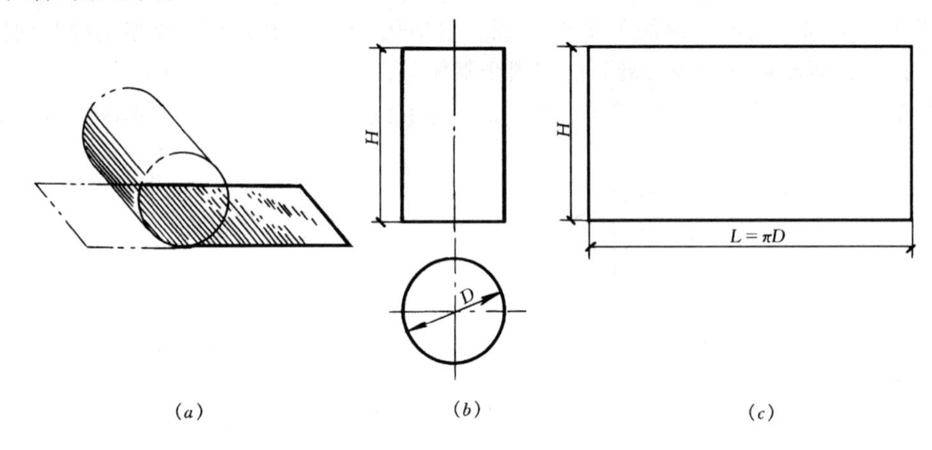

图 9-19 圆柱管的展开

（*a*）圆柱管的展开示意图；（*b*）投影图；（*c*）展开图

（三）圆柱面的展开

如图 9-20（*a*）所示，圆柱高为 *H*，圆柱底面半径为 *R*，该圆柱被一倾斜于 *V* 投影面的平面 *P* 所截，因而其表面上素线长度不相等，作出的展开图上部边线是一条曲线。作图步骤如下：

1. 在 *H* 投影面上，分圆柱底圆周成 12 等分，并过各分点作素线的 *V* 投影与截平面 P_V 分别交于 *a*′、*b*′、*c*′、*d*′……等点，如图 9-20（*b*）所示。

2. 将圆柱底圆周展开为一条直线，其长度为 $2\pi R$，在其上截取各等分点。

3. 过各等分点作断面展开线的垂线，截取各相应素线的实长。为此可过 *a*′、*b*′、*c*′、*d*′……各点引水平线与展开图上相应素线相交，得 *A*、*B*、*C*、*D*……等点。

4. 用光滑曲线连接各点后所得图形，即为所求的截断正圆柱的表面展开图，如图 9-20（*b*）所示。

（四）圆锥面的展开

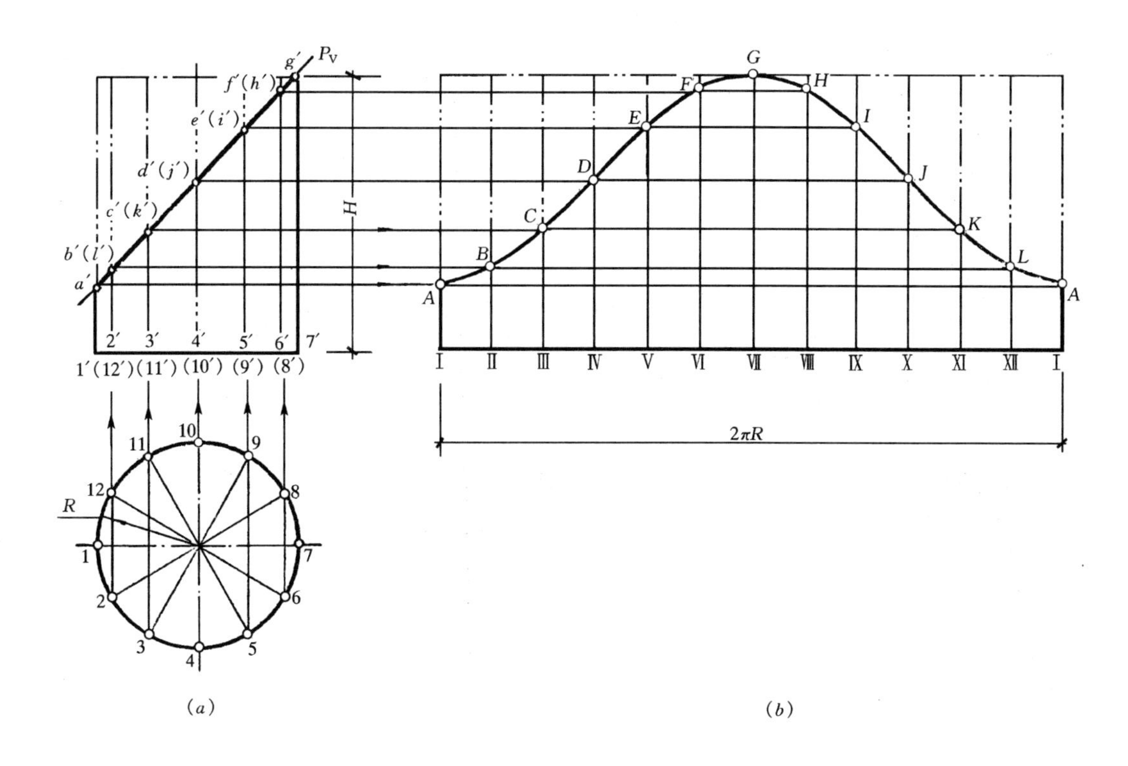

图 9-20 截断正圆柱表面的展开

(a) 投影图；(b) 展开图

正圆锥面的展开图是一扇形，如图 9-21（b）所示，是以圆锥素线的实长 L 为半径作弧，弧长等于圆锥底圆的周长 $2\pi R$。当正圆锥被倾斜于 V 投影面的平面 P_V 所截时，因而其表面上的素线长度不相等，作出的展开图上部边线是一条曲线。作图步骤如下：

1. 在 H 投影面上，分圆锥底圆周成 12 等分，并过各等分点作素线的 V 投影与截平面 P_V 分别交于 a'、b'、c'、d'……等点，如图 9-21（a）所示。

2. 将圆锥底圆周长展开为一弧线，其长度为 $2\pi R$，在其上截取各等分点。画出各等分点的素线，如图 9-21（b）所示。

3. 量取圆锥面各素线被截去部分的长度。由于正圆锥的最左和最右两条素线的 V 面投影反映实长，SA 和 SG 可直接从圆锥的 V 面投影中量得。其余各条素线是被截去部分的实长，可过 b' 向左作水平线交最大素线于 b_1，过 c' 向左作水平线交最大素线于 c_1，用相同的作图步骤得 d_1、e_1、f_1 点。如求作 SB 被截去的素线，可在其 V 面投影中 b' 作水平线与最大素线 $s'1'$ 相交于 b_1，此 $s'b_1$ 即为素线 SⅡ 被截去部分的实长，在展开图中量取 $SB = s'b_1$，得点 B。又由于图 9-21（a）中的截平面是 V 面垂直面，圆锥面各素线前后对称，SL 与 SB 相等，又可得到点 L。用同样的方法可依次求出其余各点 C、D、E、F 和 H、I、J、K。

4. 用曲线板光滑地连接上述各点，即得截断后圆锥面的展开图，如图 9-21（b）所示。

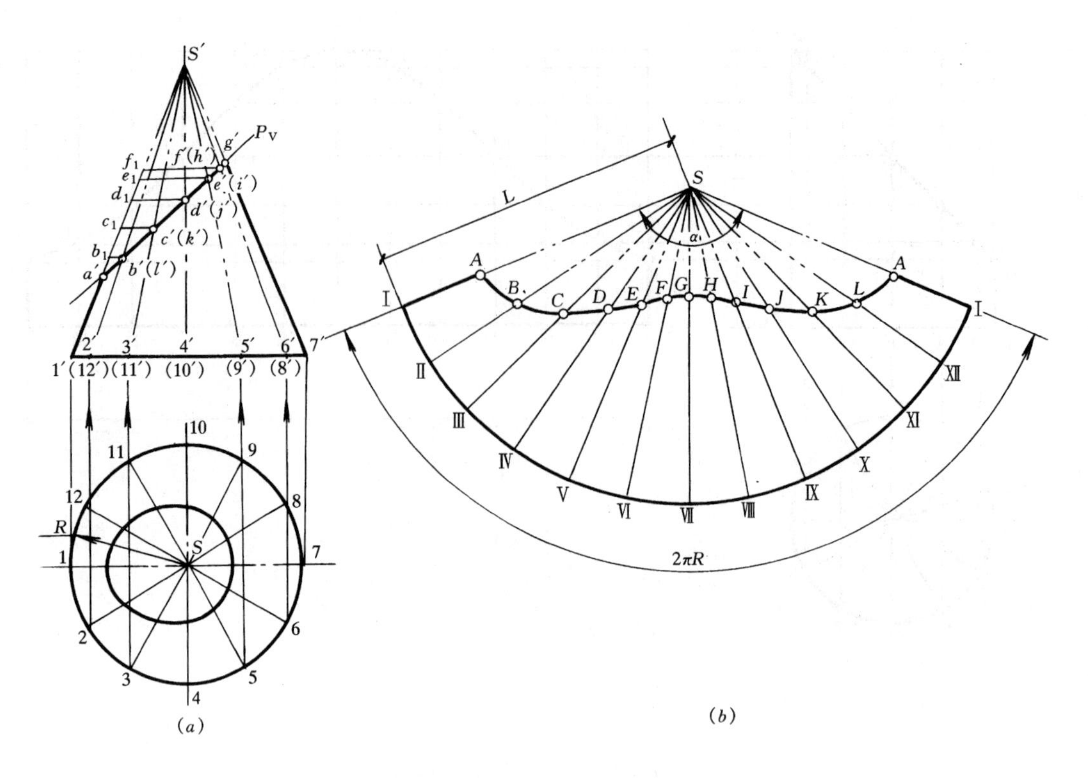

图 9-21　截断正圆锥表面的展开图

（*a*）投影图；（*b*）展开图

第三节　剖切轴测图的识读

如图 9-22 所示，为了表达形体内部构造，假想用剖切平面将形体剖开，然后作其轴测图，称为剖切轴测图。通常采用两个或三个互相垂直的剖切平面去剖切形体，而且剖切平面应平行于坐标面。各种轴测投影中的剖面线画法，如图 9-23 所示。

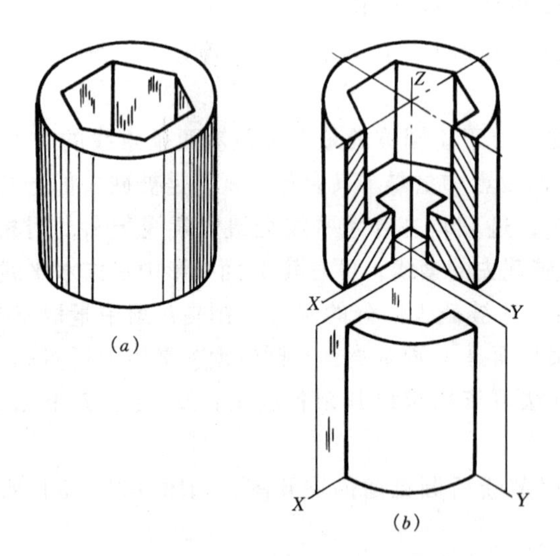

图 9-22　轴测图中剖切画法

（*a*）内部构造不详；（*b*）内部构造清楚

【例 9-6】　如图 9-24（*a*）所示，已知杯形基础的正投影图，求作 1/4 剖切后的正等轴测图。

无论画哪种轴测图，均无法把该形体的内部构造表达清楚。为此，就过其对称平面作两个互相垂直的剖切面 *P* 与 *Q*，切去形体的右前 1/4 部分。作图步骤如下：

(1) 先按投影图画出未剖切之前整个杯形基础的正等轴测图，如图 9-24（*b*）所示。

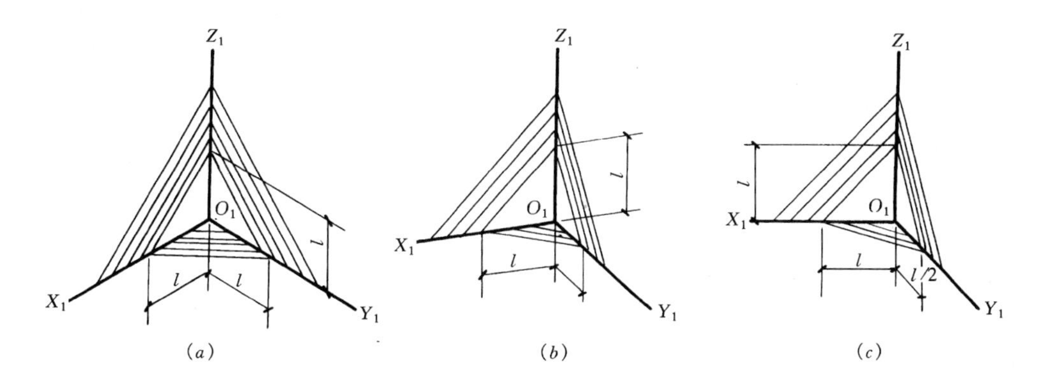

图 9-23 轴测图中剖面线的画法

（a）正等测；（b）正二测；（c）斜轴测

（2）作出截面轮廓线，如图 9-24（c）所示。

（3）擦去剖切掉那部分形体的轮廓线，如图 9-24（d）所示。

（4）按图 9-24（a）画出截面上的剖面线，如图 9-24（e）所示。

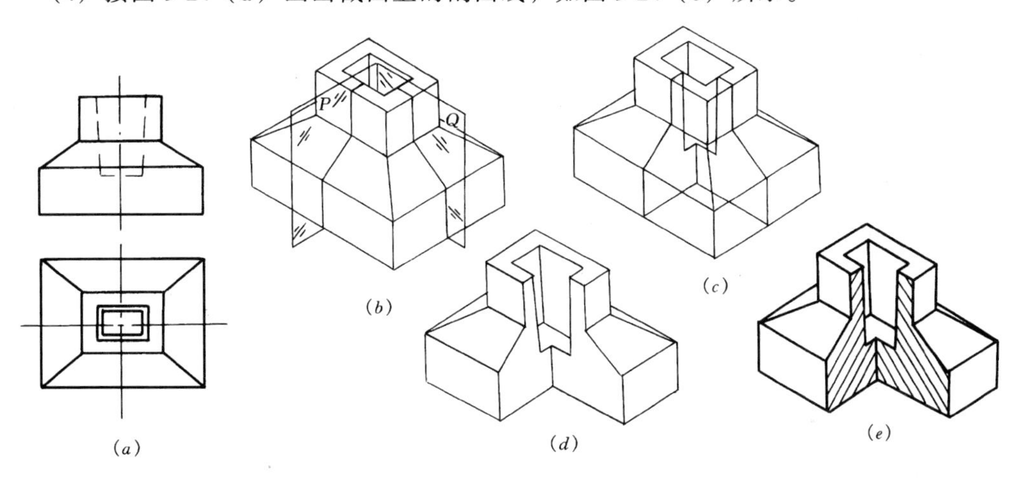

图 9-24 杯形基础剖面轴测图画法

（a）投影图；（b）按投影图画正等测图；（c）作出截面轮廓线；

（d）移去被剖切部分形体；（e）画出剖面线，完成全图

小　　结

1. 建筑基本形体有平面立体和曲面立体两类，截平面与立体相对位置不同时，其截交线也表现为不同的形式。并有以下两个基本特性：

（1）由于形体有一定的范围，所以截交线一定是封闭的。

（2）截交线是由那些既在截平面上又在形体表面上的点集合而成。

2. 要求得断面的投影，实质上是求截交线投影的问题。求平面体的截交线可归纳为：先求出各棱边与截平面的交点；然后，依次把各交点连结起来，即得截交线。

3. 两平面立体的相贯线是闭合的空间折线或闭合的平面多边线。

4. 两曲面体表面的相贯线，在一般情况下是闭合的空间曲线，特殊情况下则是平面曲线或直线。

5. 求两曲面体表面的相贯线时，要先求出一系列公有点。包括：特殊点，如极限位置点、外形轮廓线上的点等；一般位置点，如用辅助线（素线和纬圆）或用辅助面法作图的方法求得相贯线上的点。然后，用曲线板依次连接所有各点，即得相贯线。应注意相贯线可见性的判别，可见部分画实线、不可见部分画虚线。

6. 画展开图实质上是一个求立体表面实形的问题。

7. 画剖切轴测图时，通常避免用一个平面剖切整个形体，一般采用两个或三个互相垂直的剖切平面去剖切。

8. 画轴测剖面图时，可先画完整形体的轴测图，后进行剖切，得出剖切后余下部分的轴测图。

思考题与习题

9-1 截交线有哪些基本特性？

9-2 怎样求作截交线？

9-3 同坡屋面有何特点？

9-4 为什么说正确表达出相贯线是读、画组合体投影图的一项重要内容？

9-5 试述求作相贯线的一般步骤。

9-6 什么叫展开图？在建筑中哪些配件是用薄金属板制作的？

9-7 试述求作剖切轴测图的一般步骤。

第十章　房屋结构施工图的识读

（选用模块）

房屋建筑的形状、大小、构造、装修等情况在建施图中已表达，而房屋的各承重构件（基础、墙体、楼板、梁、柱等）的平面布置、结构构造等内容则在结施图中表达。结施图一般由结构设计总说明、结构平面布置图和结构构件详图等组成，是施工放线、开挖基槽（坑）、制作和安装构件和编制预算、施工组织的依据。

第一节　结构平面布置图的识读

结构平面布置图表达建筑各层的承重构件的平面布置情况和各构件之间的相互关系，是构件的制作和安装的重要依据。

结构平面布置图包括基础图（包括基础平面图和基础断面详图）、楼层和屋顶的结构平面布置图等图样。我们以楼层结构平面布置图为例，介绍结构平面布置图的识读方法。

楼层结构平面布置图是假设沿楼板面将建筑水平剖切后所作的水平投影图。绘制图样时，被遮挡的墙用中虚线表示，外轮廓线用中实线表示，可见的梁用粗实线表示，不可见的梁用粗虚线表示，可见的板用细实线表示，不可见的板用细虚线表示。图中的构件应标注构件代号，见表 10-1。

常用构件代号（选自 GB/T 50105—2001）　　　　**表 10-1**

序　号	名　称	代　号	序　号	名　称	代　号	序　号	名　称	代　号
1	板	B	19	圈梁	QL	37	承台	CT
2	屋面板	WB	20	过梁	GL	38	设备基础	SJ
3	空心板	KB	21	连系梁	LL	39	桩	ZH
4	槽形板	CB	22	基础梁	JL	40	挡土墙	DQ
5	折板	ZB	23	楼梯梁	TL	41	地沟	DG
6	密肋板	MB	24	框架梁	KL	42	柱间支撑	ZC
7	楼梯板	TB	25	框支梁	KZL	43	垂直支撑	CC
8	盖板或沟盖板	GB	26	屋面框架梁	WKL	44	水平支撑	SC
9	挡雨板或檐口板	YB	27	檩条	LT	45	梯	T
10	吊车安全走道板	DB	28	屋架	WJ	46	雨篷	YP
11	墙板	QB	29	托架	TJ	47	阳台	YT
12	天沟板	TGB	30	天窗架	CJ	48	梁垫	LD
13	梁	L	31	框架	KJ	49	预埋件	M
14	屋面梁	WL	32	刚架	GJ	50	天窗端壁	TD
15	吊车梁	DL	33	支架	ZJ	51	钢筋网	W
16	单轨吊车梁	DDL	34	柱	Z	52	钢筋骨架	G
17	轨道连接	DGL	35	框架柱	KZ	53	基础	J
18	车挡	CD	36	构造柱	GZ	54	暗柱	AZ

注：1. 预制钢筋混凝土构件、现浇钢筋混凝土构件、钢构件和木构件，一般可直接采用本表中的构件代号。在绘图中，当需要区别上述构件的材料种类时，可在构件代号前加注材料符号，并在图纸中加以说明。

2. 预应力钢筋混凝土构件的代号，应在构件代号前加注“Y-”，如 Y-DL 表示预应力钢筋混凝土吊车梁。

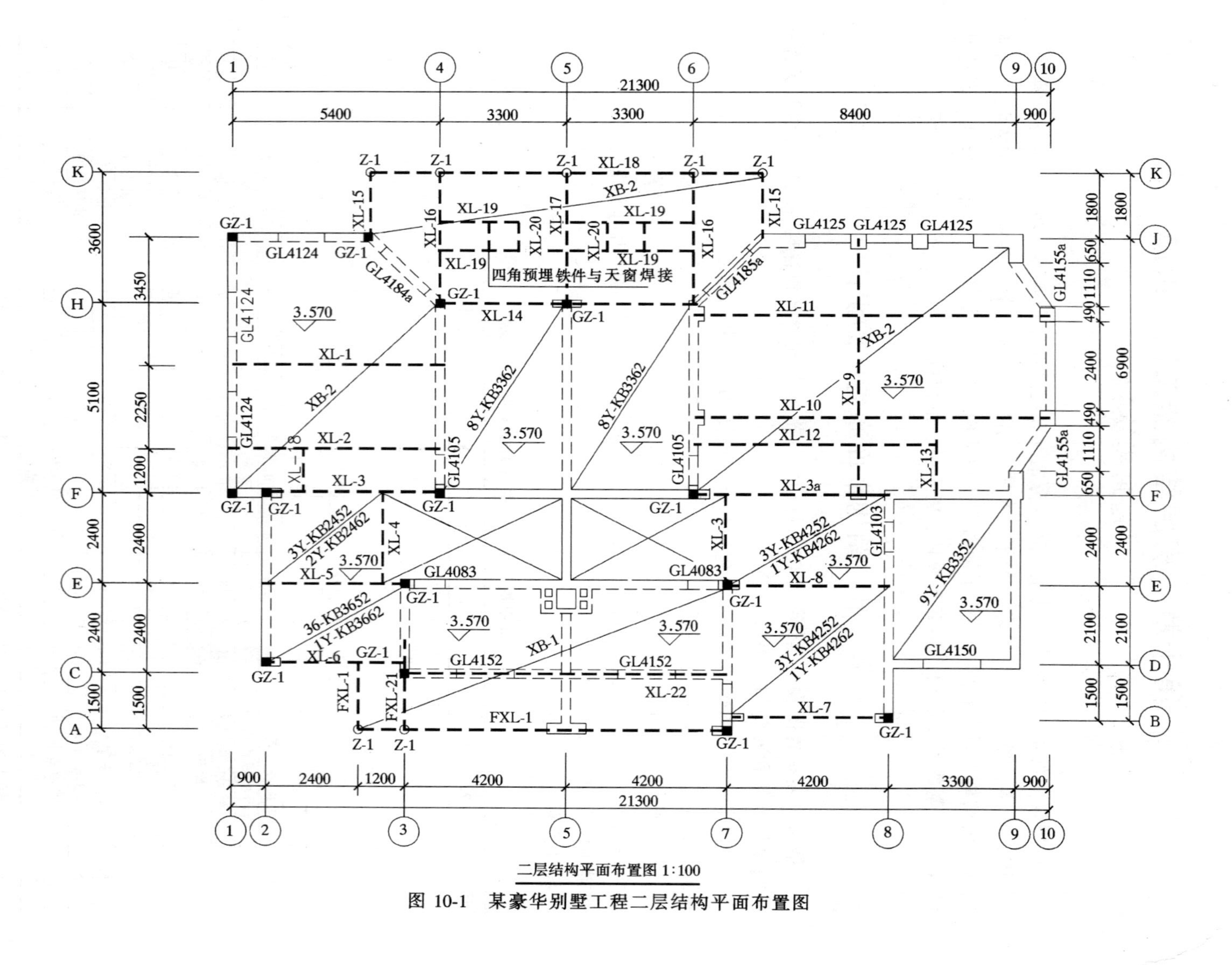

图 10-1　某豪华别墅工程二层结构平面布置图

以某豪华别墅工程二层结构平面布置图为例，如图 10-1 所示。首先与建筑平面图进行对照，轴线是否一致。然后，了解各房间的楼板布置情况和其他构件的位置与数量等。下面介绍预制楼板和现浇楼板的表示方法，以便于进行楼层结构平面布置图的识读。

一、预制楼板的表示方法

若房间的楼板是预制板，应在每个房间内画一对角线，将构件代号和数量标注在对角线上，如图 10-2 所示。

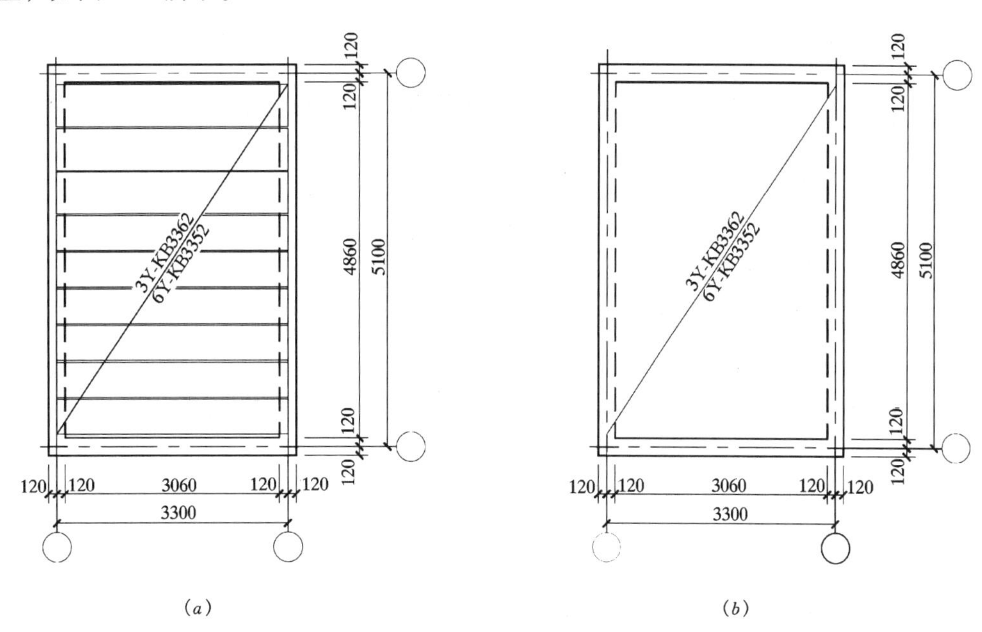

图 10-2 预制楼板的表示方法

（a）房间结构平面布置图；（b）简化画法

在图 10-2 中，标注的 6Y-KB3352 中的“6”表示构件的数量为 6 块；“Y-KB”表示构

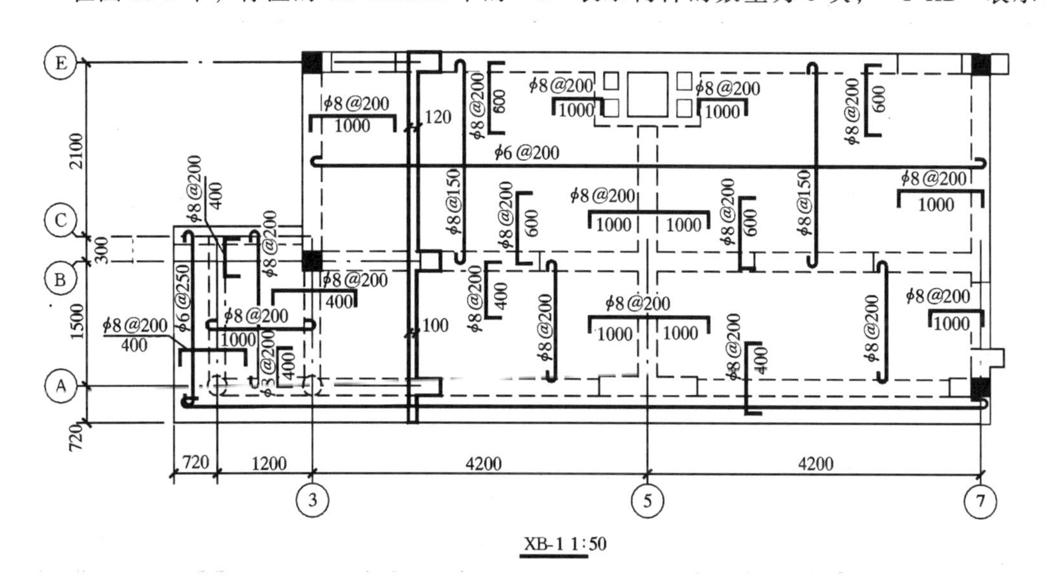

图 10-3 某豪华别墅工程 XB-1 配筋图

件代号，该构件为预应力空心板；“33”表示板的标志长度为3300；“5”表示板的标志宽度为500；“2”表示荷载等级为2级。

二、现浇楼板的表示方法

现浇钢筋混凝土楼板在图中应将钢筋平放画在所在位置，相同的钢筋可只画一根表示，并在旁边标注出钢筋代号、直径和间距等，如图10-3所示。

小　　结

1．了解结施图的内容：一般由结构设计总说明、结构平面布置图和结构构件详图等组成。

2．了解结构平面布置图的作用：表达建筑各层的承重构件的平面布置情况和各构件之间的相互关系，是构件的制作和安装的重要依据。

3．熟记常用构件代号。

4．掌握预制楼板与现浇楼板的表示方法。

第二节　钢筋混凝土梁结构详图的识读

在结构平面布置图中，我们了解了构件的平面布置和数量等情况，而各构件的具体结构构造还不清楚，这就需要绘制大量的构件详图来作为制作各构件的重要依据。

钢筋混凝土构件详图包括模板图、配筋图和钢筋表三个部分。下面以钢筋混凝土梁结构详图为例，介绍钢筋混凝土构件详图的识读方法。

一、模板图的识读

模板图是表达构件的外部形状、大小和预埋件代号及位置的图样。若构件外形简单，模板图可与配筋图画在一起。通常用细实线绘制构件的外轮廓，以突出内部的钢筋。

图10-4所示*XL*-1详图，由立面图和1-1断面图组成。根据立面图和1-1断面图的外

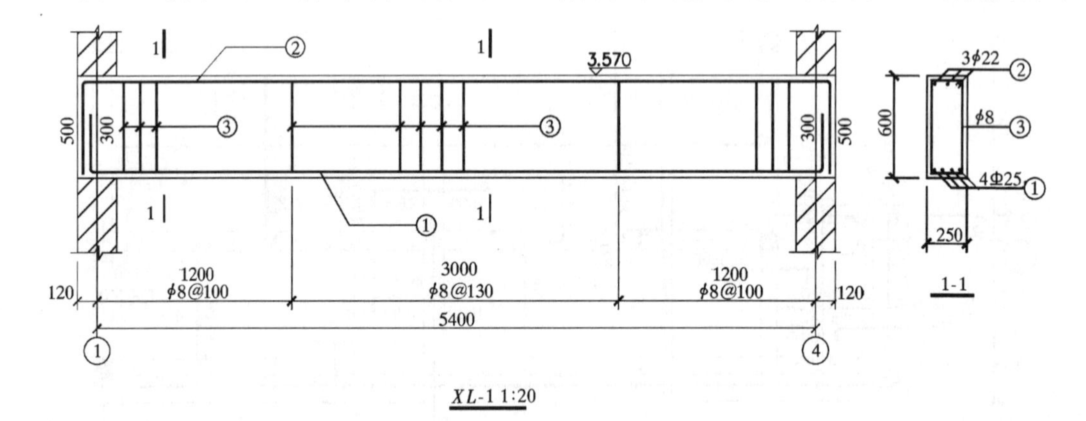

图10-4　某豪华别墅工程XL-1详图

轮廓，可知*XL*-1是一根截面为矩形的等截面梁，两端支承在墙体上，梁的长度为5640mm，梁的截面高度为600mm，截面宽度为250mm。

二、配筋图的识读

配筋图是表达钢筋混凝土构件内部钢筋配置情况的图样，如钢筋的编号、规格、形状、长度、根数等。

配置在钢筋混凝土构件中的钢筋按受力和作用分以下几种，如图 10-5 所示：

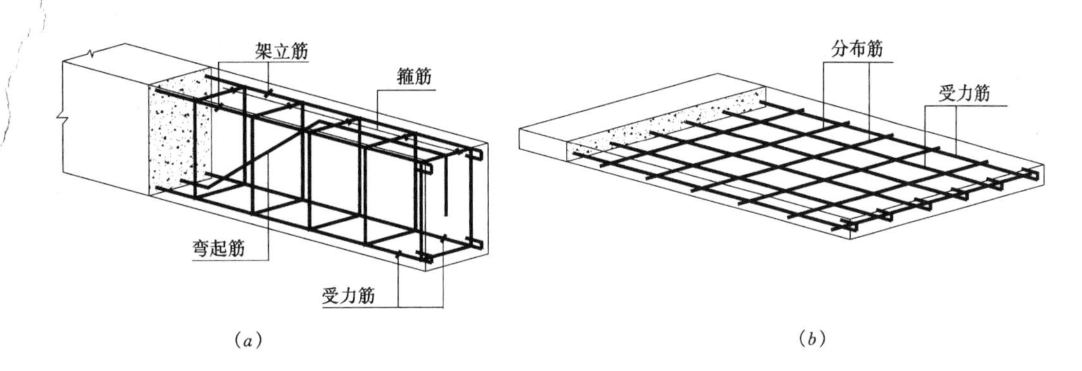

图 10-5 钢筋混凝土构件中钢筋的名称

(a) 梁；(b) 板

受力筋：承受拉、压等应力的钢筋。

箍筋：用来固定受力筋位置，并承受部分斜拉应力。

架立筋：用来固定梁内受力筋和箍筋的位置，形成骨架。

分布筋：用来固定板内的受力筋位置，形成整体均匀受力。

如图 10-4 所示 XL-1 详图，在立面图中用粗实线绘制的图线代表的是梁内的钢筋，并且标注了钢筋编号，如①、②、③。根据立面图中的剖切符号，识读 1-1 断面图，可知①钢筋为受力筋，总共 4 Φ 25（4 为钢筋根数，Φ是Ⅱ级钢筋直径符号，25 为钢筋直径）；②钢筋为架立筋，总共 3 ϕ22（3 为钢筋根数，ϕ是Ⅰ级钢筋直径符号，22 为钢筋直径）；③钢筋为箍筋，钢筋直径为 8，是Ⅰ级钢筋，在立面图中标注有ϕ@100 和ϕ8@130，其中@100 和@130 表示相邻箍筋中心距分别为 100 和 130，钢筋根数则应根据箍筋设置间距进行计算。在表 10-2 中列出了各类钢筋所对应的钢筋直径符号。

各类钢筋直径符号 **表 10-2**

钢筋种类	直径符号	钢筋种类	直径符号
Ⅰ级钢筋	ϕ	冷拉Ⅰ级钢筋	Φ^t
Ⅱ级钢筋	Φ	冷拉Ⅱ级钢筋	Φ^t
Ⅲ级钢筋	Φ	冷拉Ⅲ级钢筋	Φ^t
Ⅳ级钢筋	Φ	冷拉Ⅳ级钢筋	Φ^t
Ⅴ级钢筋	Φ^t	冷拉低碳钢丝	Φ^t

了解了梁中钢筋的种类、规格和根数之后，还应了解钢筋的形状，下面我们以钢筋表

的形式，将梁中各类钢筋的形状介绍给大家，见表 10-3。

***XL*-1 钢筋表** **表 10-3**

构件编号	钢筋编号	钢筋形状及尺寸（mm）	直径（mm）	长度（mm）	根数	总长（m）
XL-1	①	300 5590 300	Φ 25	6190	4	24.760
	②	500 5590 500	ϕ22	6590	3	19.770
	③	550 200	ϕ8	1650	49	80.850

注：钢筋尺寸应用构件外形尺寸减去钢筋保护层厚度。一般梁、柱不小于 25mm，板为 10～15mm。

小　　结

1. 钢筋混凝土构件详图的内容：包括模板图、配筋图和钢筋表三个部分。
2. 掌握钢筋混凝土构件中钢筋的种类与作用。
3. 能进行钢筋混凝土梁详图的识读，并能按表 10-3 列出钢筋表。

思考题与习题

10-1　结构平面布置图的内容与作用是什么？

10-2　楼层结构平面布置图是怎样形成的？

10-3　预制楼板与现浇楼板分别是如何表示的？

10-4　钢筋混凝土构件详图的内容有哪些？

10-5　钢筋混凝土构件中的钢筋按受力和作用分为哪几种钢筋？

10-6　钢筋混凝土构件钢筋表的内容有哪些？

参 考 文 献

1. 南京建筑工程学院，黑龙江省建筑工程学校合编. 建筑制图. 北京：高等教育出版社，1982

2. 清华大学建筑系制图组编. 建筑制图与识图. 北京：中国建筑工业出版社，1982

3. 乐荷卿主编. 土木建筑制图. 武汉：武汉工业大学出版社，1995

4. 张宝贵主编. 工程制图. 北京：中国建筑工业出版社，1987

5. 夏华生主编. 机械制图. 北京：高等教育出版社，1982

6. 熊培基主编. 建筑装饰识图与放样. 北京：中国建筑工业出版社，2000

7. 全国职业高中建筑类专业教材编写组编. 建筑制图与识图. 北京：高等教育出版社，1994

中 等 职 业 教 育 国 家 规 划 教 材
全国中等职业教育教材审定委员会审定
全国建设行业中等职业教育推荐教材

建筑装饰制图基础习题集

（建筑装饰专业）

主编　谭伟建
审稿　叶桢翔　吕宝宽

中国建筑工业出版社

本习题集是根据建设部制定的中职教育培养方案，中职建筑装饰专业《建筑装饰制图基础》课程教学大纲的要求编写的。与湖南城建职业技术学院和四川建筑职业技术学院合作编写的《建筑装饰制图基础》教材配套使用。

本习题集选编了制图基本知识（字体、线型练习、徒手作图、投影作图、装饰施工图等识读资料几部分内容）。在习题集内容安排上，力求做到由浅入深、通俗易画，有的习题还附加了轴测图，每部分内容有少量题作为提高选作题。几种施工图的识读资料作为范图，可用于抄绘。

本习题集适用于中等职业技术学校建筑装饰类专业制图实践性教学用书。同时，也可作为相关专业和生产一线的技术工人，基层技术管理人员的学习参考用书。

中等职业教育国家规划教材出版说明

为了贯彻《中共中央国务院关于深化教育改革全面推进素质教育的决定》精神，落实《面向21世纪教育振兴行动计划》中提出的职业教育课程改革和教材建设规划，根据教育部关于《中等职业教育国家规划教材申报、立项及管理意见》（教职成［2001］1号）的精神，我们组织力量对实现中等职业教育培养目标和保证基本教学规格起保障作用的德育课程、文化基础课程、专业技术基础课程和80个重点建设专业主干课程的教材进行了规划和编写，从2001年秋季开学起，国家规划教材将陆续提供给各类中等职业学校选用。

国家规划教材是根据教育部最新颁布的德育课程、文化基础课程、专业技术基础课程和80个重点建设专业主干课程的教学大纲（课程教学基本要求）编写，并经全国中等职业教育教材审定委员会审定。新教材全面贯彻素质教育思想，从社会发展对高素质劳动者和中初级专门人才需要的实际出发，注重对学生的创新精神和实践能力的培养。新教材在理论体系、组织结构和阐述方法等方面均作了一些新的尝试。新教材实行一纲多本，努力为教材选用提供比较和选择，满足不同学制、不同专业和不同办学条件的教学需要。

希望各地、各部门积极推广和选用国家规划教材，并在使用过程中，注意总结经验，及时提出修改意见和建议，使之不断完善和提高。

教育部职业教育与成人教育司

二〇〇二年十月

前　言

本习题集与湖南城建职业技术学院和四川建筑职业技术学院合作编写的《建筑装饰制图基础》教材配套使用。在编写过程中，注意了以下几个方面：

1. 本着专业特色，提高教材的通俗化、图解化和易读性的原则。习题集选编了制图基本知识、投影作图和识读室内建筑装饰施工图等几部分内容。

2. 在习题集内容的编写上，力求符合认识发展规律，采用由浅入深、读画结合、多次反复、循序渐进的方法。习题中增加立体图的数量和室内建筑装饰施工图等识读资料，进而扩展思路，以利于学生培养分析问题和解决问题的能力。

3. 在完成一定数量习题练习的基础上，还应该抄绘本习题集上的建筑施工图或装饰施工图，也可根据需要抄绘其他类型的施工图，以便加强基本技能的训练。

4. 本习题集按照国家颁发的现行有关制图标准、规范和规定的要求编写。室内建筑装饰施工图识读资料，地面、墙面、顶棚的施工及其质量按国家行业标准《建筑装饰工程施工与验收规范》（JGJ73—91）的有关规定执行。因此，教学中应根据各学校的具体情况和教学需要作适当的补充。

本习题集由湖南城建职业技术学院谭伟建主编，四川建筑职业技术学院张华参编。江西建筑工程学校寇方洲审定。受教育部委托清华大学叶桢翔、吕宝贵对本习题集进行了审稿。

在编写过程中，除参考了配套教材所列的参考书目外，还参考了韩继芳主编的《工程制图习题集》（中国建筑工业出版社，1987），在此表示衷心的感谢。

由于编者水平有限，习题集如有错漏之处，恳请读者批评指正。

目　录

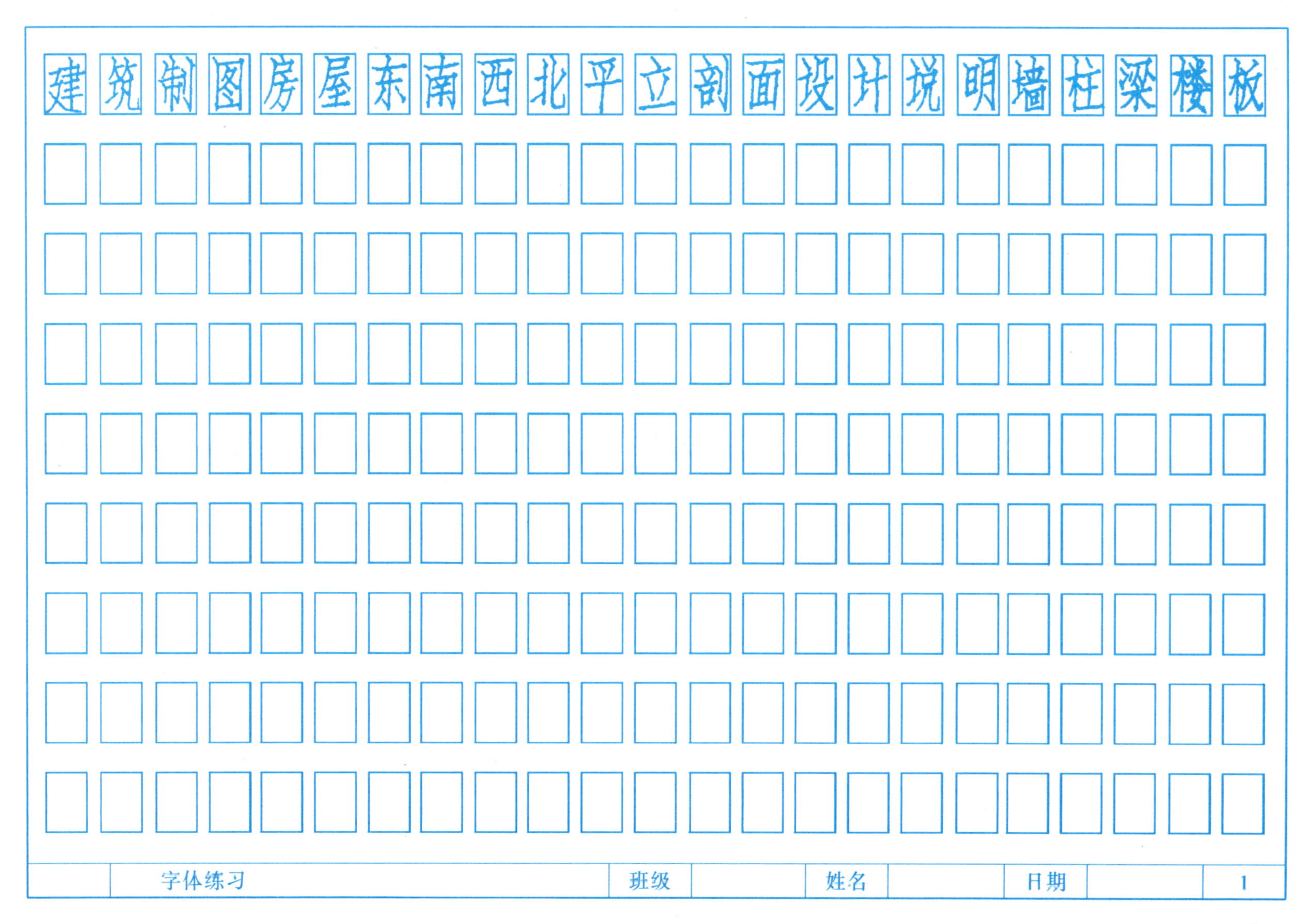
建筑制图房屋东南西北平立剖面设计说明墙柱梁楼板
字体练习
班级
姓名
日期
1

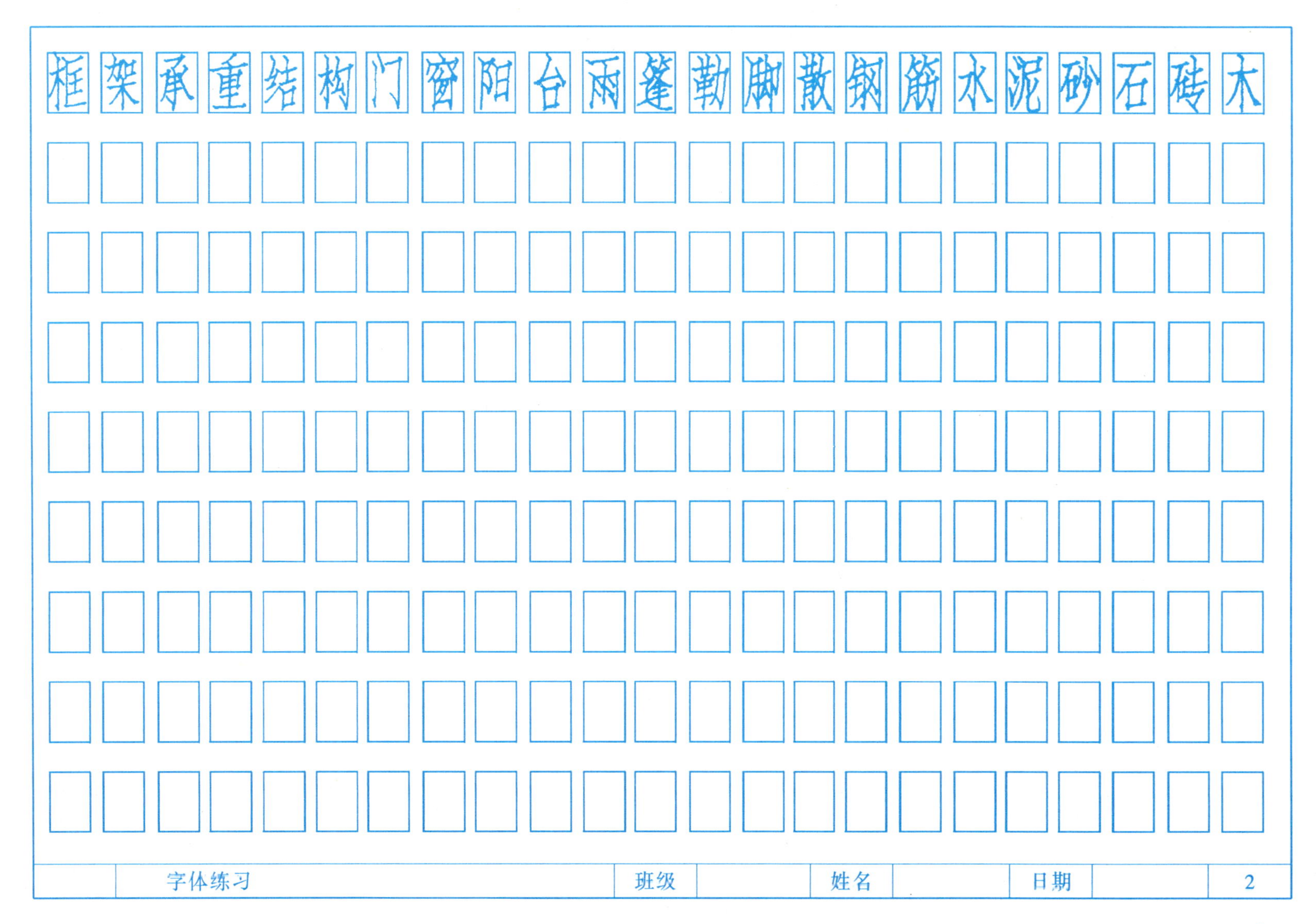

框架承重结构门窗阳台雨篷勒脚散钢筋水泥砂石砖木
字体练习
班级
姓名
日期
2

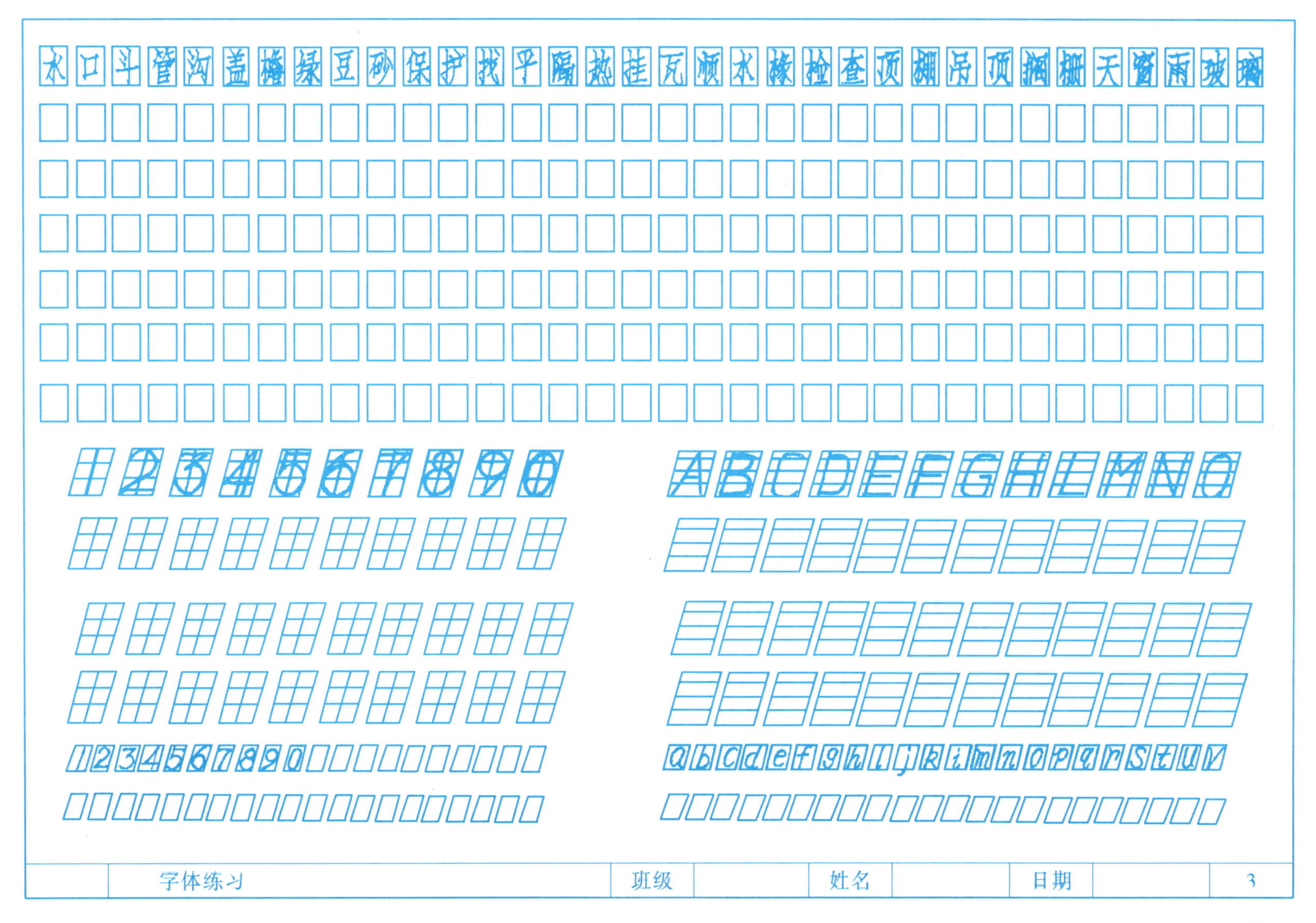

水口斗管沟盖檐绿豆砂保护找平隔热挂瓦顺水椽检查顶棚吊顶搁栅天窗雨玻璃
1234567890
ABCDEFGHLMNO
1234567890
字体练习
班级
姓名
日期
3

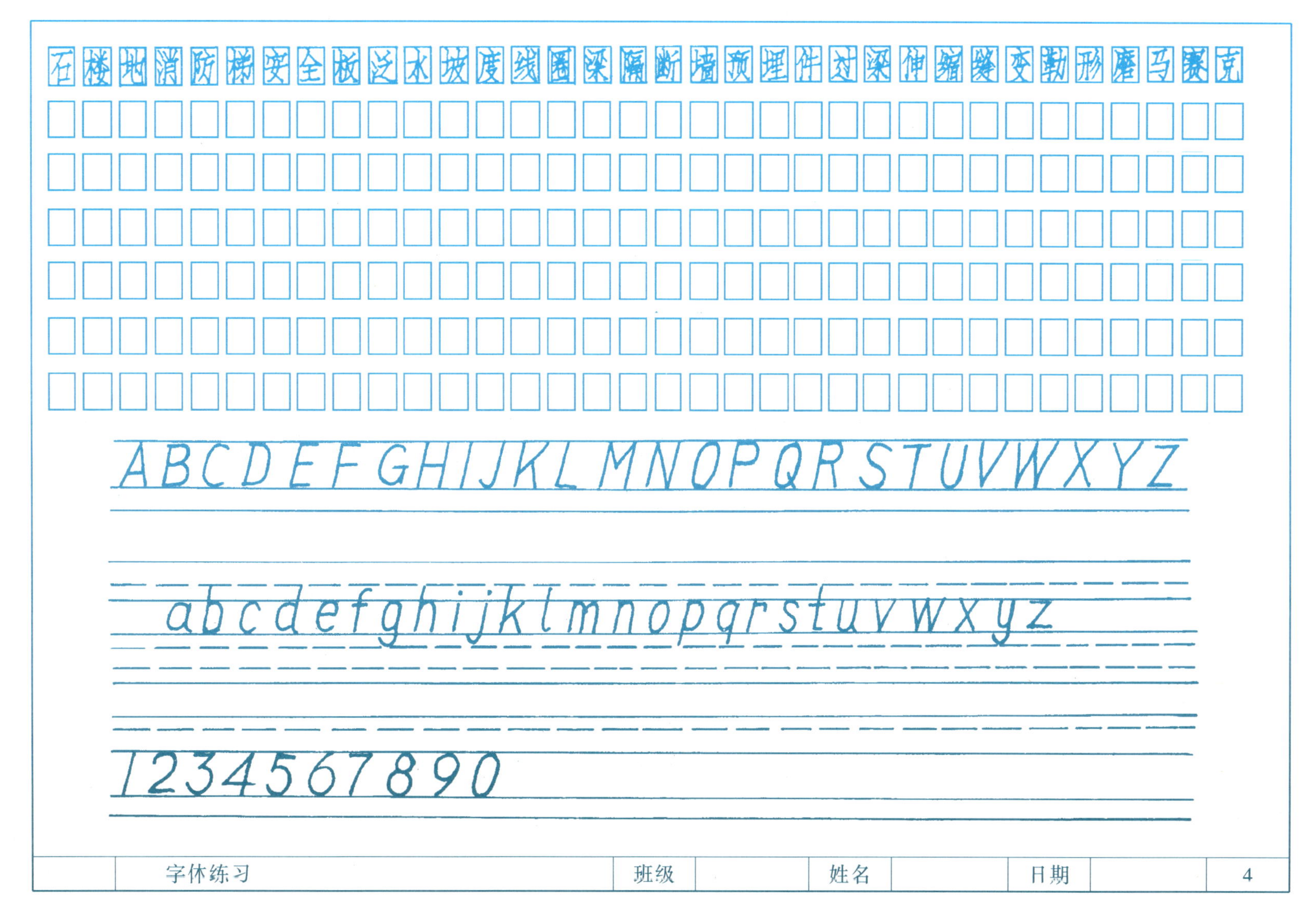
石楼地消防梯安全板泛水坡度线圈梁隔断墙预埋件过梁伸缩缝变勒形磨马赛克
ABCDEFGHIJKLMNOPQRSTUVWXYZ
abcdefghijklmnopqrstuvwxyz
1234567890
字体练习
班级
姓名
日期
4

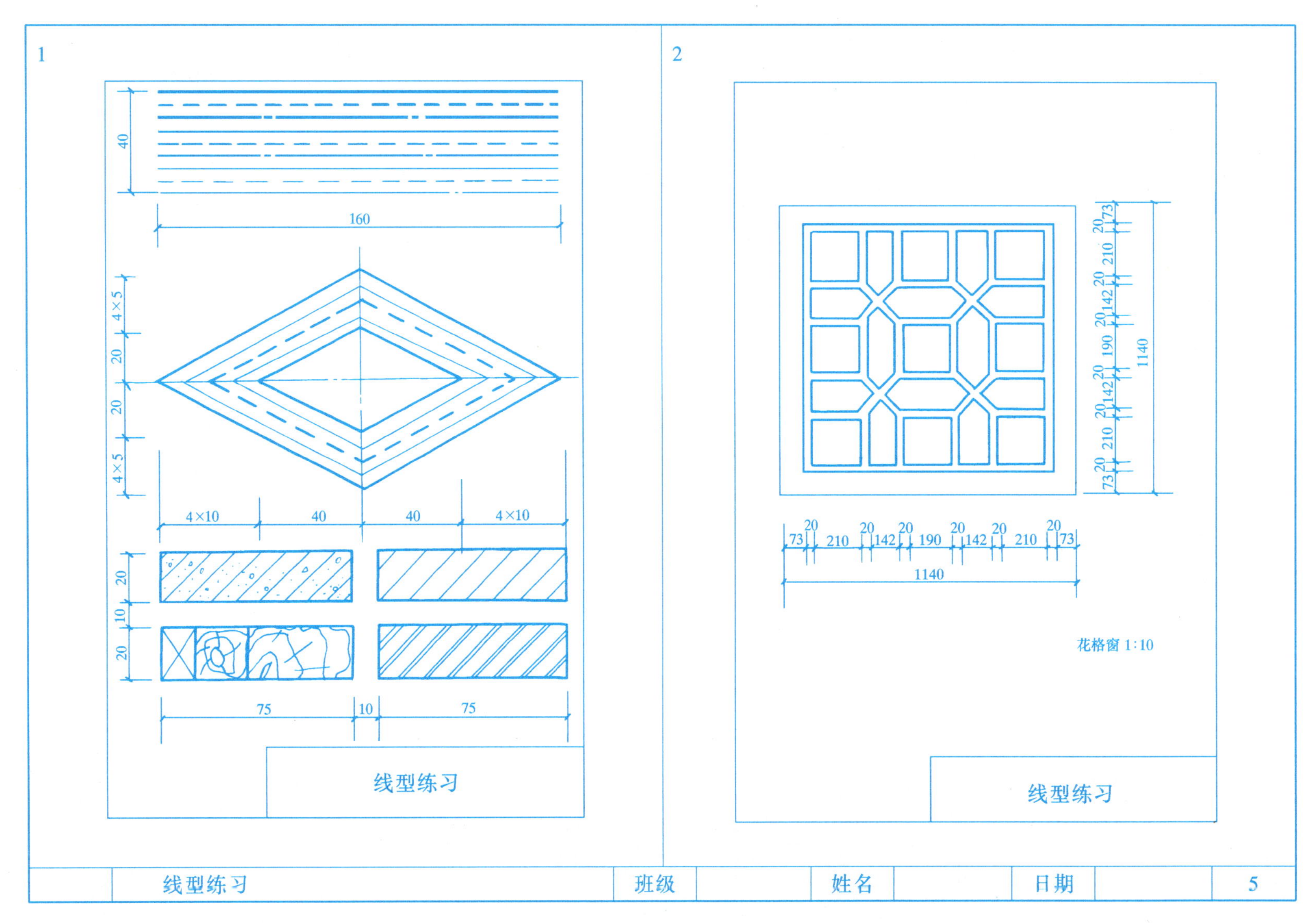
1
40
160
4×5
20
20
4×5
4×10
40
40
4×10
20
10
20
75
10
75
线型练习
2
73
20
210
20
142
20
190
20
142
20
210
20
73
1140
花格窗 1:10
线型练习
线型练习
班级
姓名
日期
5

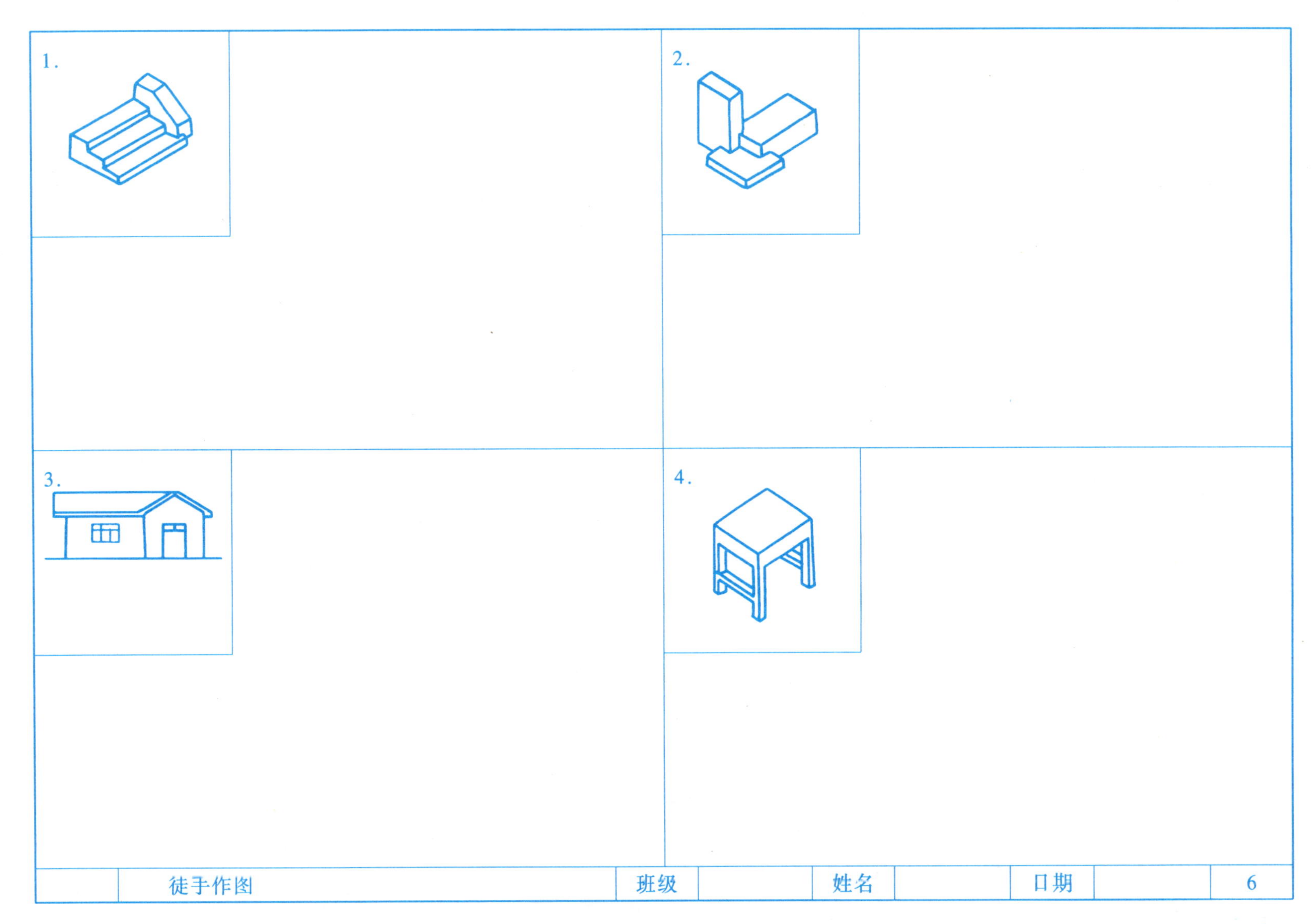
1.
2.
3.
4.
徒手作图
班级
姓名
日期
6

1. 参考作图步骤，用四心法绘制近似椭圆，并照图标注尺寸。图幅 A_4，比例 1∶1。

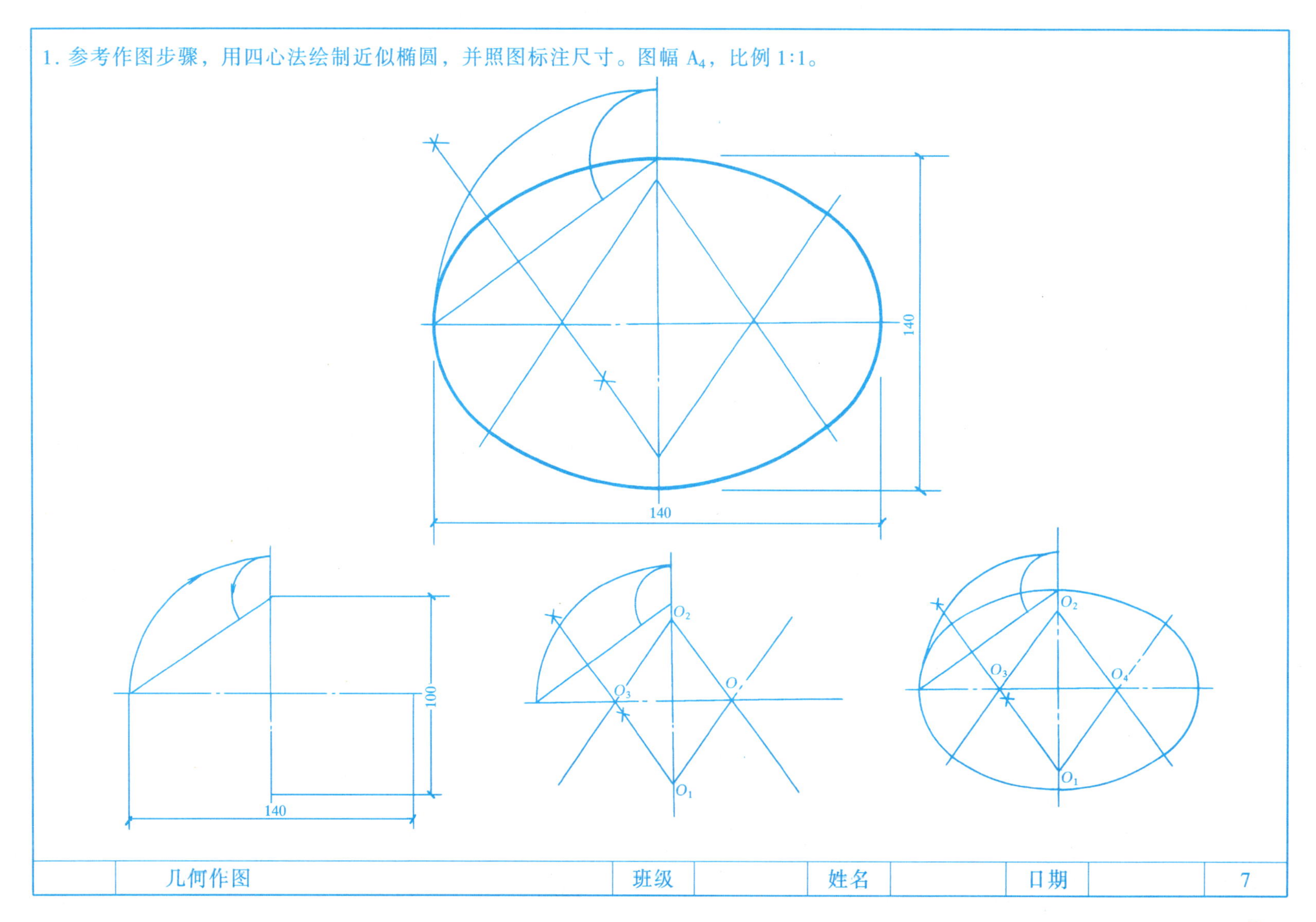

	几何作图	班级		姓名		日期		7

2. 参考作图步骤，绘制扶手断面仪器图，并照图标注尺寸。图幅 A4，比例 1∶1。

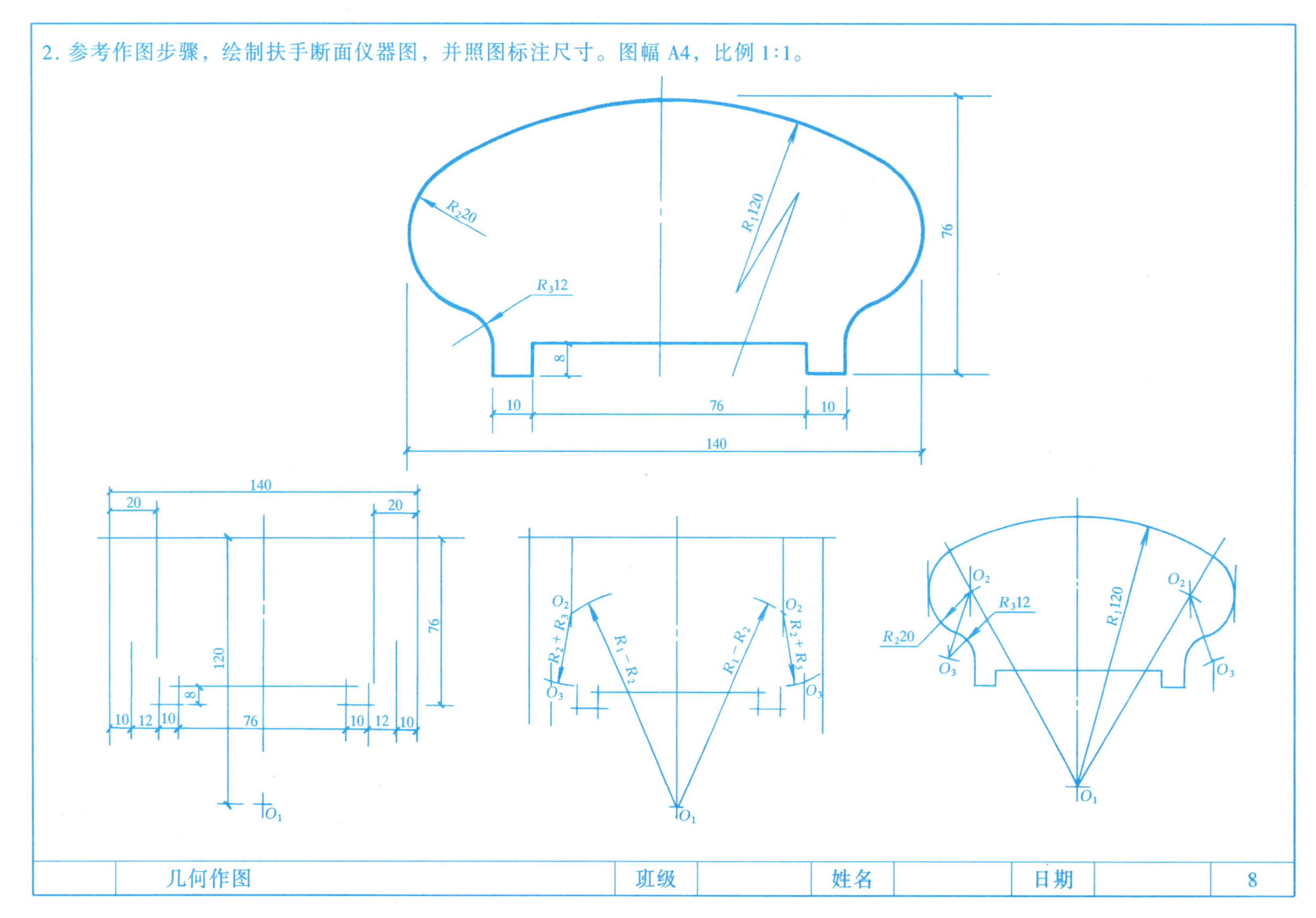

	几何作图	班级		姓名		日期		8

3. 参考作图步骤，绘制拉手图的仪器图，并照图标注尺寸。图幅 A_4，比例 1:1。

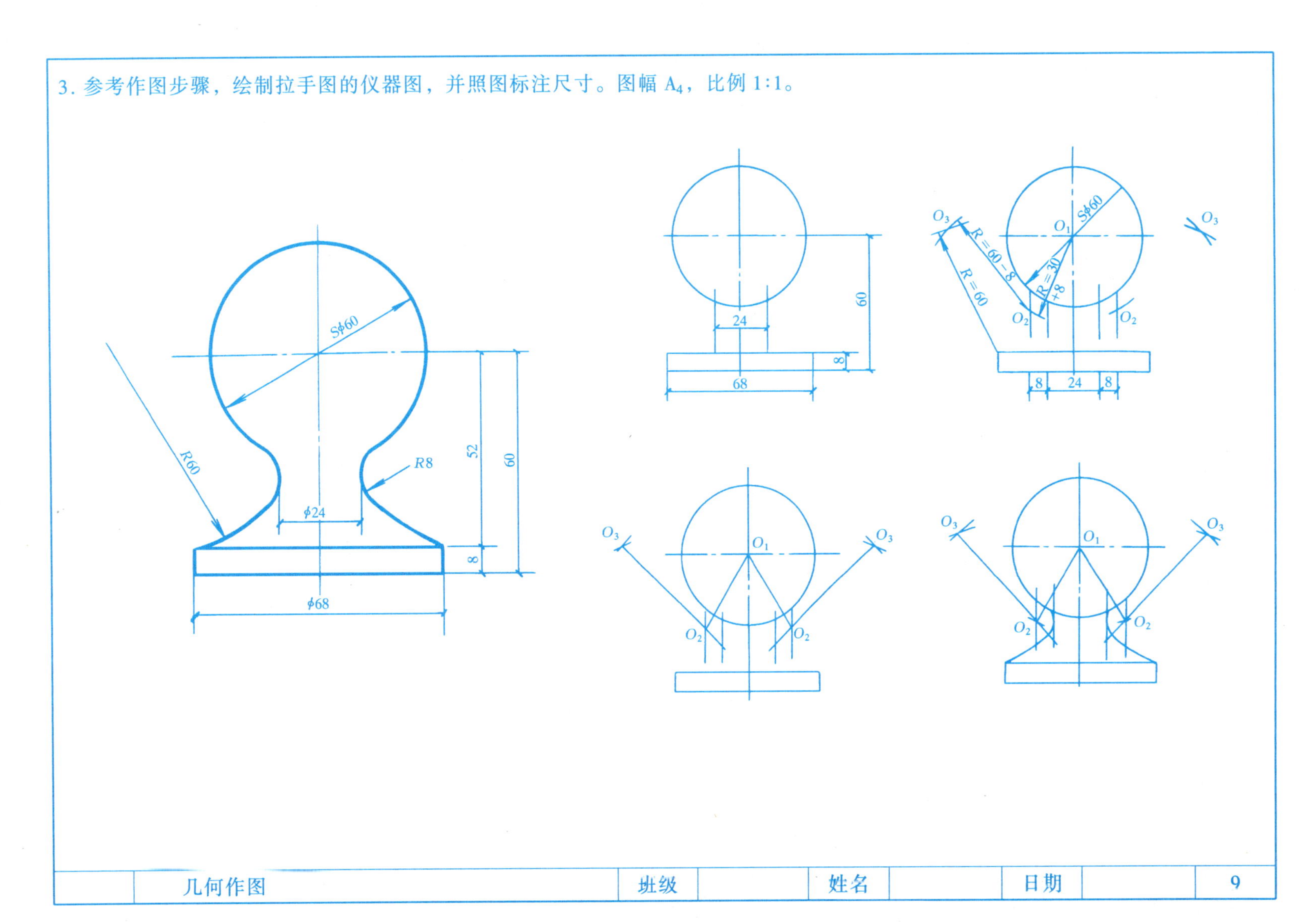

	几何作图	班级		姓名		日期		9

1. 根据立体图找投影图。

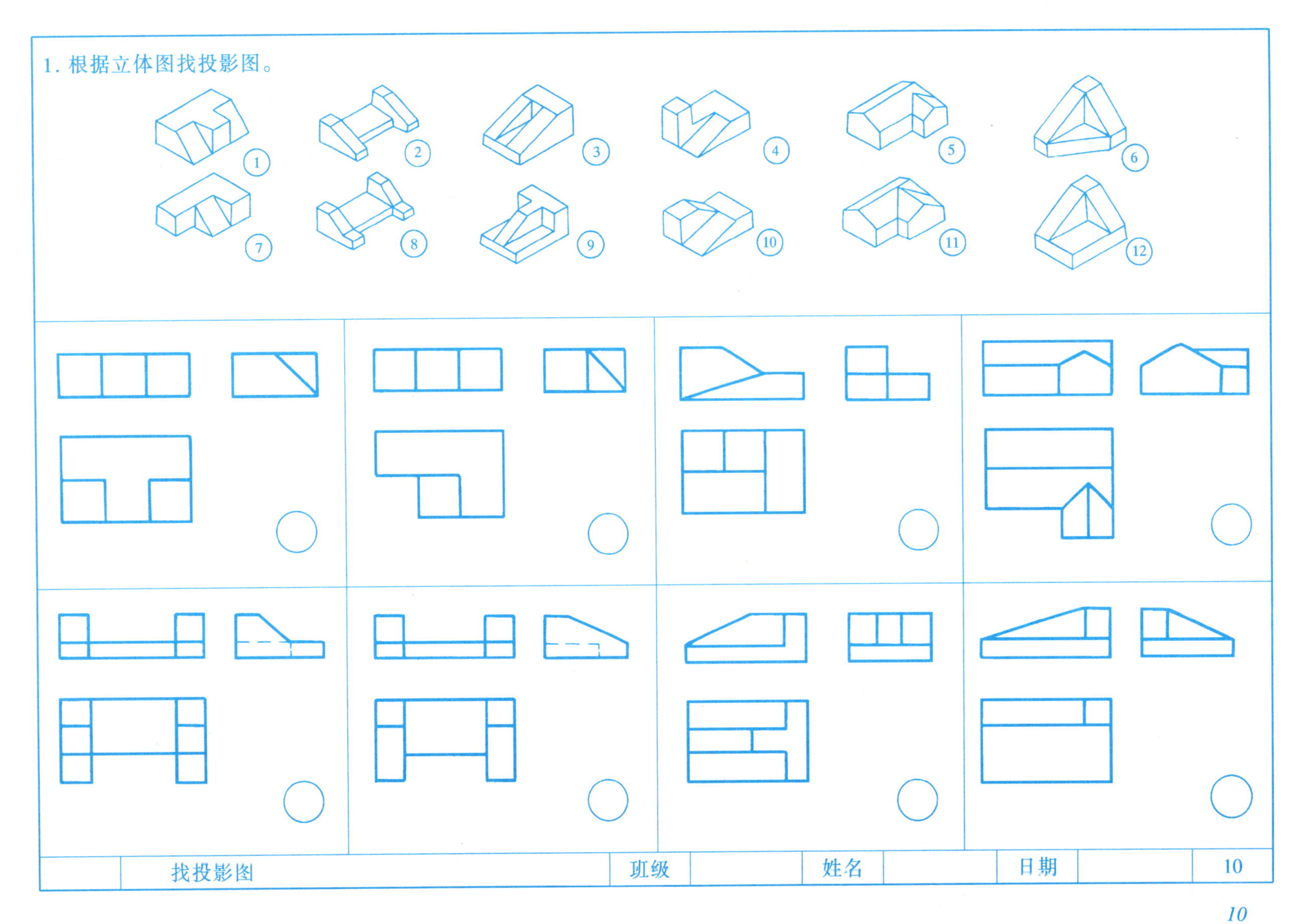

2. 根据立体图找投影图。

	找投影图	班级		姓名		日期		11

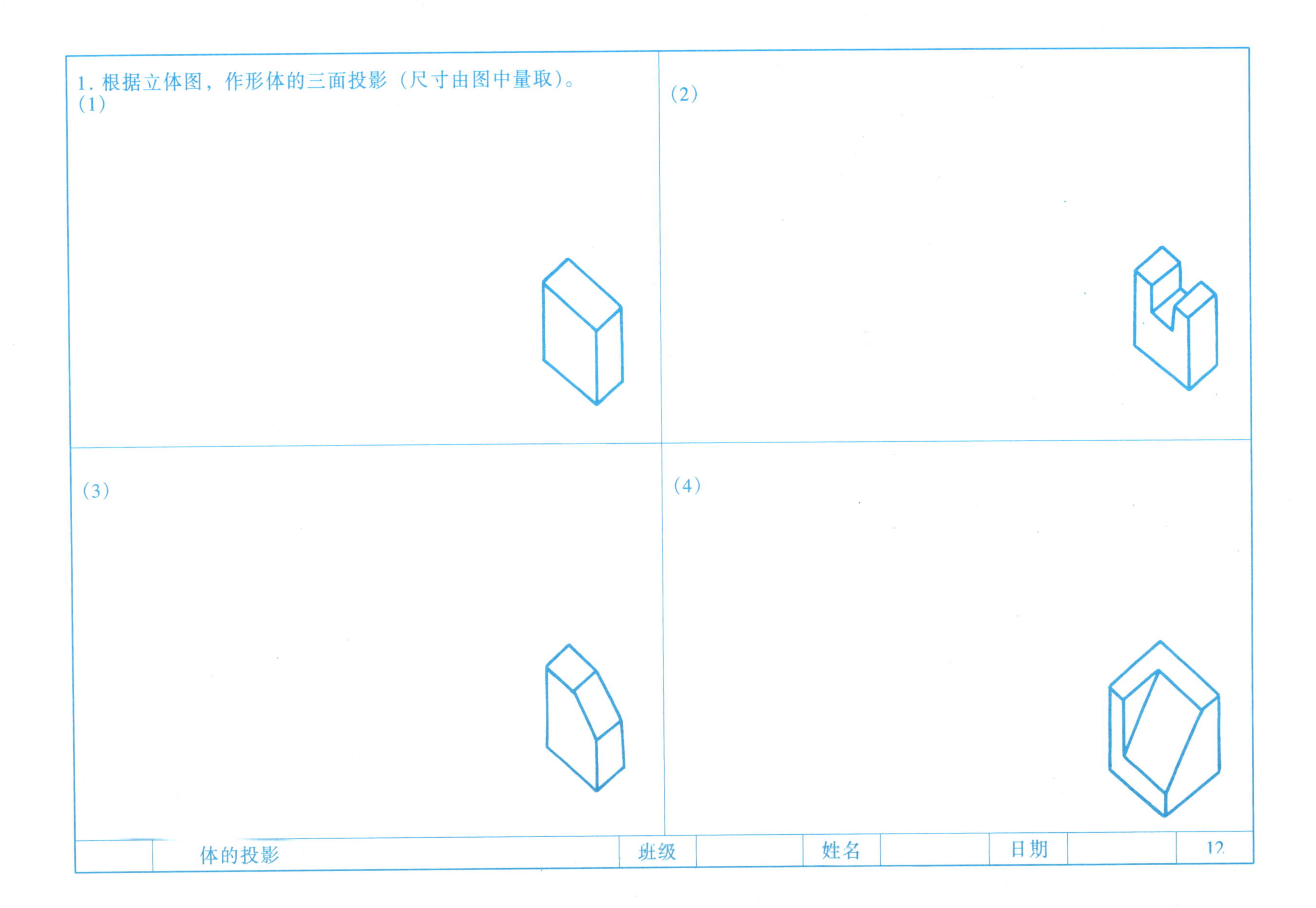
1. 根据立体图，作形体的三面投影（尺寸由图中量取）。
(1)
(2)
(3)
(4)

2. 根据立体图，作形体的三面投影（尺寸由图中量取）。

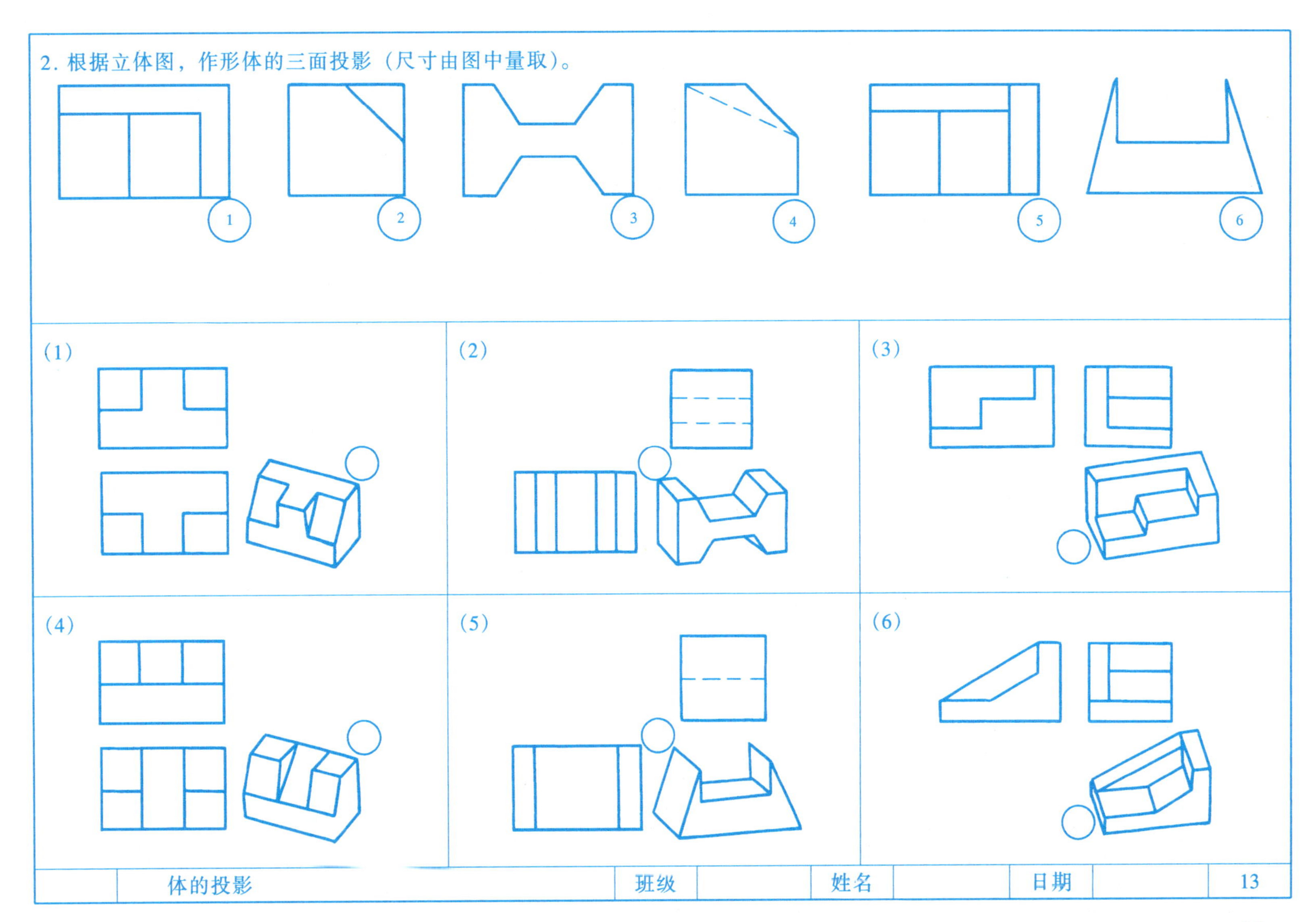

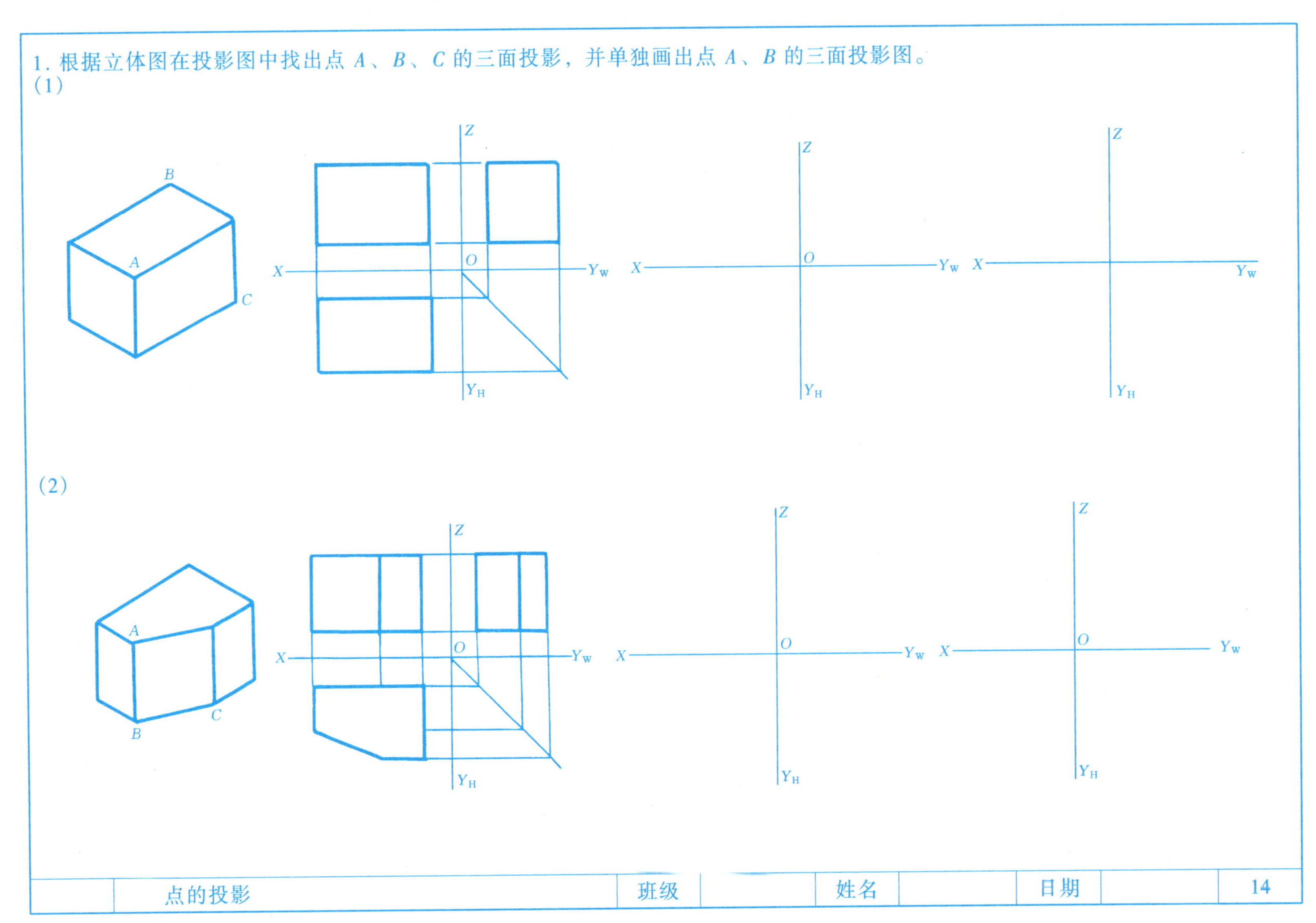
1. 根据立体图在投影图中找出点 A、B、C 的三面投影，并单独画出点 A、B 的三面投影图。
(1)
B
A
C
Z
O
X
Y_W
Y_H
(2)
A
B
C
点的投影
班级
姓名
日期
14

2. 根据点的立体图画出投影图（从立体图上直接测取尺寸）。

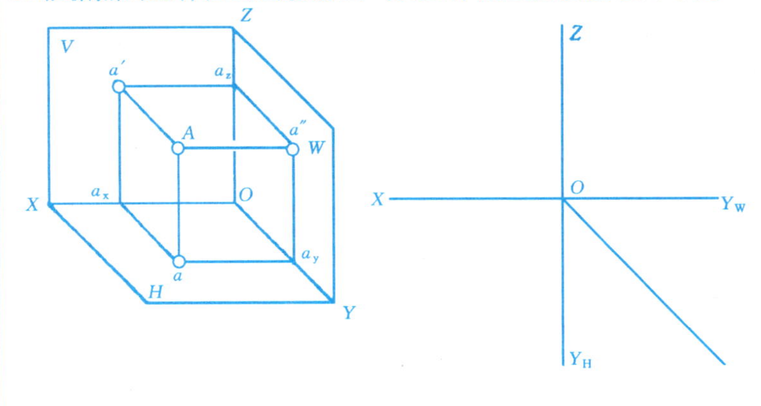

3. 已知点的二面投影，求第三面投影。

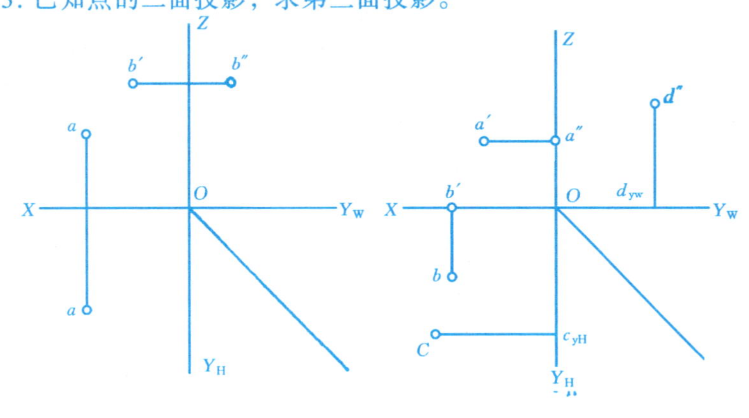

4. 判别投影图中 *A*、*B*、*C*、*D*、*E* 五点的相对位置（填入表中）。

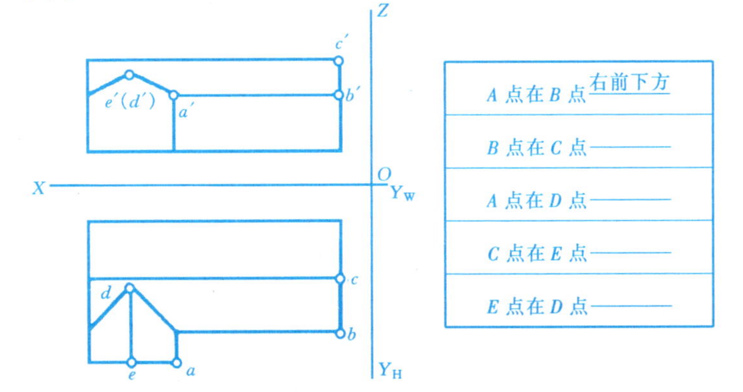

A 点在 *B* 点<u>右前下方</u>
B 点在 *C* 点______
A 点在 *D* 点______
C 点在 *E* 点______
E 点在 *D* 点______

5. 已知点 *A* 的投影，求点 *B*、*C*、*D* 的投影，使 *B* 点在 *A* 点的正右方 5mm，*C* 点在 *A* 点的正前方 10mm，*D* 点在 *A* 点的正下方 15mm。

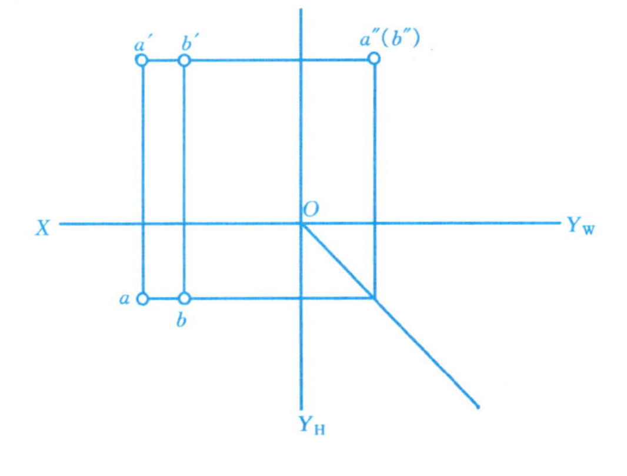

1. 求下列直线的第三投影，并说明各直线是何种位置直线。

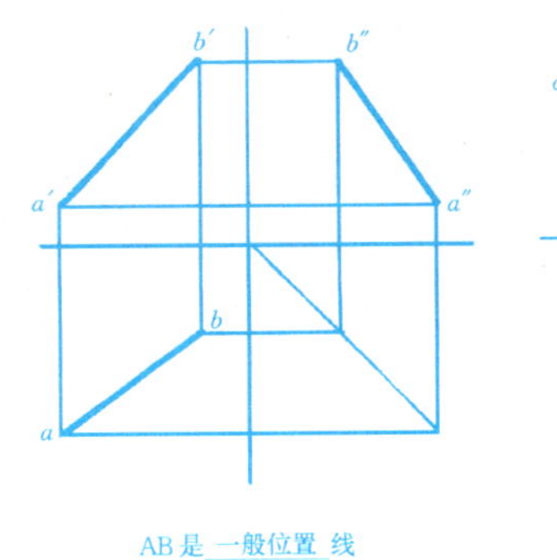

AB 是<u>一般位置</u>线

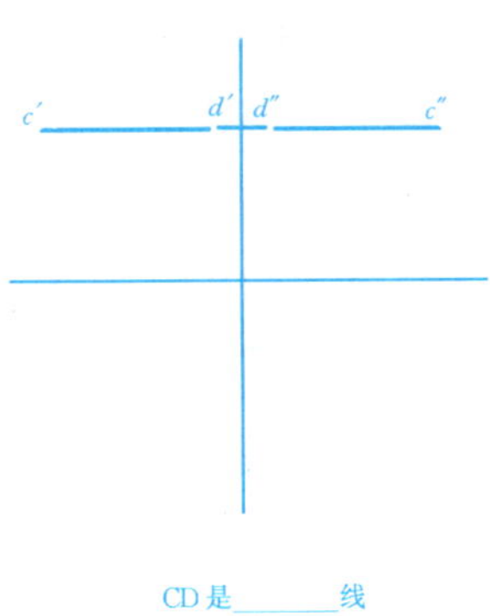

CD 是________线

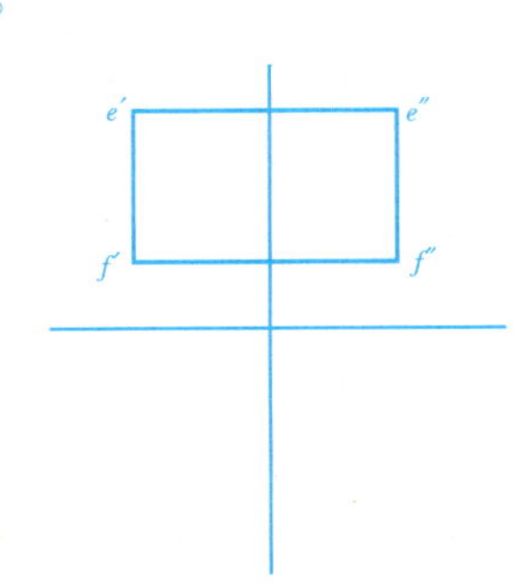

EF 是________线

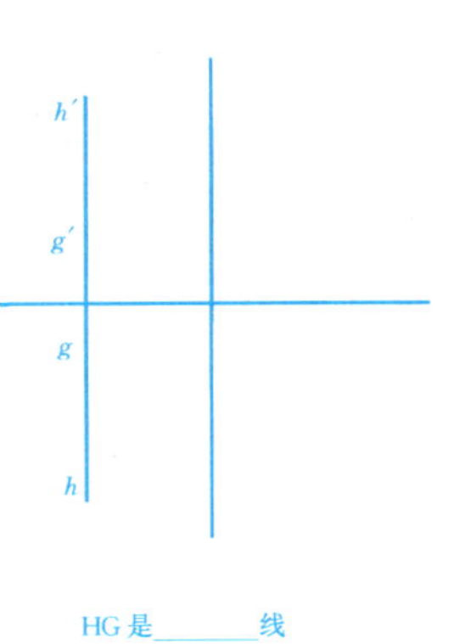

HG 是________线

2. 判别下列直线是何种位置直线。

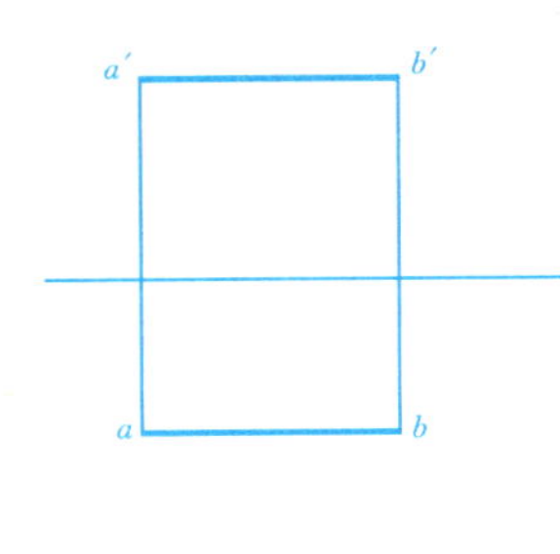

AB 是<u>侧垂</u>线

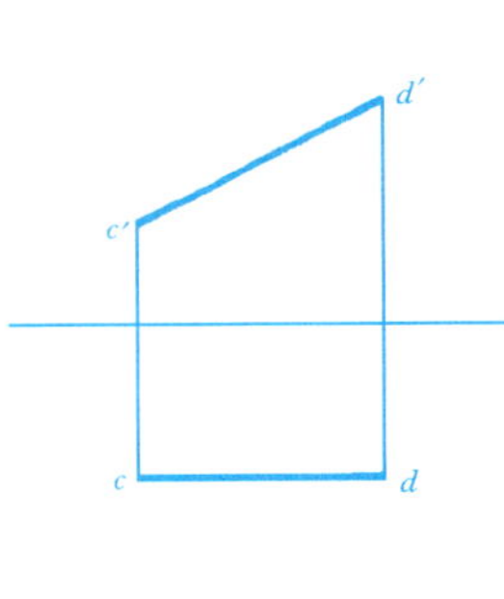

CD 是________线

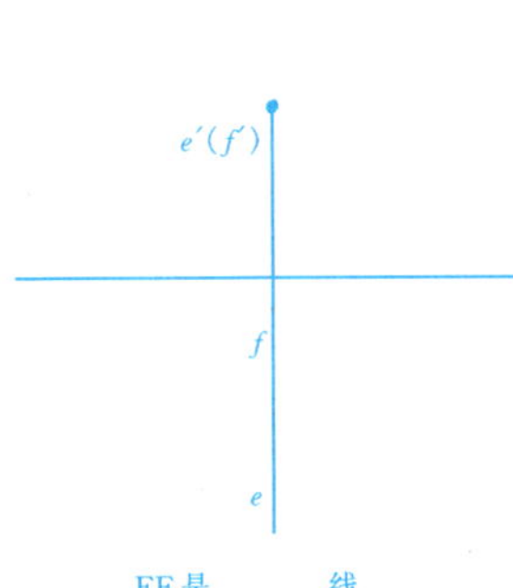

EF 是________线

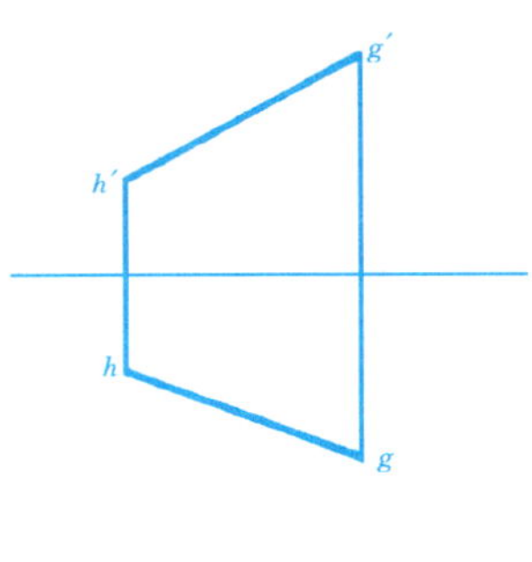

HG 是________线

	直线的投影	班级		姓名		日期		16

3. 根据投影图上的标注，在表中填写所指直线的直线名称和反映实长的投影面。

(1)

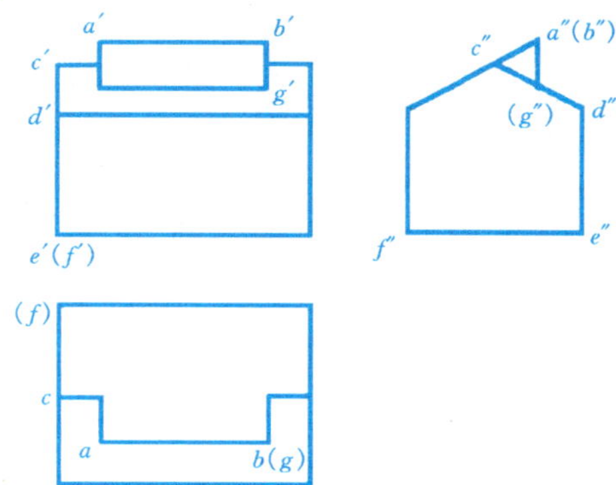

直线	直线名称	反映实长的投影面
AB	侧垂线	V、H
CD		
DE		
EF		
BG		

(2)

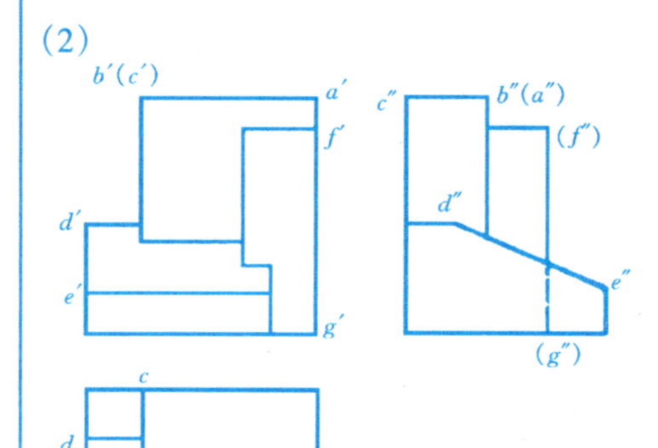

直线	直线名称	反映实长的投影面
BA		
BC		
DE		
FG	铅垂线	V、W

	直线的投影	班级		姓名		日期		17

4. 指出下列各平面的名称，并填写在横线上。

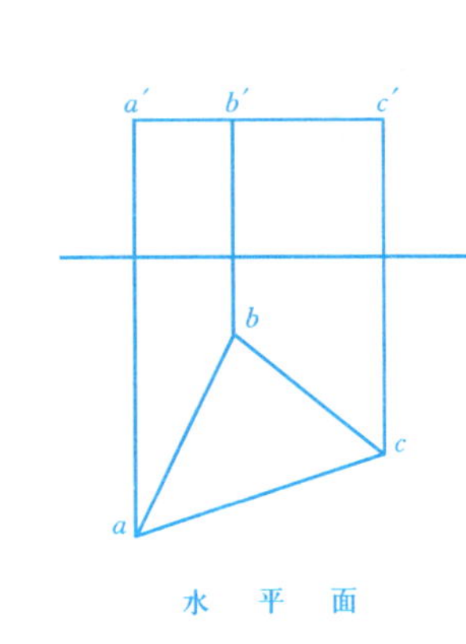

水 平 面

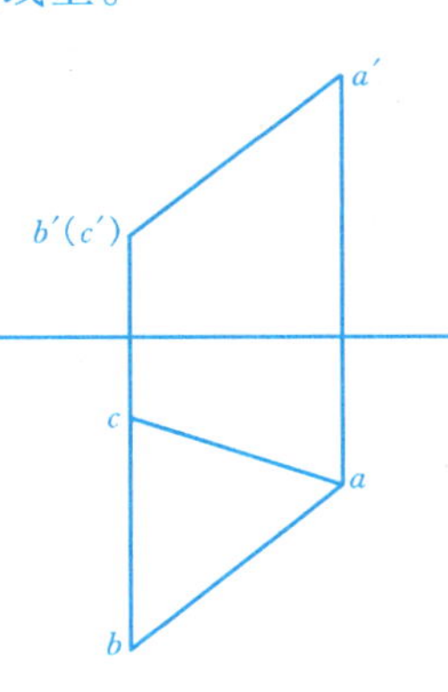

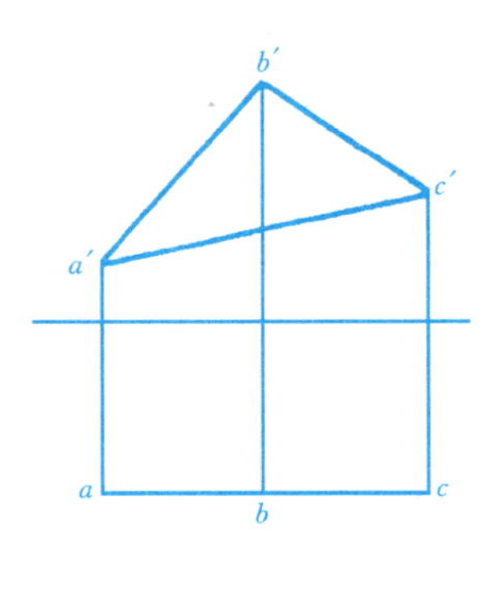

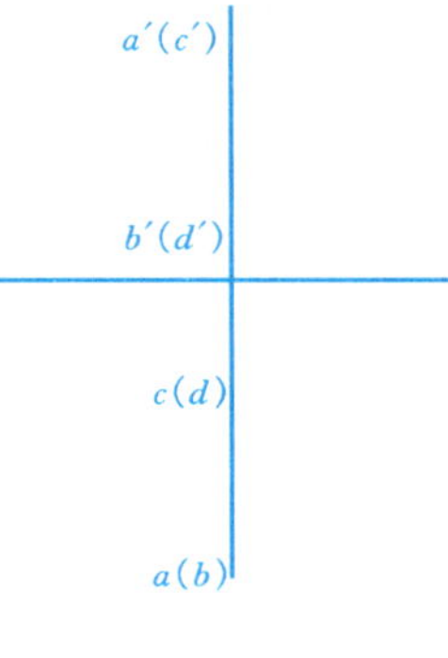

5. 指出下列各平面的名称，并填写在横线上。

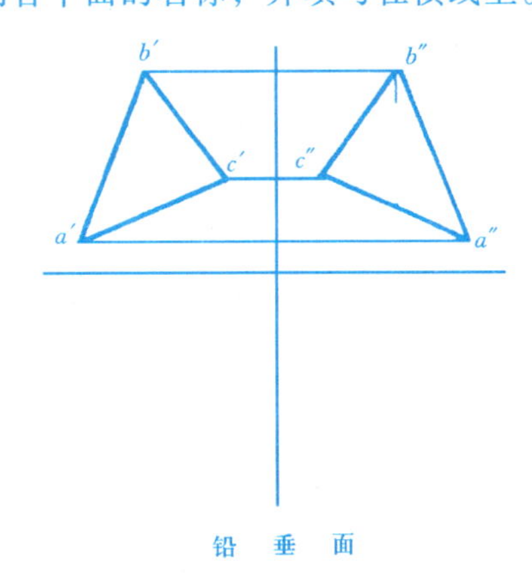

铅 垂 面

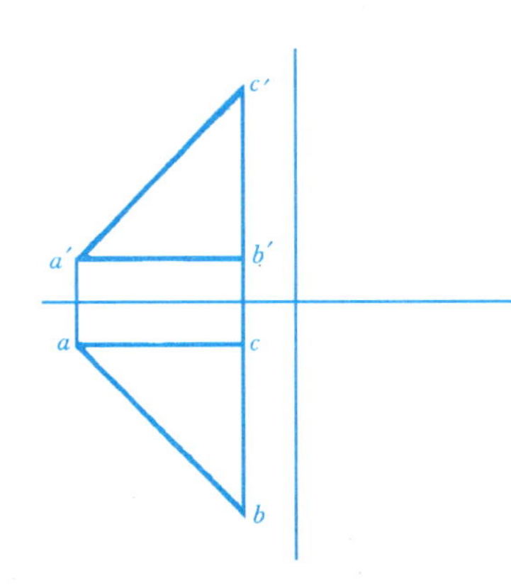

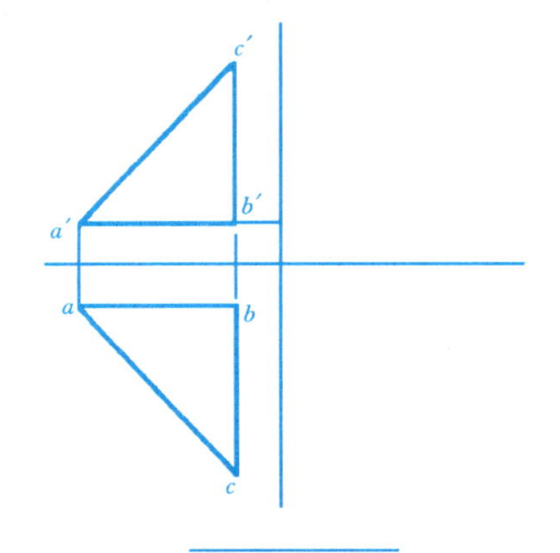

	直线的投影	班级		姓名		日期		18

1. 根据立体图，在投影图上注明指定表面的名称（如 a、a'、a''），并在表格内填写所指定表面的平面名称。

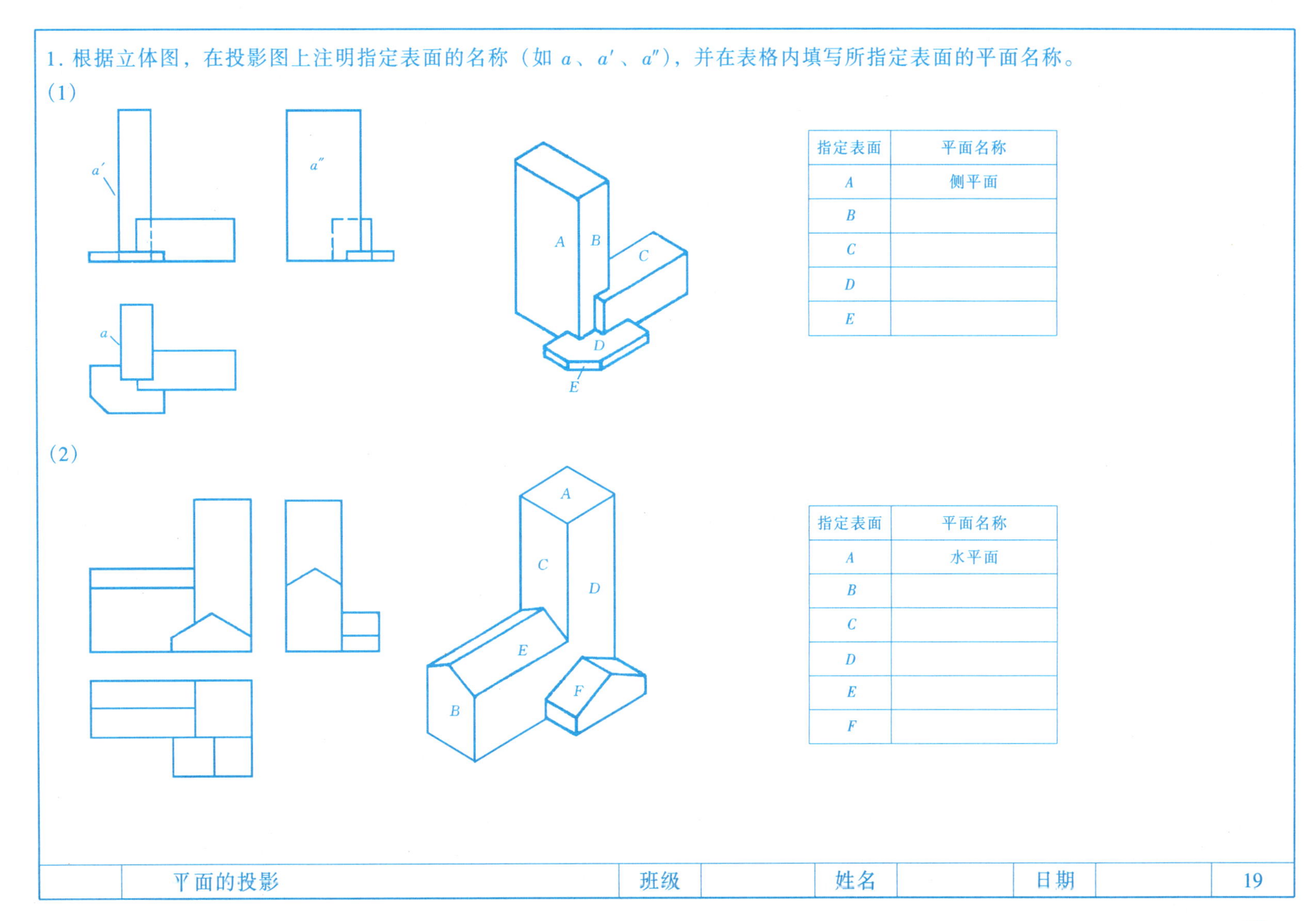

(1)

指定表面	平面名称
A	侧平面
B	
C	
D	
E	

(2)

指定表面	平面名称
A	水平面
B	
C	
D	
E	
F	

1. 已知形体的二投影，补画第三投影。

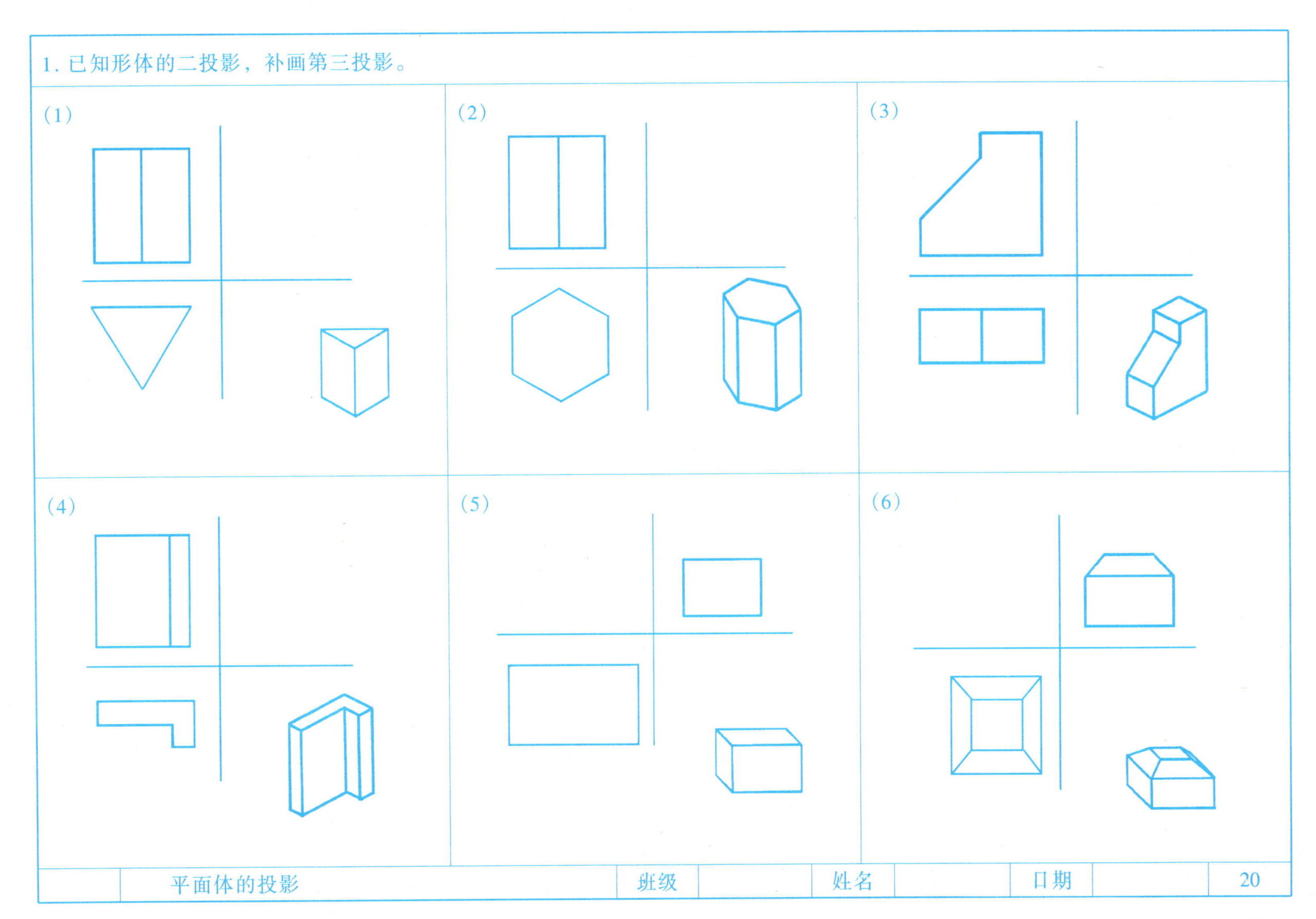

	平面体的投影	班级		姓名		日期		20

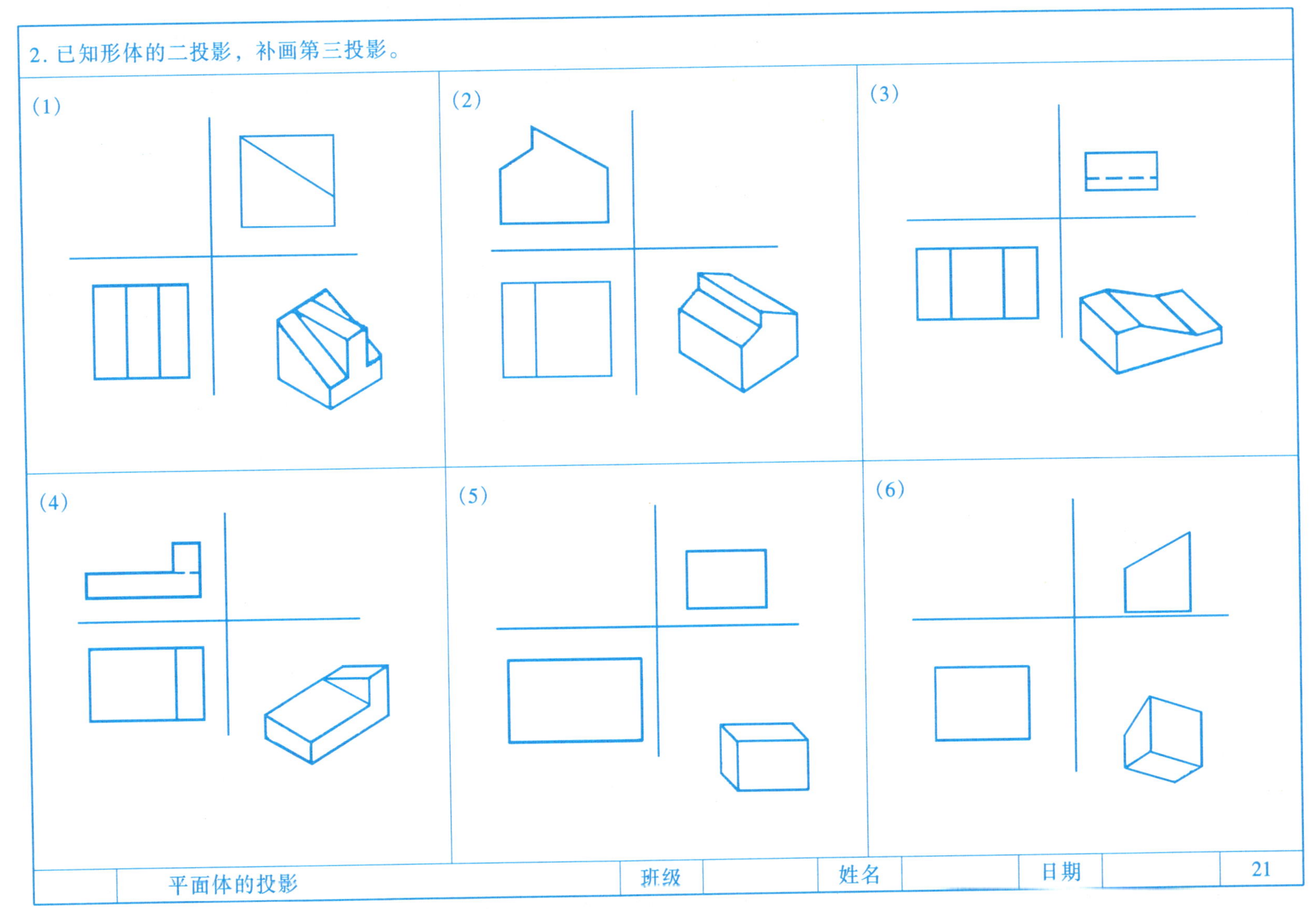
2. 已知形体的二投影，补画第三投影。
(1)
(2)
(3)
(4)
(5)
(6)
平面体的投影
班级
姓名
日期
21

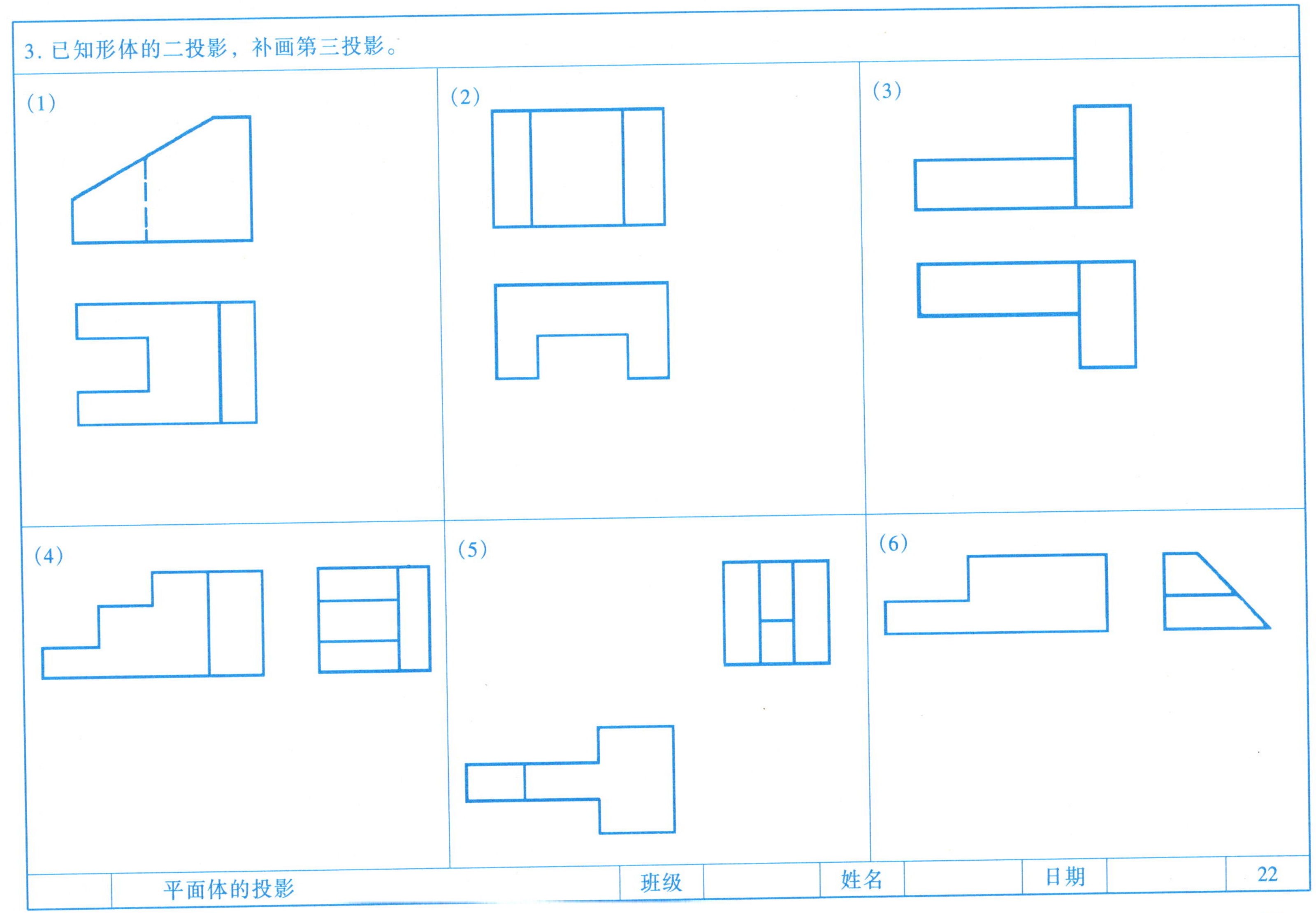
3. 已知形体的二投影，补画第三投影。
(1)
(2)
(3)
(4)
(5)
(6)
平面体的投影
班级
姓名
日期
22

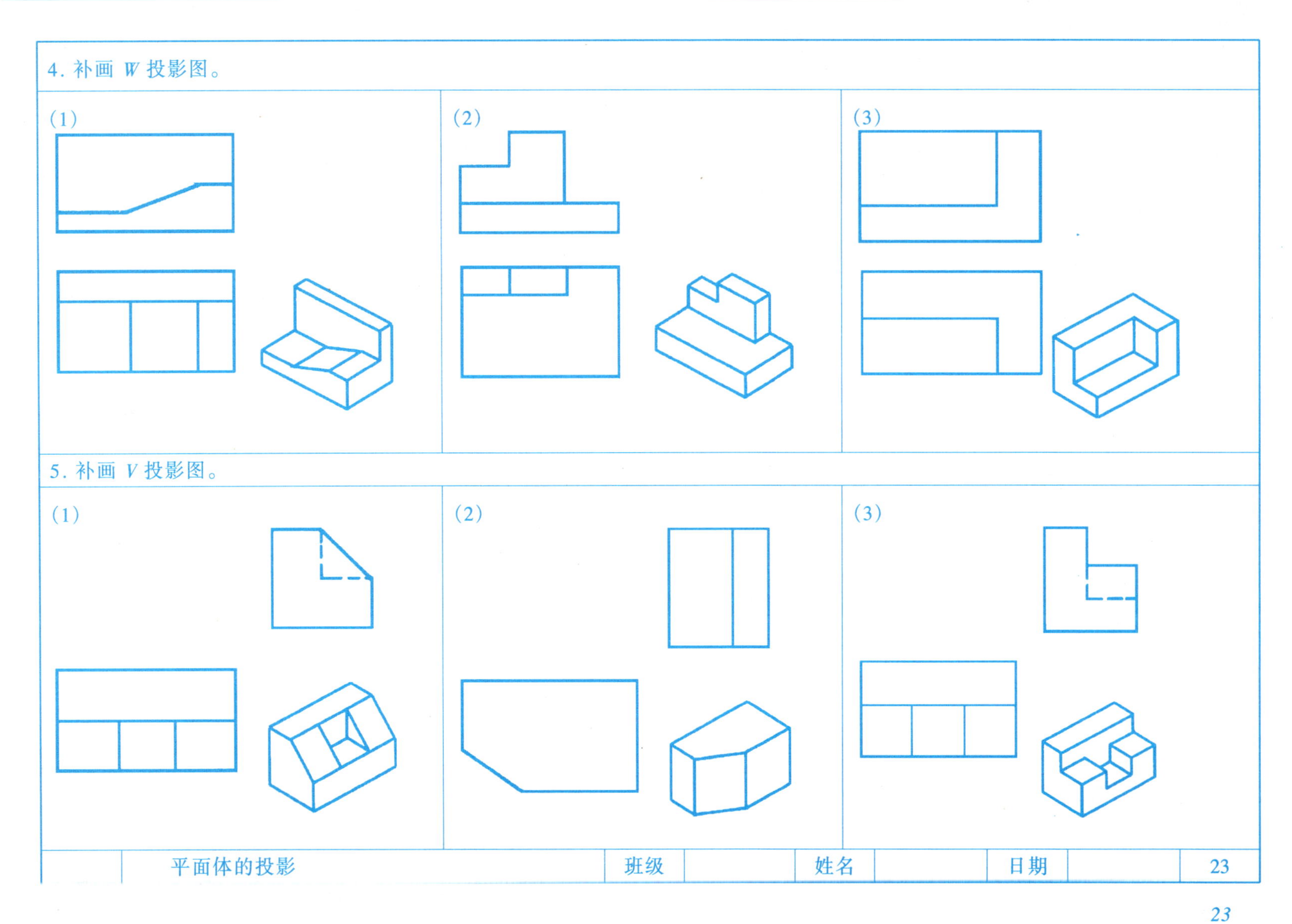
4. 补画 W 投影图。
(1)
(2)
(3)
5. 补画 V 投影图。
(1)
(2)
(3)
平面体的投影
班级
姓名
日期
23

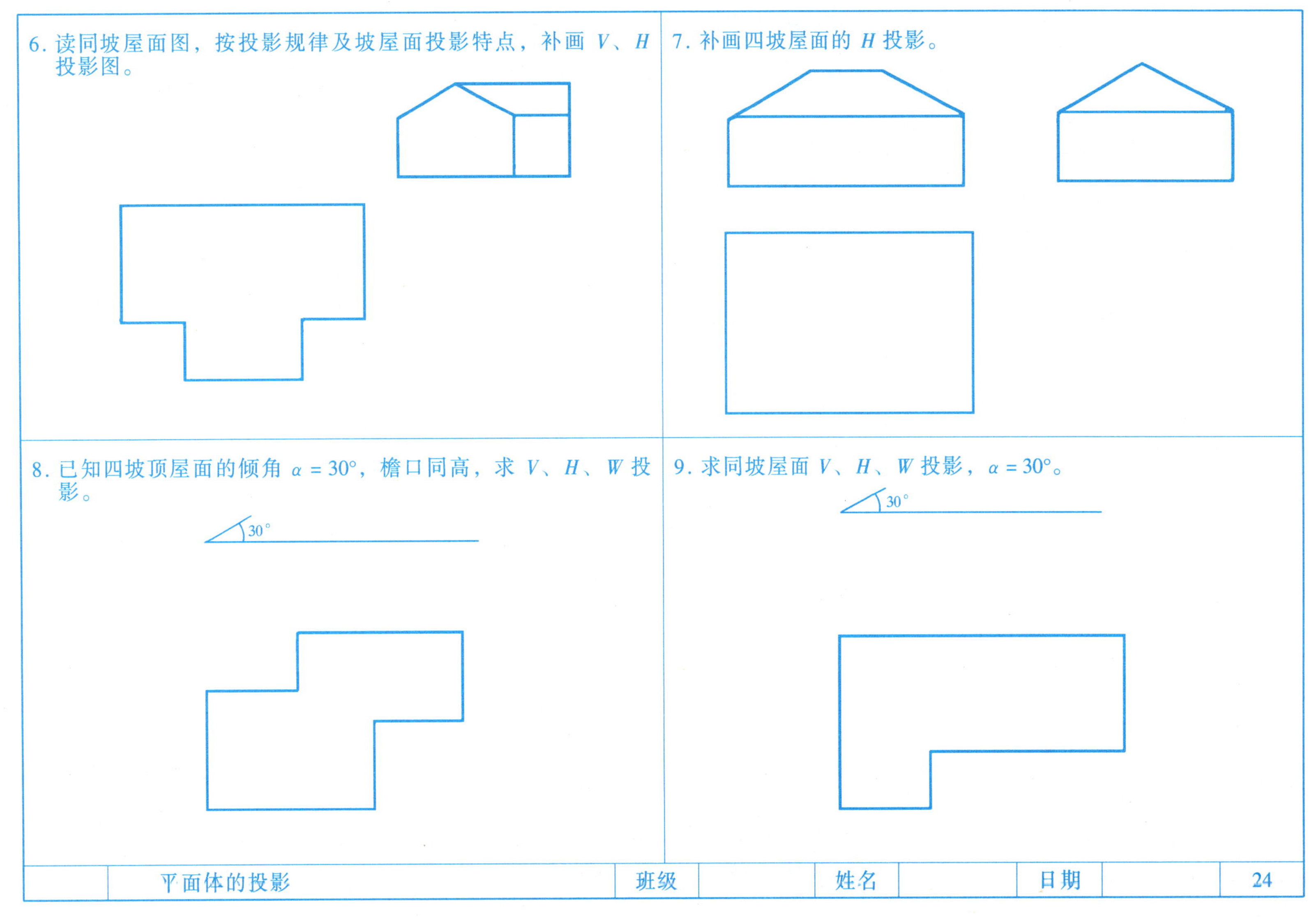
6. 读同坡屋面图，按投影规律及坡屋面投影特点，补画 V、H 投影图。
7. 补画四坡屋面的 H 投影。
8. 已知四坡顶屋面的倾角 α = 30°，檐口同高，求 V、H、W 投影。
30°
9. 求同坡屋面 V、H、W 投影，α = 30°。
30°
平面体的投影
班级
姓名
日期
24

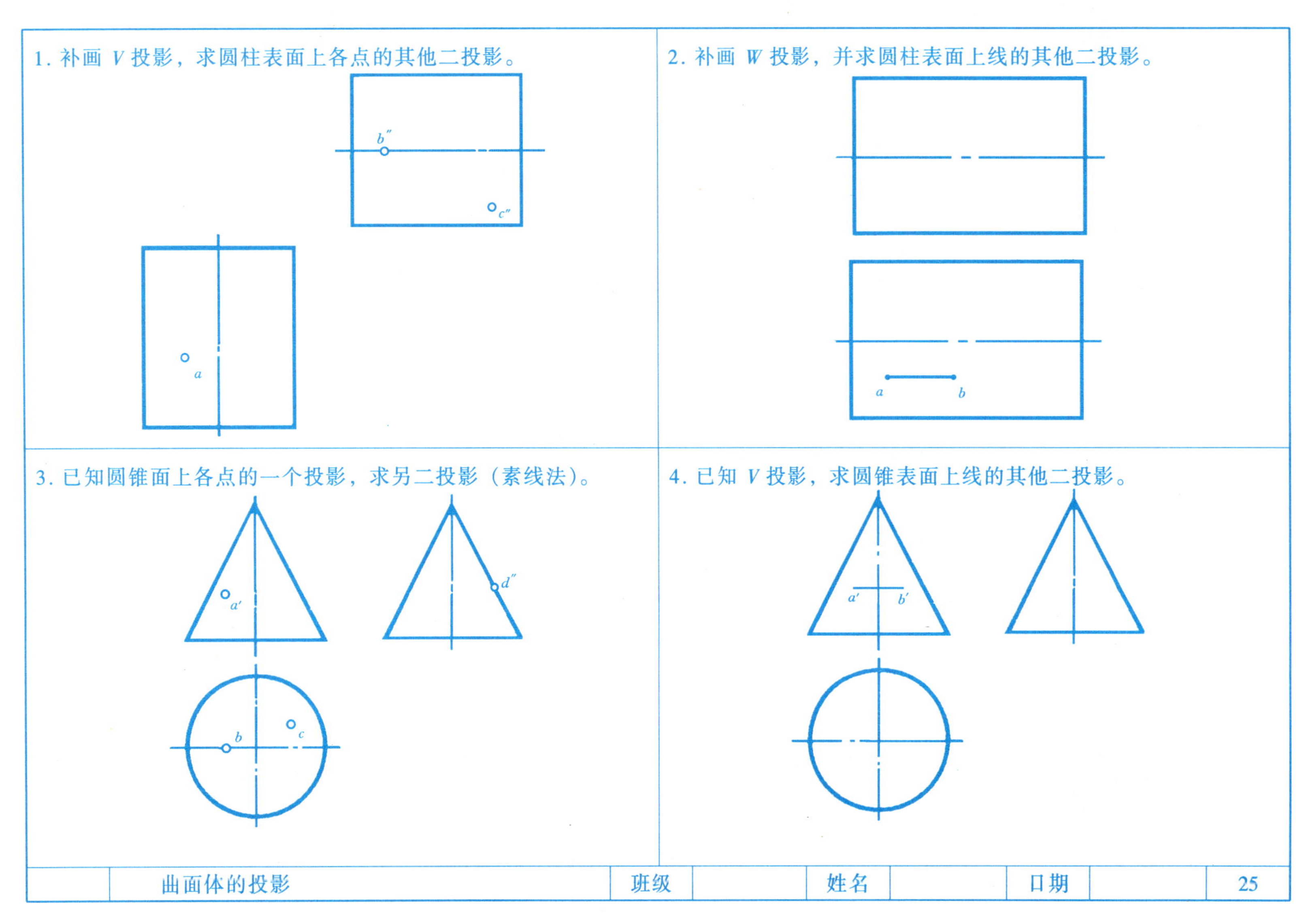
1. 补画 V 投影，求圆柱表面上各点的其他二投影。
b″
c″
a
2. 补画 W 投影，并求圆柱表面上线的其他二投影。
a
b
3. 已知圆锥面上各点的一个投影，求另二投影（素线法）。
a′
d″
b
c
4. 已知 V 投影，求圆锥表面上线的其他二投影。
a′
b′
曲面体的投影
班级
姓名
日期
25

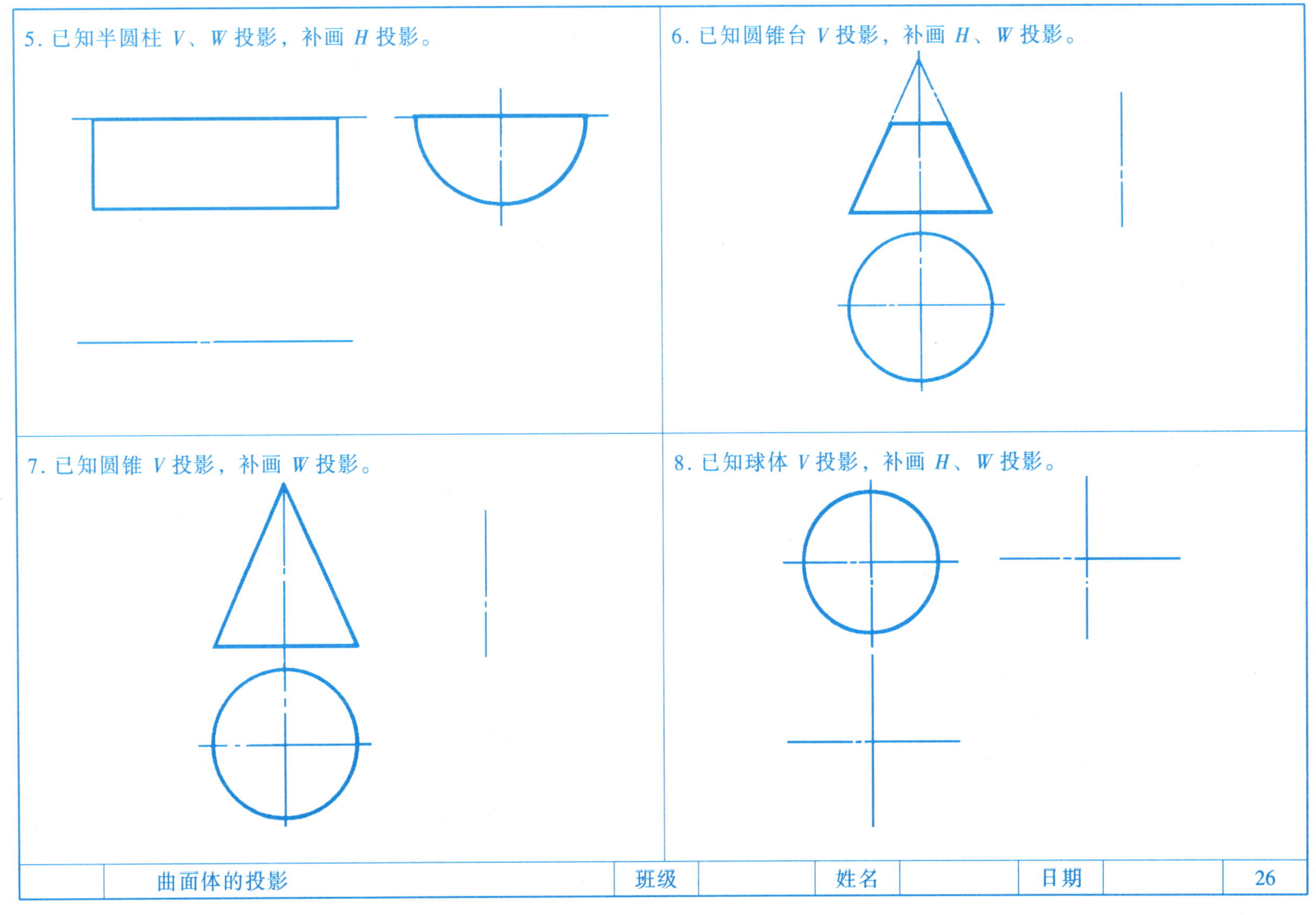
5. 已知半圆柱 V、W 投影，补画 H 投影。
6. 已知圆锥台 V 投影，补画 H、W 投影。
7. 已知圆锥 V 投影，补画 W 投影。
8. 已知球体 V 投影，补画 H、W 投影。
曲面体的投影
班级
姓名
日期
26

1. 根据组合体立体图上的尺寸，画出三面投影图。图幅 A_4，比例自定。

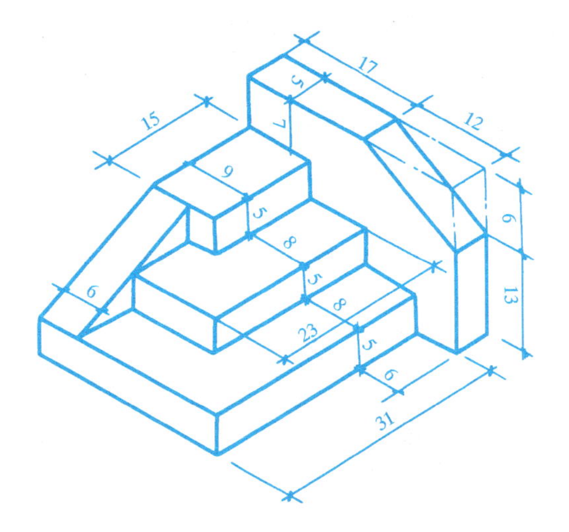

2. 根据组合体立体图上的尺寸，用比例 1:20 画出三面投影图。

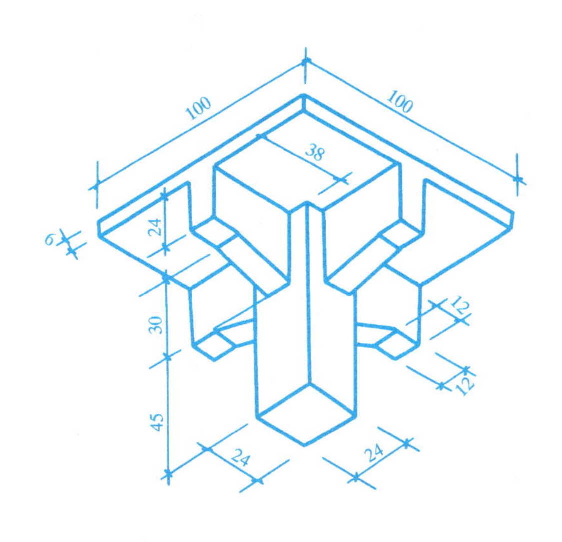

	组合体的投影	班级		姓名		日期		27

3. 根据组合体立体图上的尺寸，画出三面投影图。图幅 A_4，比例自定。

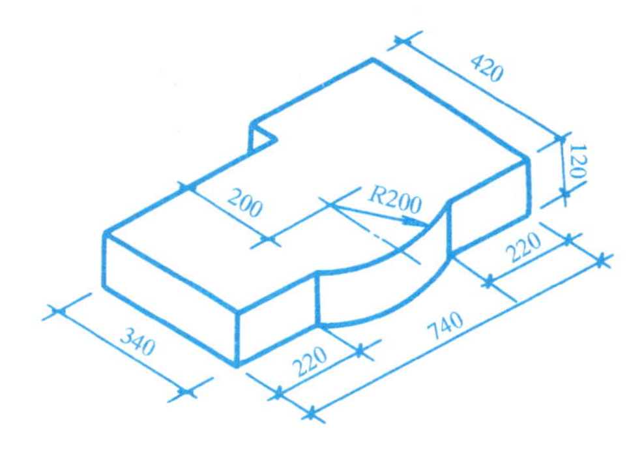

4. 根据组合体立体图上的尺寸，画出三面投影图。图幅 A_4，比例自定。

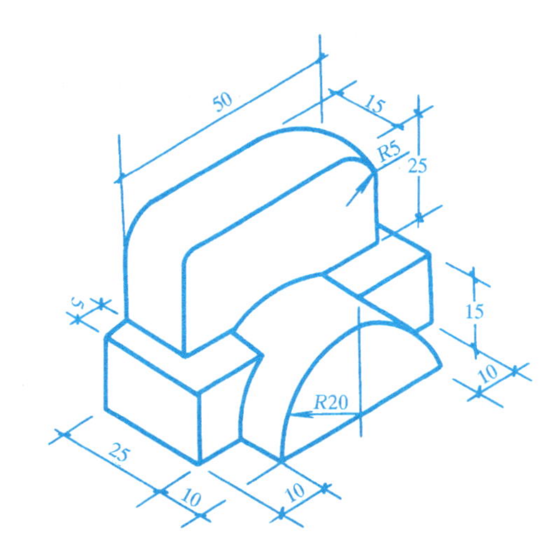

	组合体的投影	班级		姓名		日期		28

5. 已知 *V*、*W* 面投影，补画 *H* 面投影（选用模块）。

6. 已知 *H* 面投影，补画 *V*、*W* 面形体的相贯线（选用模块）。

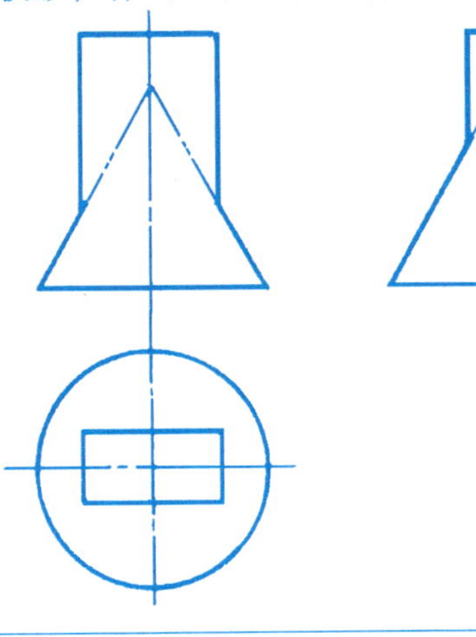

7. 已知 *V*、*W* 面投影，补画 *H* 面的形体相贯线（选用模块）。

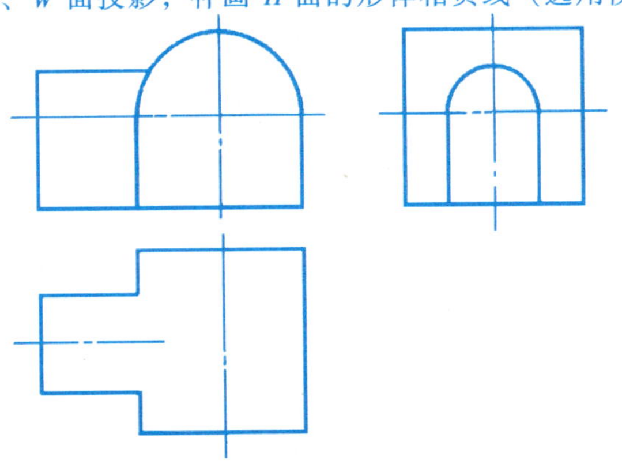

8. 求圆拱屋面与斜屋面的交线（选用模块）。

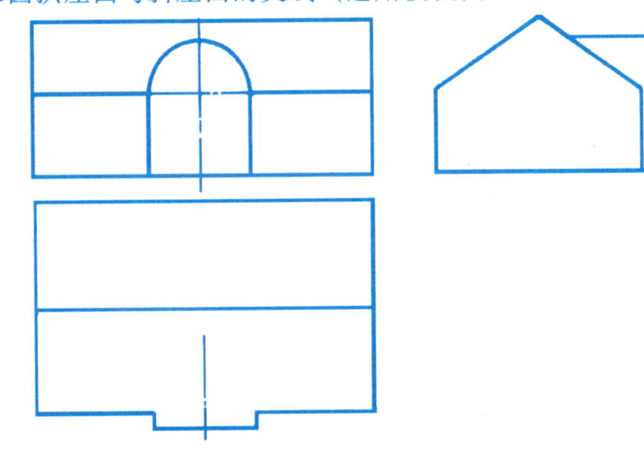

	组合体的投影	班级		姓名		日期		29

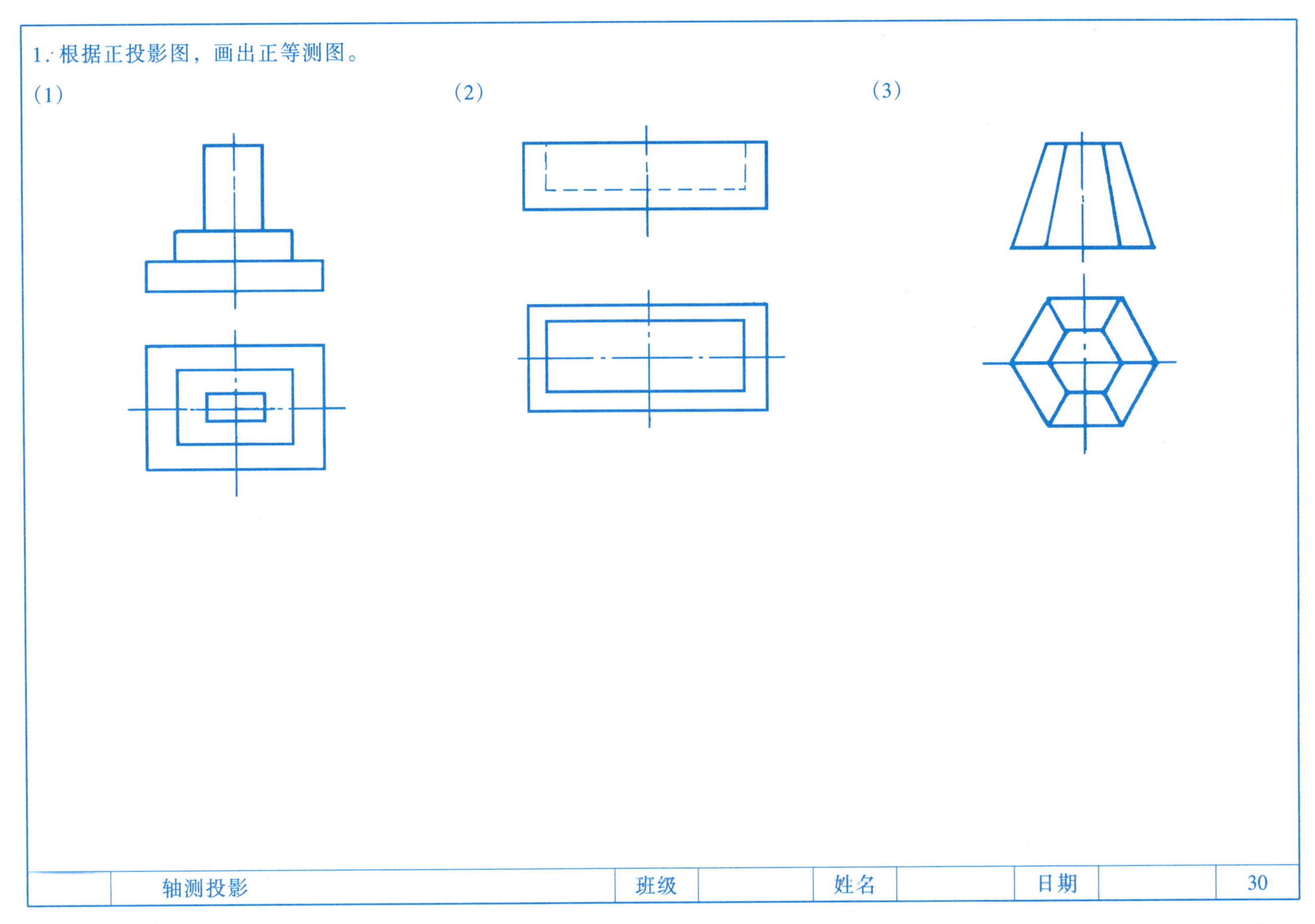
1. 根据正投影图，画出正等测图。
(1)
(2)
(3)
轴测投影
班级
姓名
日期
30

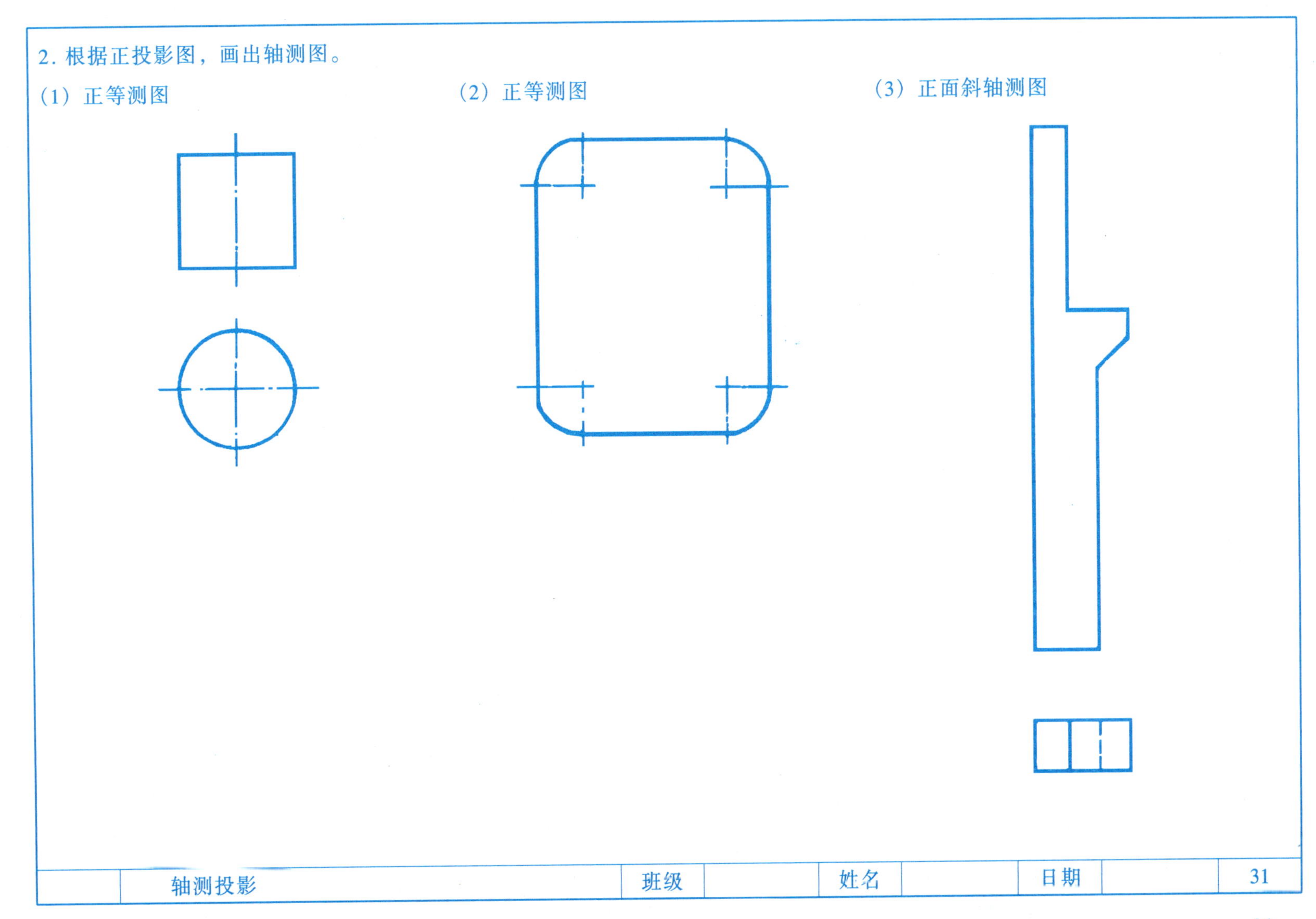
2. 根据正投影图，画出轴测图。
(1) 正等测图
(2) 正等测图
(3) 正面斜轴测图
轴测投影
班级
姓名
日期
31

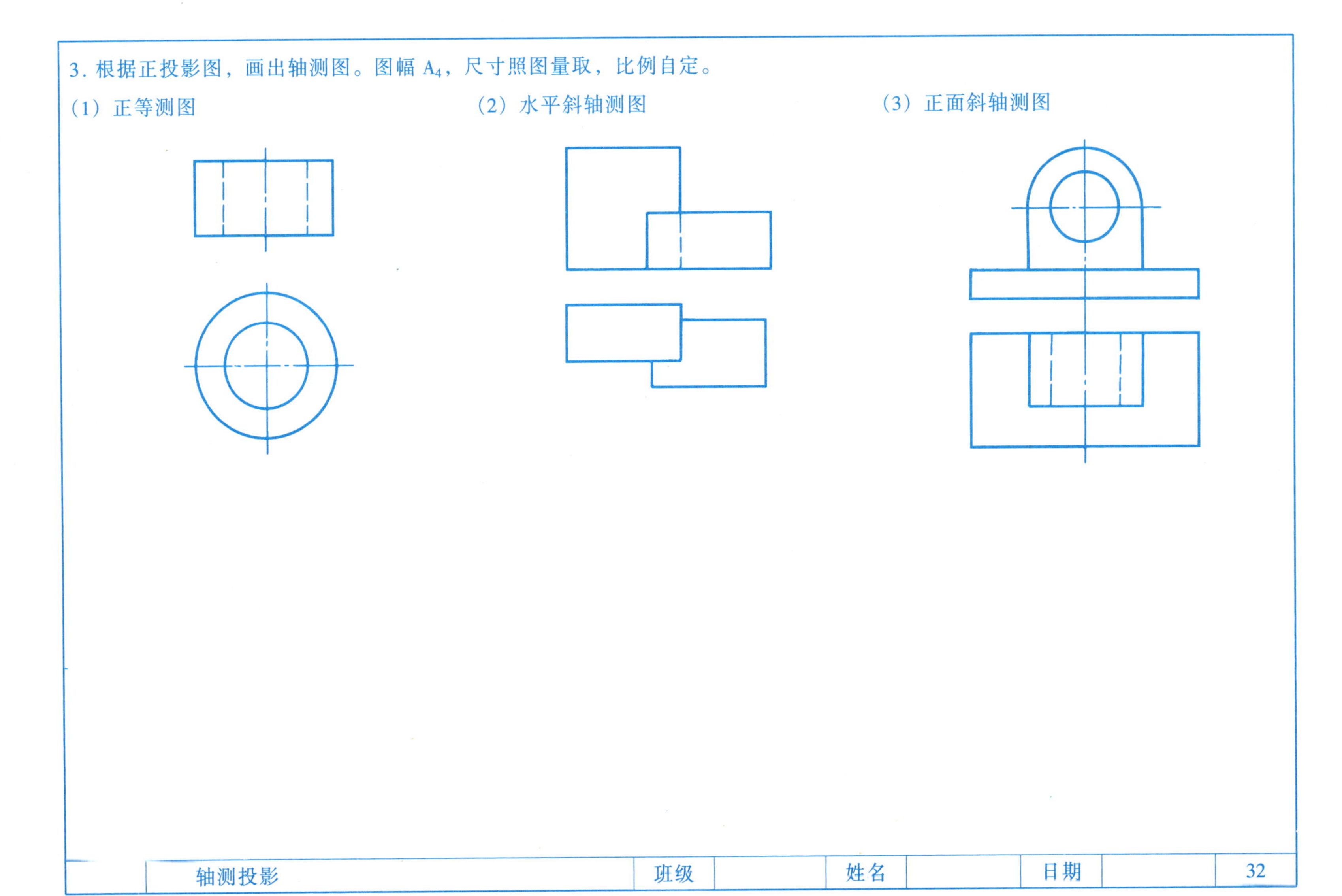

3. 根据正投影图，画出轴测图。图幅 A_4，尺寸照图量取，比例自定。

(1) 正等测图

(2) 水平斜轴测图

(3) 正面斜轴测图

	轴测投影	班级		姓名		日期		32

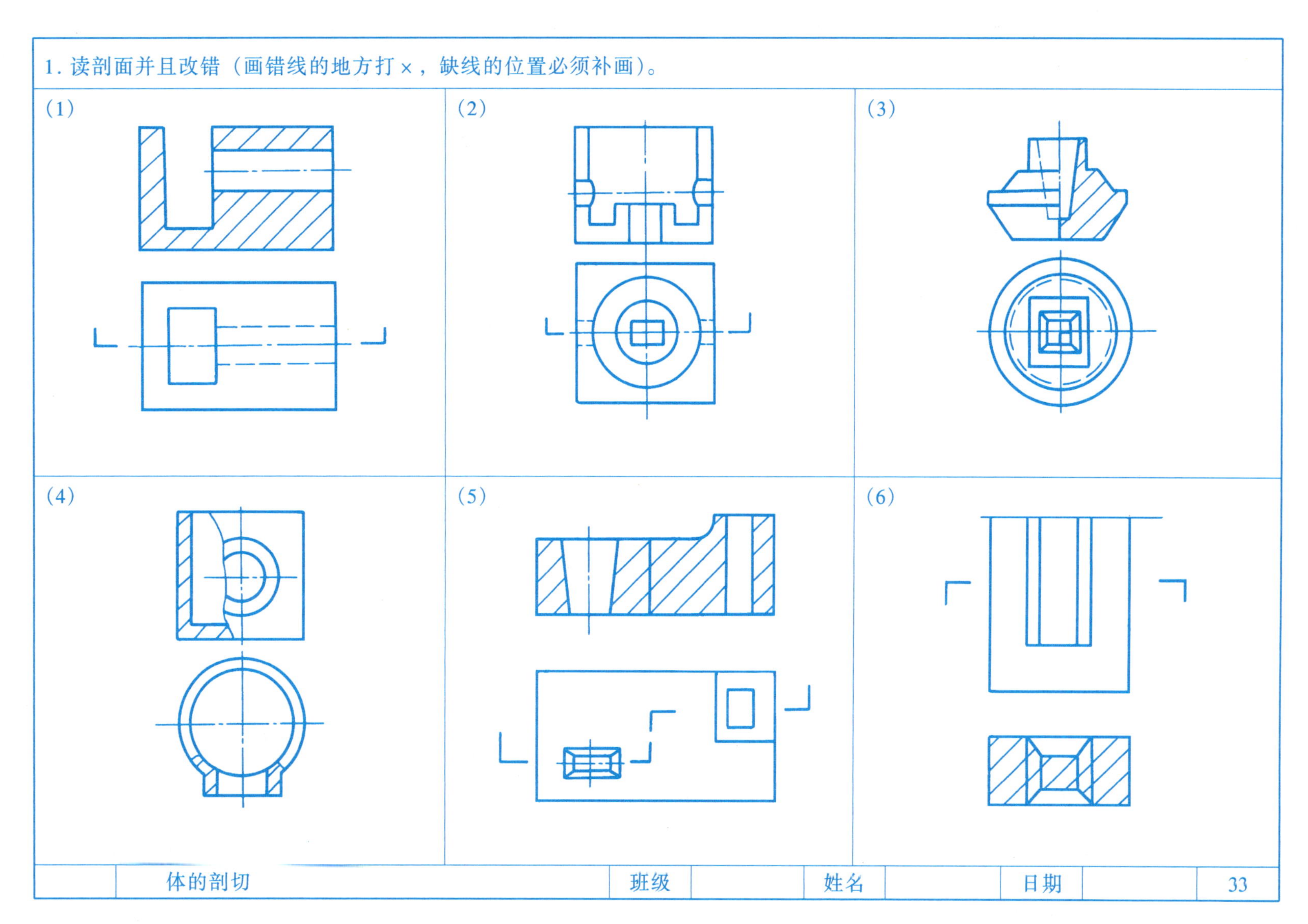
1. 读剖面并且改错（画错线的地方打×，缺线的位置必须补画）。
(1)
(2)
(3)
(4)
(5)
(6)
体的剖切
班级
姓名
日期
33

2. 补绘建筑图形的 1-1 剖面图。

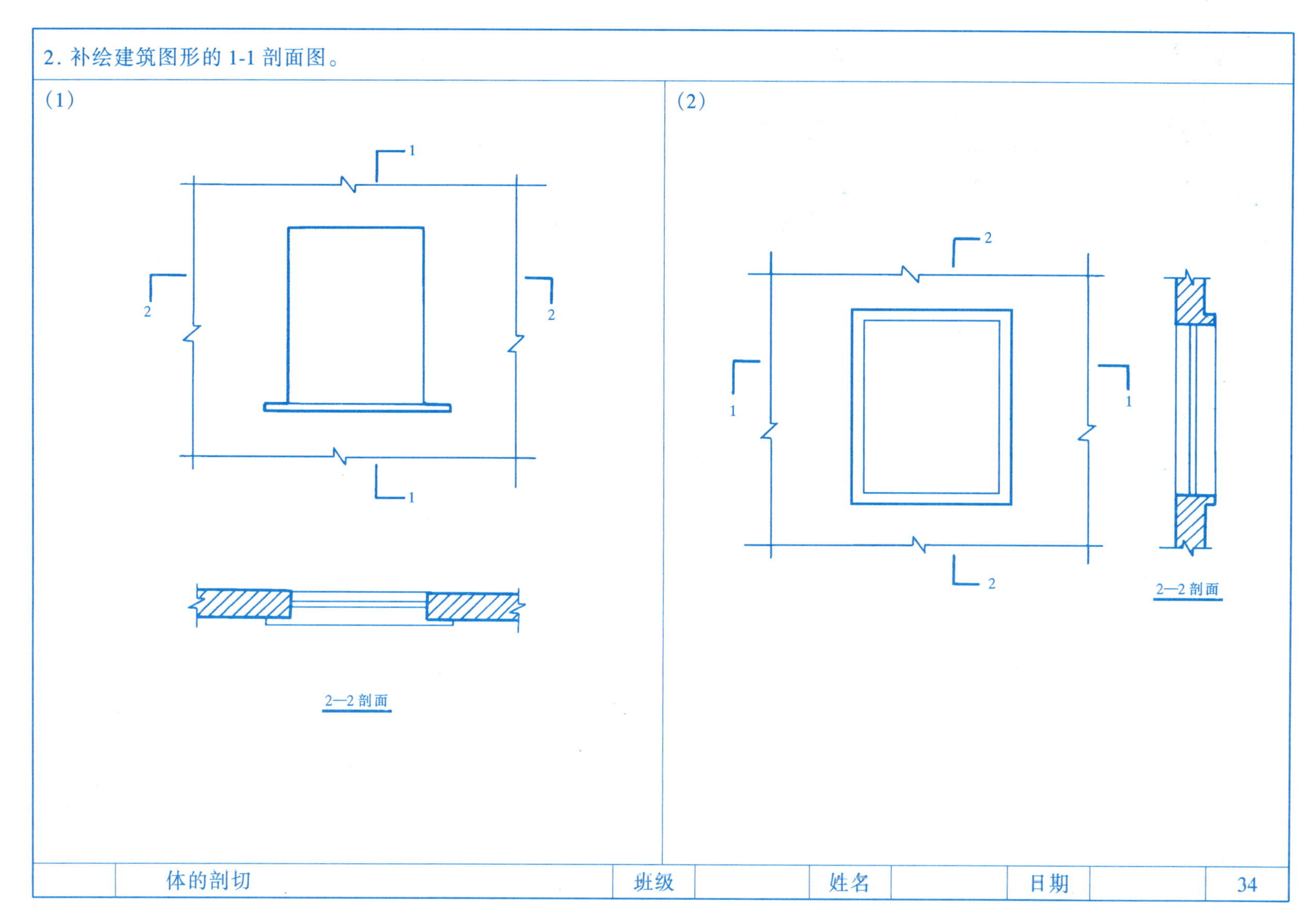

	体的剖切	班级		姓名		日期		34

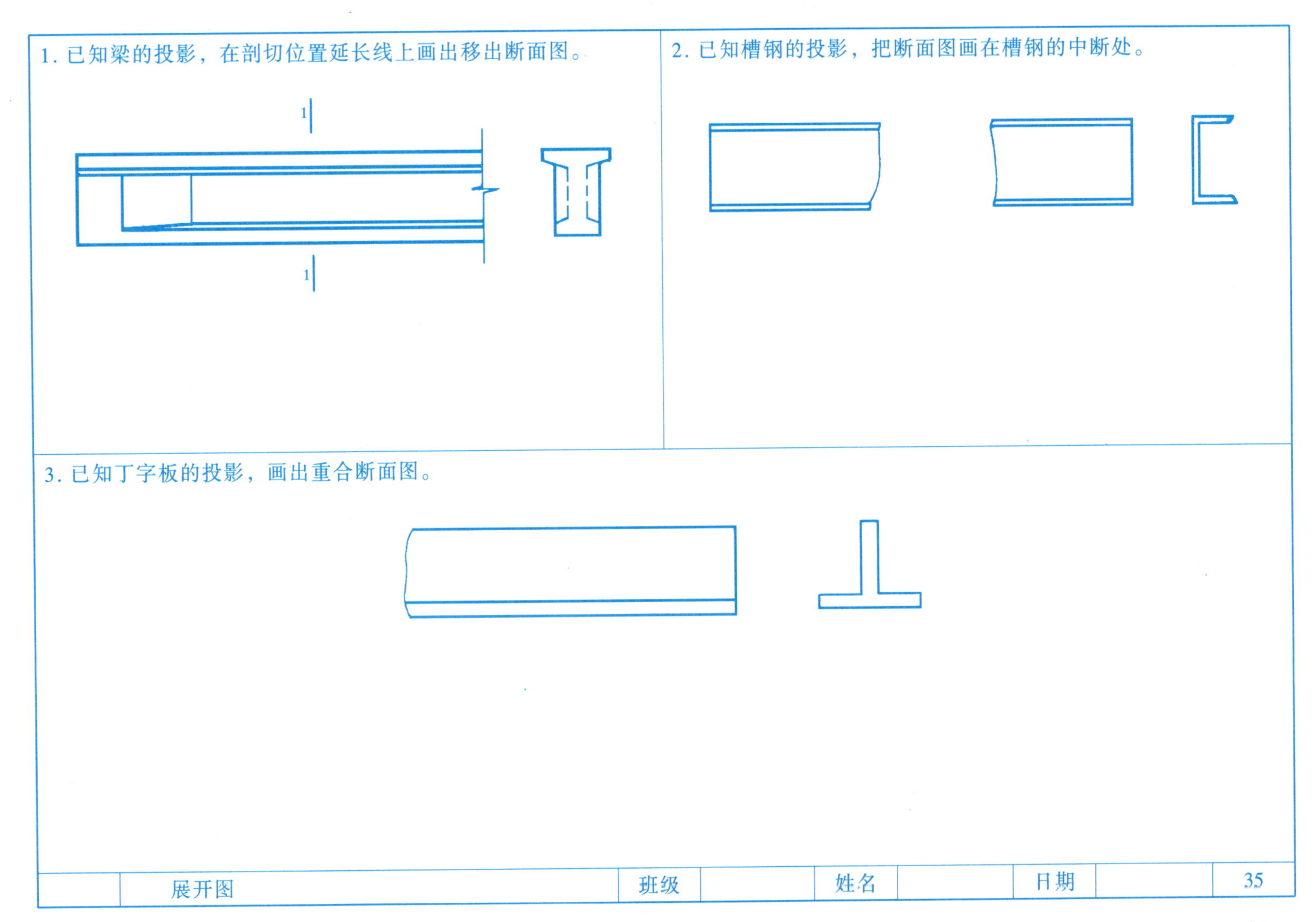
1. 已知梁的投影，在剖切位置延长线上画出移出断面图。
1
1
2. 已知槽钢的投影，把断面图画在槽钢的中断处。
3. 已知丁字板的投影，画出重合断面图。
展开图
班级
姓名
日期
35

4. 作出被截五棱柱表面展开图（尺寸照图量取）。

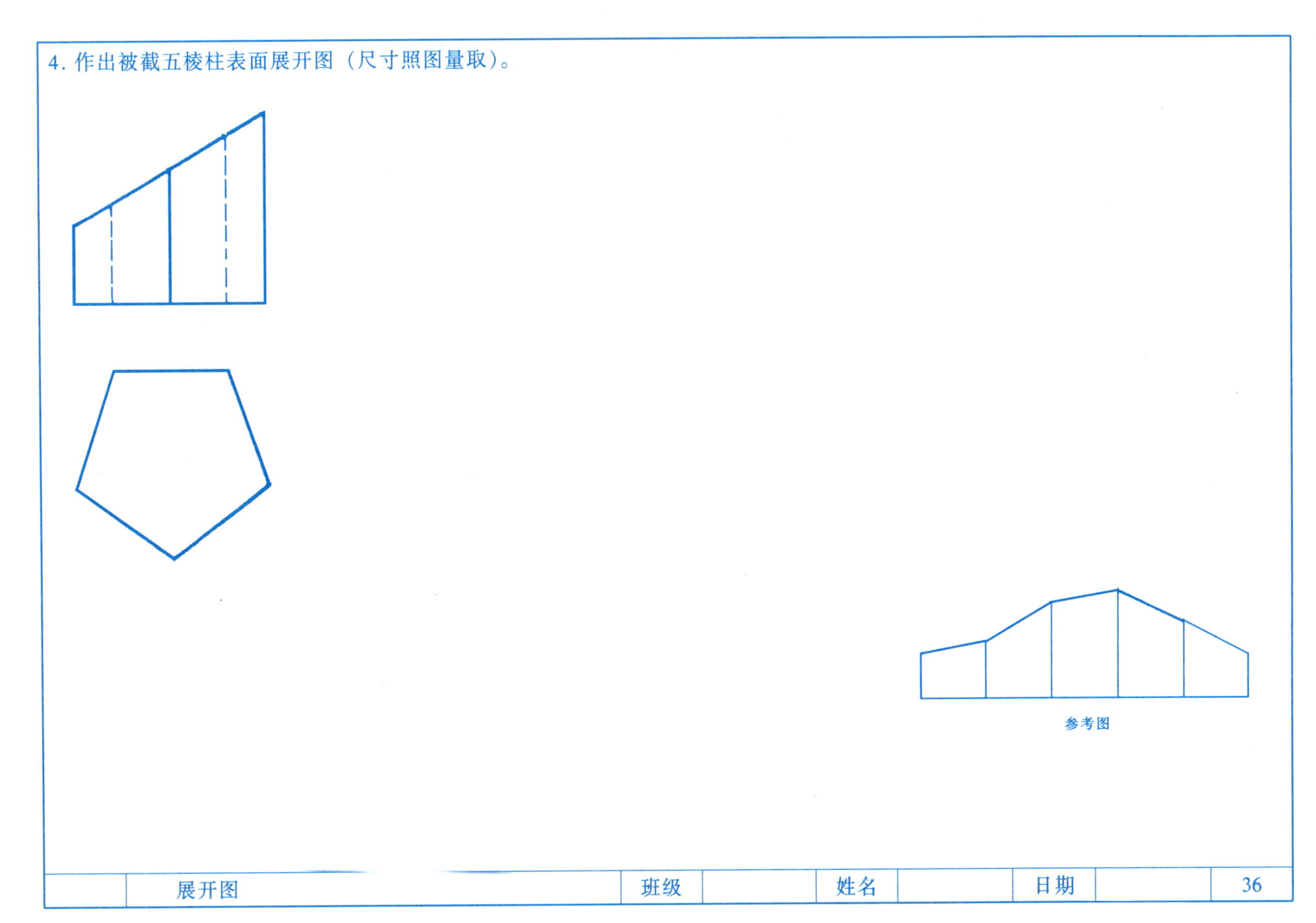

	展开图	班级		姓名		日期		36

5．已知底圆直径 $\phi30$，作出被截圆柱表面展开图（其余尺寸照图量取）。

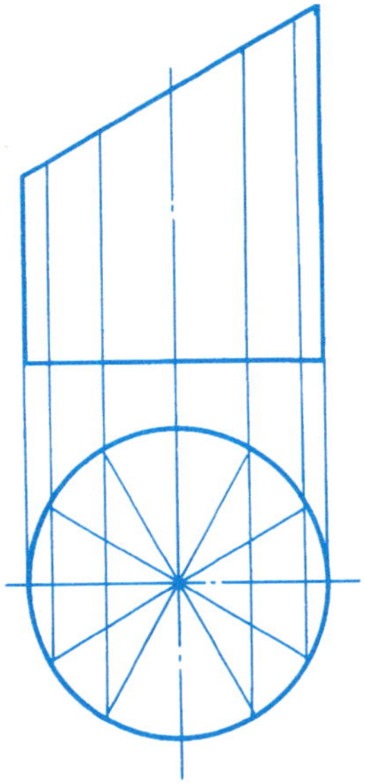

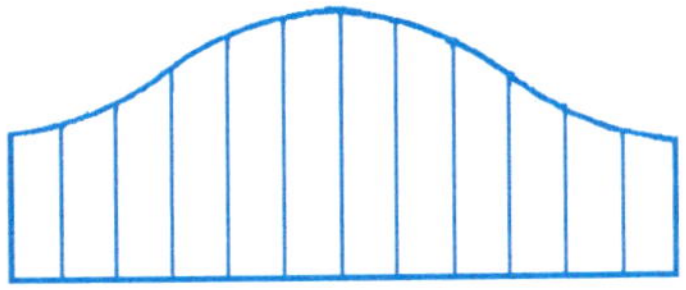

参考图

	展开图	班级		姓名		日期		37

6. 已知底圆直径 $\phi 32$，作出被截圆锥表面展开图（其余尺寸照图量取）。

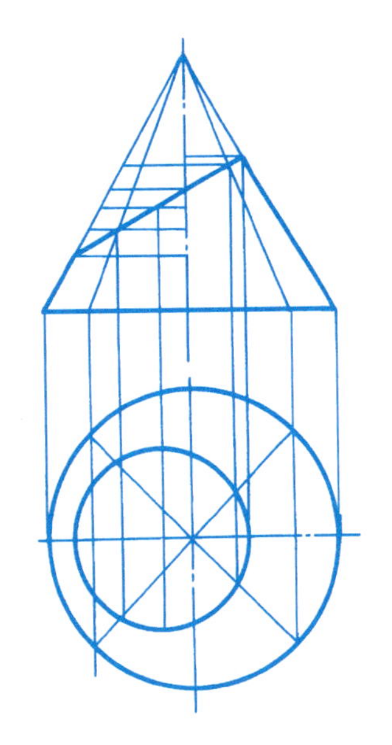

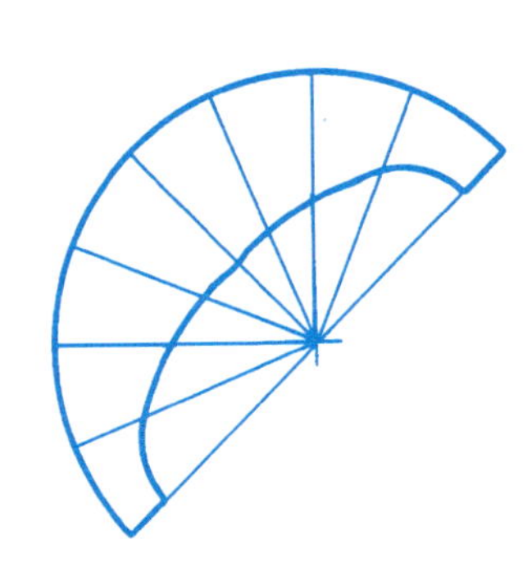

参考图

	展开图	班级		姓名		日期		38

某别墅建筑施工图

设计说明：

1. 本工程为××市某豪华私家别墅。A、B两种户型，位置详见总平面图。
2. 本工程建筑面积为423m²。A型为大套235m²。B型为小套188m²（凉台、屋顶花园未计）。
3. 本工程为一般砖混结构，墙下条形基础，柱下独立基础，240砖墙，预应力空心板。厨、卫现浇板，屋顶花园、坡屋顶为现浇板，现浇板式楼梯，层层圈梁。6度设防，按规范设置构造柱。
4. 各部分构造如下：

（1）屋面

A、坡屋面　西班牙瓦屋面
20厚1:0.2:2水泥石灰砂浆粘结
二布六油PVC防水层
20厚1:2水泥砂浆找平层
结构层板底混合砂浆抹平、面层同墙面

B、屋顶花园（种植于屋面）
300厚锯木屑种植层
80厚粗炉渣滤水层
40厚C20细石混凝土防水层
内配 $\phi4$@200双向钢筋
PVC二布六油隔气兼防水层
结构层板底混合砂浆抹平，面层同墙面

C、屋顶花园（上人屋面）
C20预制板500×500基层上铺艺术地砖
120×240×300砖墩M2.5混合砂浆砌筑@500
40厚C20细石混凝土防水层
内配 $\phi4$@200双向钢筋
PVC二布六油隔汽兼防水层
结构层板底混合砂浆抹平、面层同墙面

（2）楼面：1:2水泥砂浆25厚
详西南J302－3201。面层二装自理

（3）地面：1:2水泥砂浆25厚
C10混凝土垫层，80厚素土夯实
详西南J302－3104a，面层二装自理

（4）楼梯：现浇钢筋混凝土板式楼梯扶手、栏杆二装自理
板底抹灰同楼板底，其余详见楼梯详图

（5）厨、卫设施由建设者确定

（6）内墙面：基层：水泥混合砂浆详见西南J505－5613，乳胶漆膏灰刮腻二遍
面层：二装自理

（7）外墙面：水泥混合砂浆基层详西南见J505－5613，浅沙滩色仿石漆二遍（墙体转角贴青灰色蘑菇石）

（8）门：由二装确定

（9）窗：塑刚窗90系列白玻5厚

5. 室外工程：

（1）散水：西南J802－2页－8节点
（2）明沟、暗沟：西南J802－4页－1a、5a节点
（3）勒脚：1:2.5水泥砂浆25厚
面贴青灰色蘑菇石

6. 图中未尽事宜由建设单位、设计单位、施工单位协商解决。

建筑图纸目录

图号	图纸内容
建施1/14	设计说明、图纸目录、门窗统计表
建施2/14	总平面图、窗立面图
建施3/14	首层平面图
建施4/14	二层平面图
建施5/14	屋顶平面图
建施6/14	①－⑩立面图、⑩－①立面图
建施7/14	Ⓐ－Ⓚ立面图、Ⓚ－Ⓐ立面图
建施8/14	A－A剖面图、门窗立面图
建施9/14	1－1剖面图、墙身大样图
建施10/14	楼梯平面图
建施11/14	楼梯剖面图、楼梯节点详图
建施12/14	屋顶花园平面图
建施13/14	檐口大样图、老虎窗立面图、坡顶断面图
建施14/14	厨、卫间平面图、栏杆大样图

门窗统计表

代号	门窗名称	洞口尺寸		数量（樘）			备注
		宽度（mm）	高度（mm）	首层	二层	合计	
M－1	入户门	1600	2400	2	0	2	
M－2	标准门	800	2100	4	5	9	
M－3	厨、卫门	800	2100	4	2	6	
M－4	全玻门	1260	2100	0	2	2	
C－1	推拉窗	1200	2600	5	0	5	
C－2	推拉窗	2400	2600	1	0	1	
C－3	推拉窗	1500	2250	3	7	10	
C－4	推拉落地窗	3960	2400	1	0	1	
C－5	落地门带窗	3360	2400	1	0	1	
C－6	推拉窗	3060	1500	2	0	2	
C－8	落地窗	960	2100	0	2	2	
C－9	落地窗	5760	2100	0	1	1	
C－10	落地窗	1860	2100	0	1	1	

××省建筑设计院		某别墅工程	总号	
			图别	建施
审定		设计说明 图纸目录 门窗统计表	图号	1/14
设计			比例	
制图			日期	

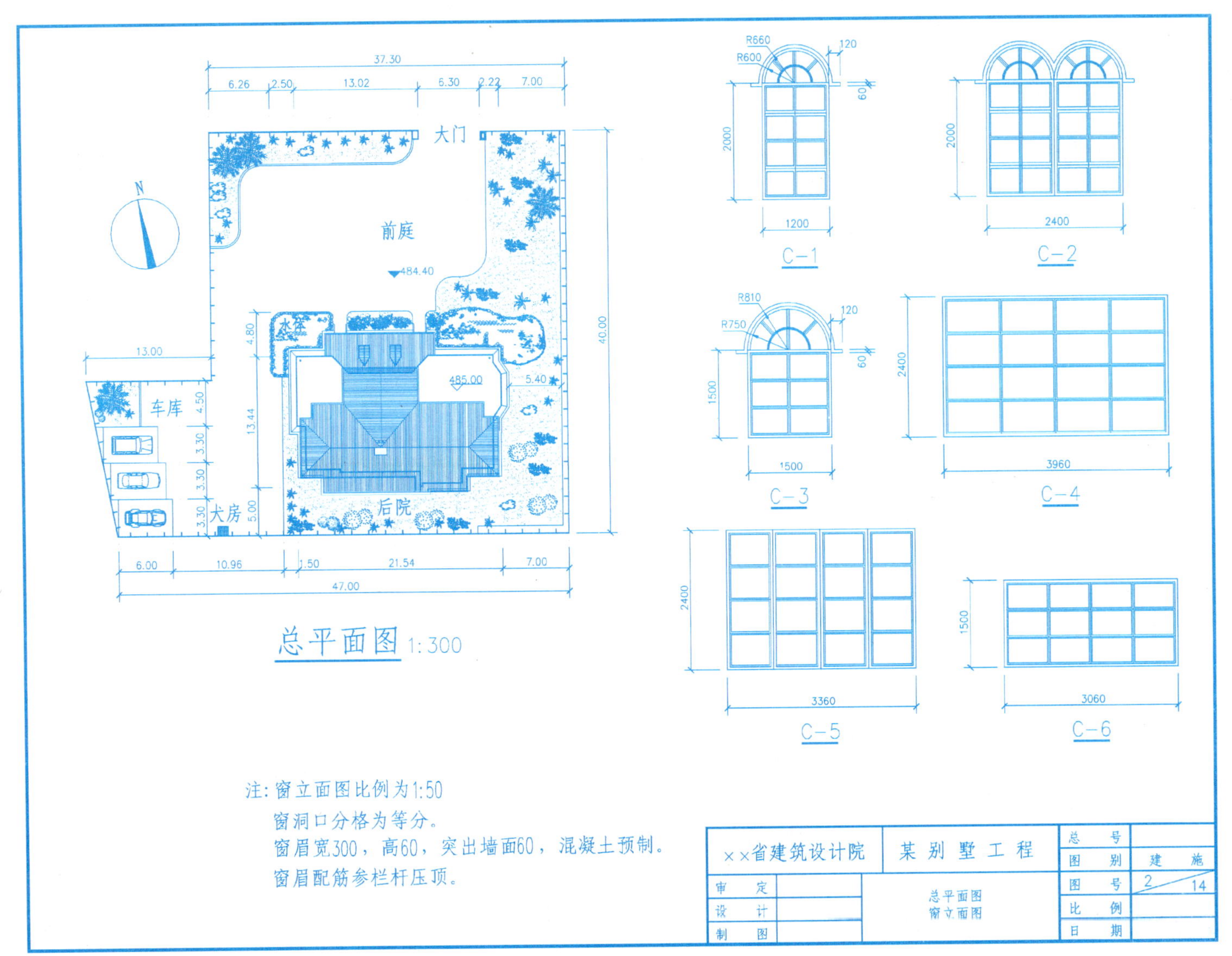

37.30
6.26
2.50
13.02
5.30
2.22
7.00
大门
N
前庭
484.40
40.00
13.00
水
4.80
485.00
5.40
车库
4.50
13.44
3.30
3.30
3.30
犬房
5.00
后院
6.00
10.96
1.50
21.54
7.00
47.00
总平面图 1:300
R660
R600
120
60
2000
1200
C-1
2000
2400
C-2
R810
R750
120
60
1500
1500
C-3
2400
3960
C-4
2400
3360
C-5
1500
3060
C-6
注：窗立面图比例为1:50
窗洞口分格为等分。
窗眉宽300，高60，突出墙面60，混凝土预制。
窗眉配筋参栏杆压顶。
××省建筑设计院
某别墅工程
审定
设计
制图
总平面图
窗立面图
总号
图别
建施
图号
2
14
比例
日期

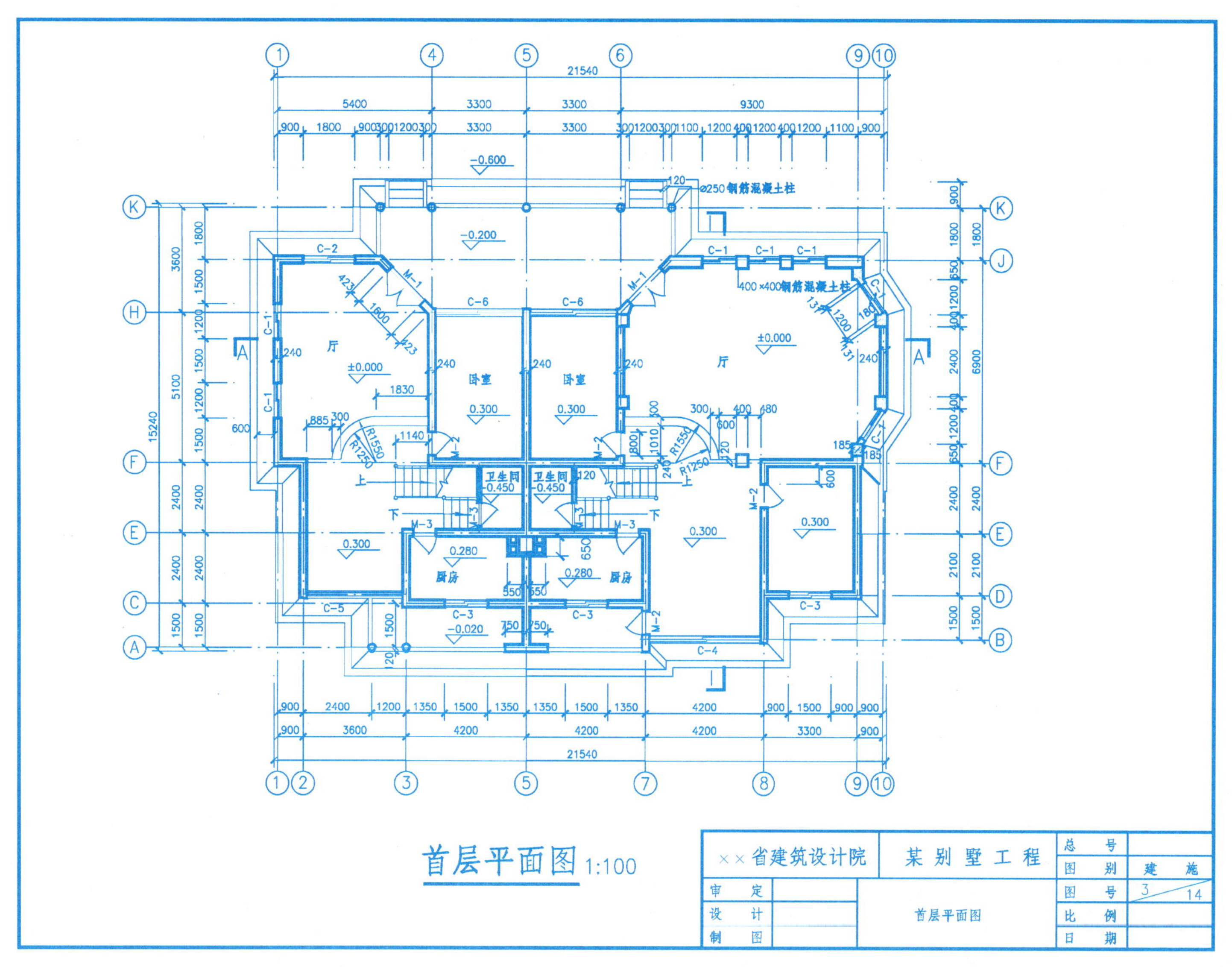

首层平面图 1:100
××省建筑设计院
某别墅工程
首层平面图
审定
设计
制图
总号
图别
建施
图号
3
14
比例
日期
厅
卧室
卫生间
厨房
±0.000
0.300
-0.450
0.280
-0.020
-0.200
-0.600
ϕ250钢筋混凝土柱
400×400钢筋混凝土柱
21540
15240

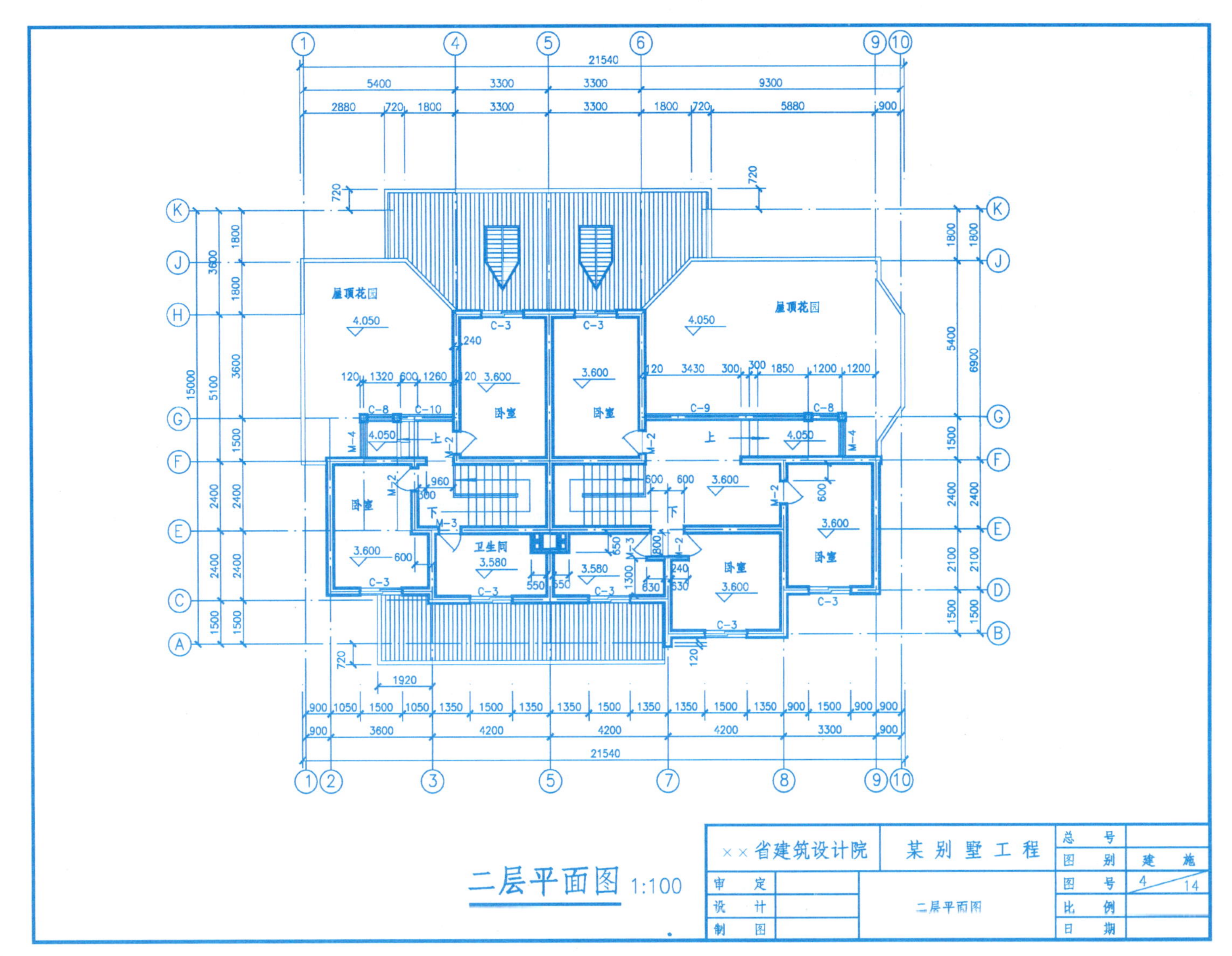

二层平面图 1:100

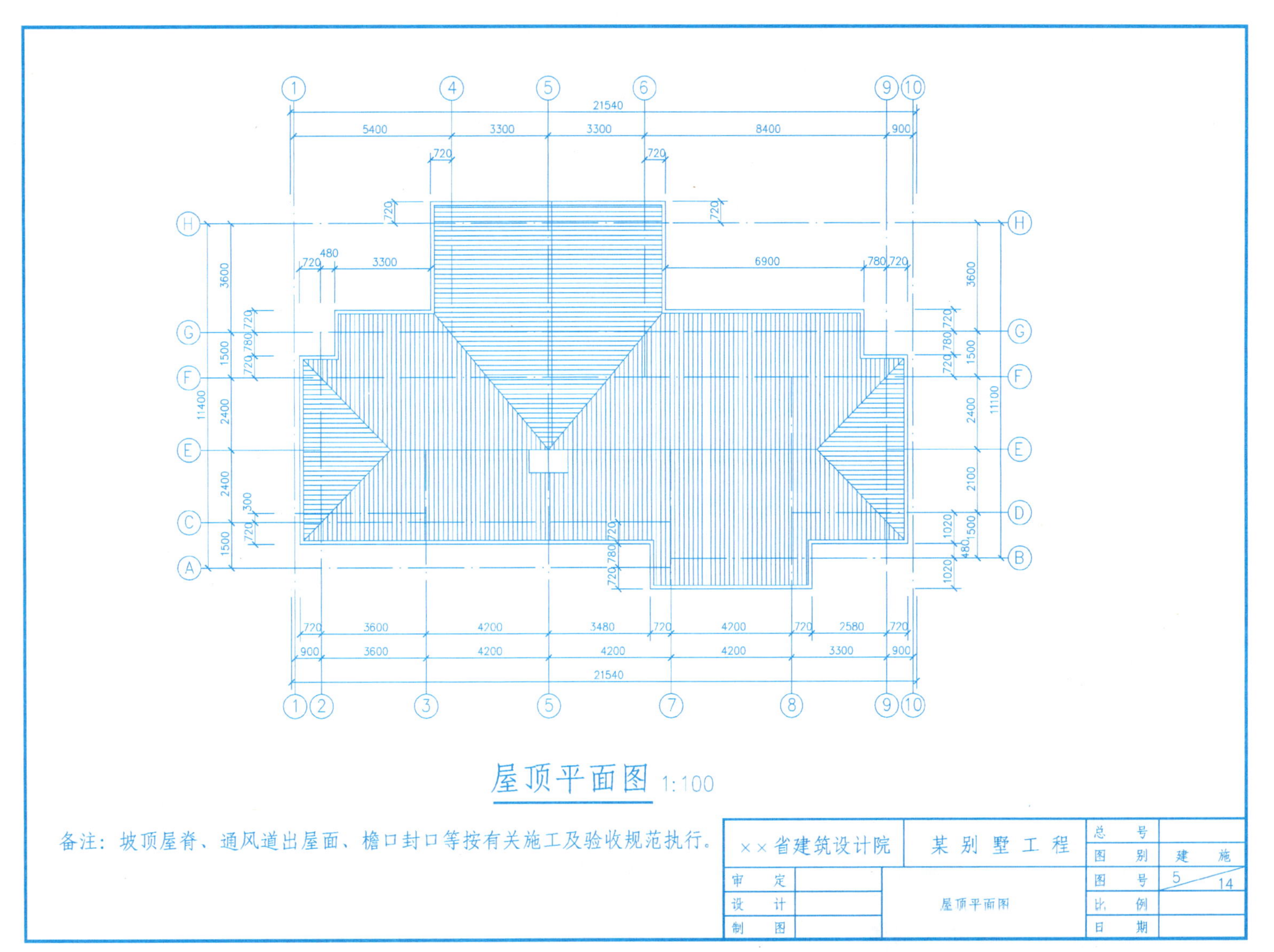
屋顶平面图 1:100
备注：坡顶屋脊、通风道出屋面、檐口封口等按有关施工及验收规范执行。
××省建筑设计院
某别墅工程
总　号
图　别
建　施
图　号
5/14
审　定
设　计
制　图
屋顶平面图
比　例
日　期

①-⑩立面图 1:100
⑩-①立面图 1:100
××省建筑设计院
某别墅工程
审定
设计
制图
①-⑩立面图
⑩-①立面图
总号
图别
建施
图号
6
14
比例
日期
9.400
8.200
8.100
6.900
6.300
6.000
4.800
4.200
3.600
2.700
0.900
±0.000
-0.600
4.500
4.140
3.300
5.400
3.900
1.200
7.600
4.600
4.011
3.000
2.400
0.600
8800

Ⓐ-Ⓚ立面图 1:100
Ⓚ-Ⓐ立面图 1:100
××省建筑设计院
某别墅工程
审 定
设 计
制 图
Ⓐ—Ⓚ立面图
Ⓚ—Ⓐ立面图
总 号
图 别
建 施
图 号
7/14
比 例
日 期

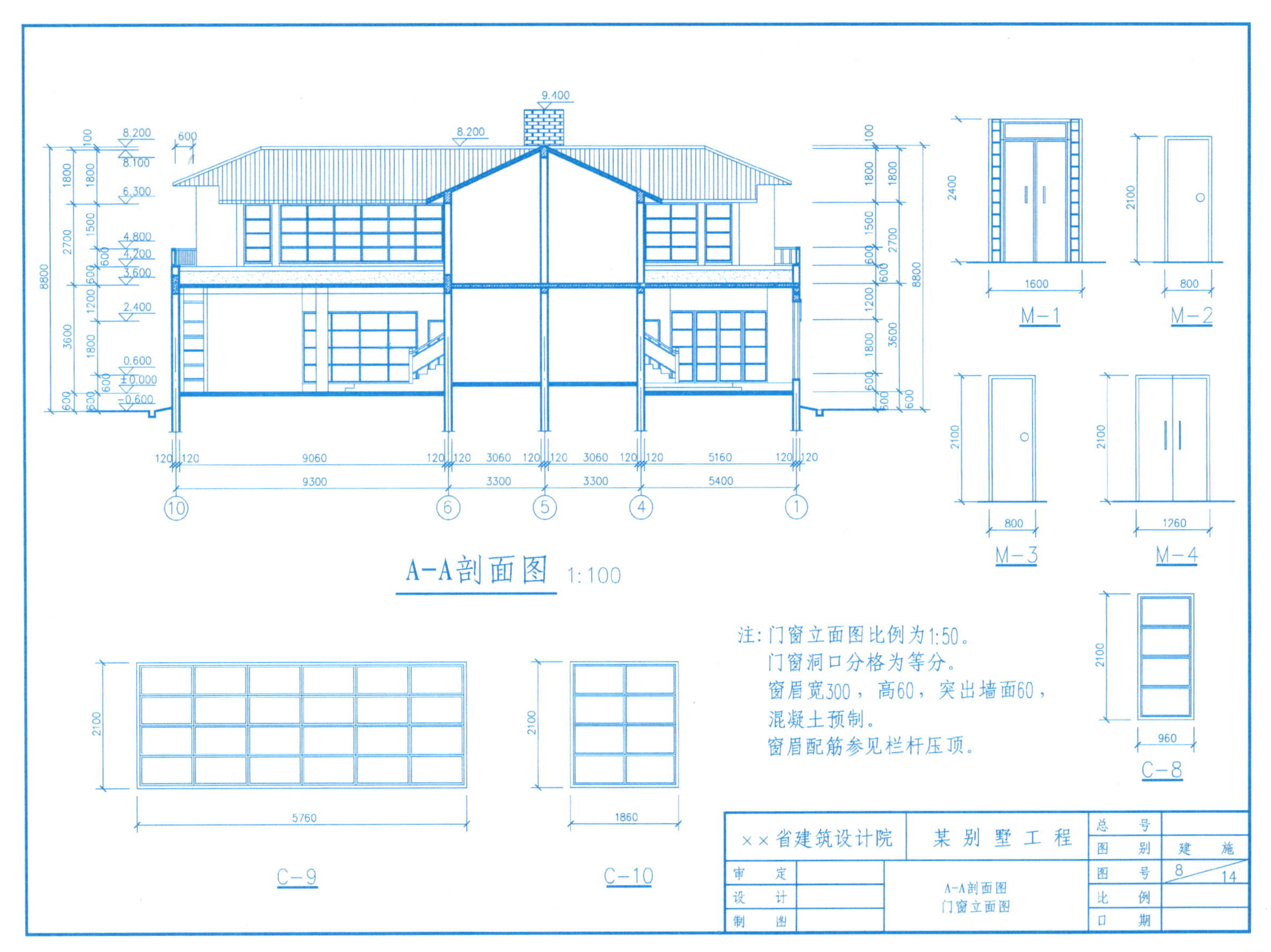
A-A剖面图 1:100
M-1
M-2
M-3
M-4
C-8
C-9
C-10
注：门窗立面图比例为1:50。
门窗洞口分格为等分。
窗眉宽300，高60，突出墙面60，
混凝土预制。
窗眉配筋参见栏杆压顶。
××省建筑设计院
某别墅工程
A-A剖面图
门窗立面图
审定
设计
制图
总号
图别 建施
图号 8/14
比例
日期

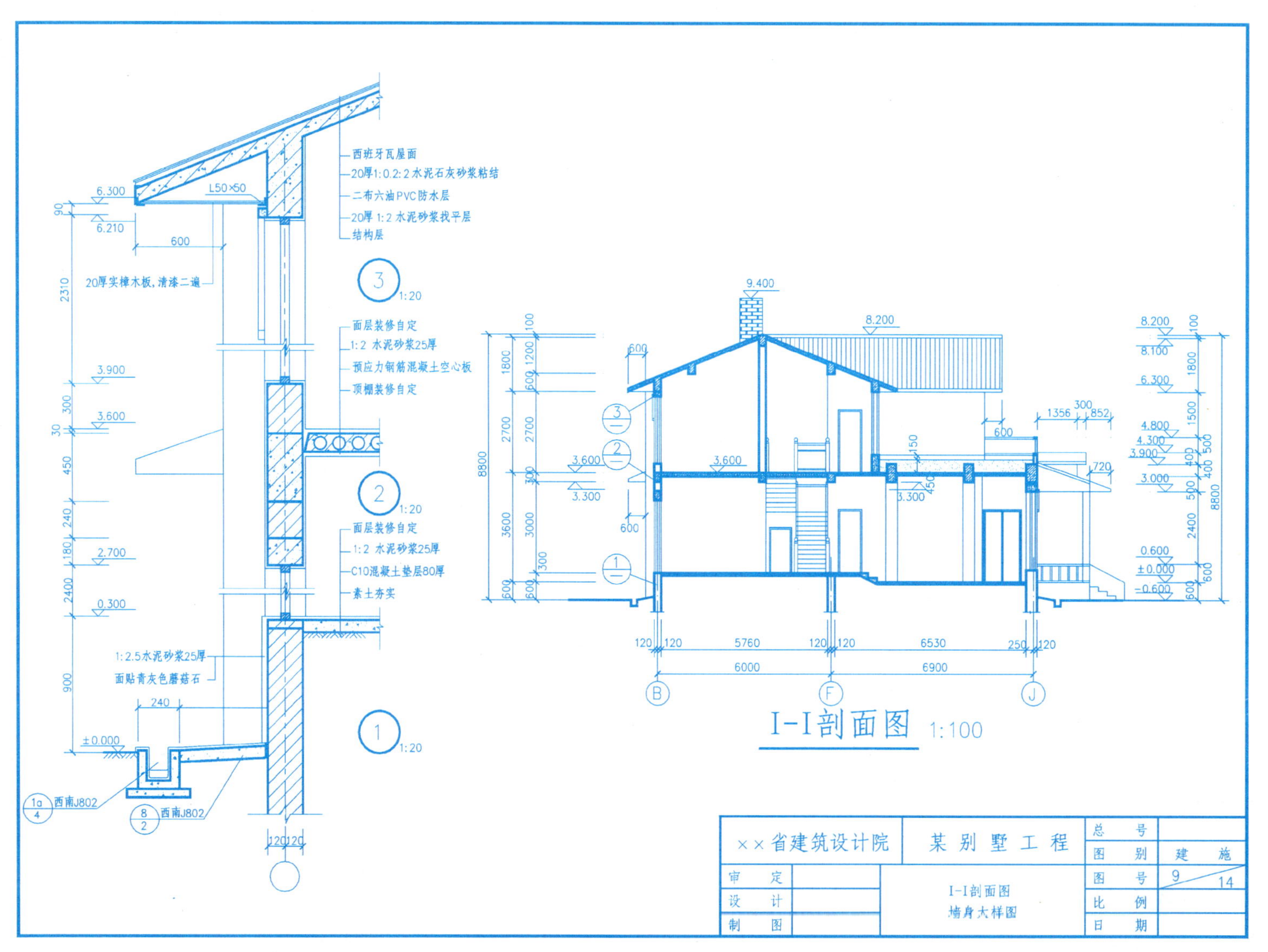

西班牙瓦屋面
20厚1:0.2:2水泥石灰砂浆粘结
二布六油PVC防水层
20厚 1:2 水泥砂浆找平层
结构层
L50×50
20厚实樟木板，清漆二遍
面层装修自定
1:2 水泥砂浆25厚
预应力钢筋混凝土空心板
顶棚装修自定
面层装修自定
1:2 水泥砂浆25厚
C10混凝土垫层80厚
素土夯实
1:2.5水泥砂浆25厚
面贴青灰色蘑菇石
西南J802
西南J802
I-I剖面图 1:100
××省建筑设计院
某别墅工程
I-I剖面图
墙身大样图
审定
设计
制图
总号
图别
建施
图号
9
14
比例
日期

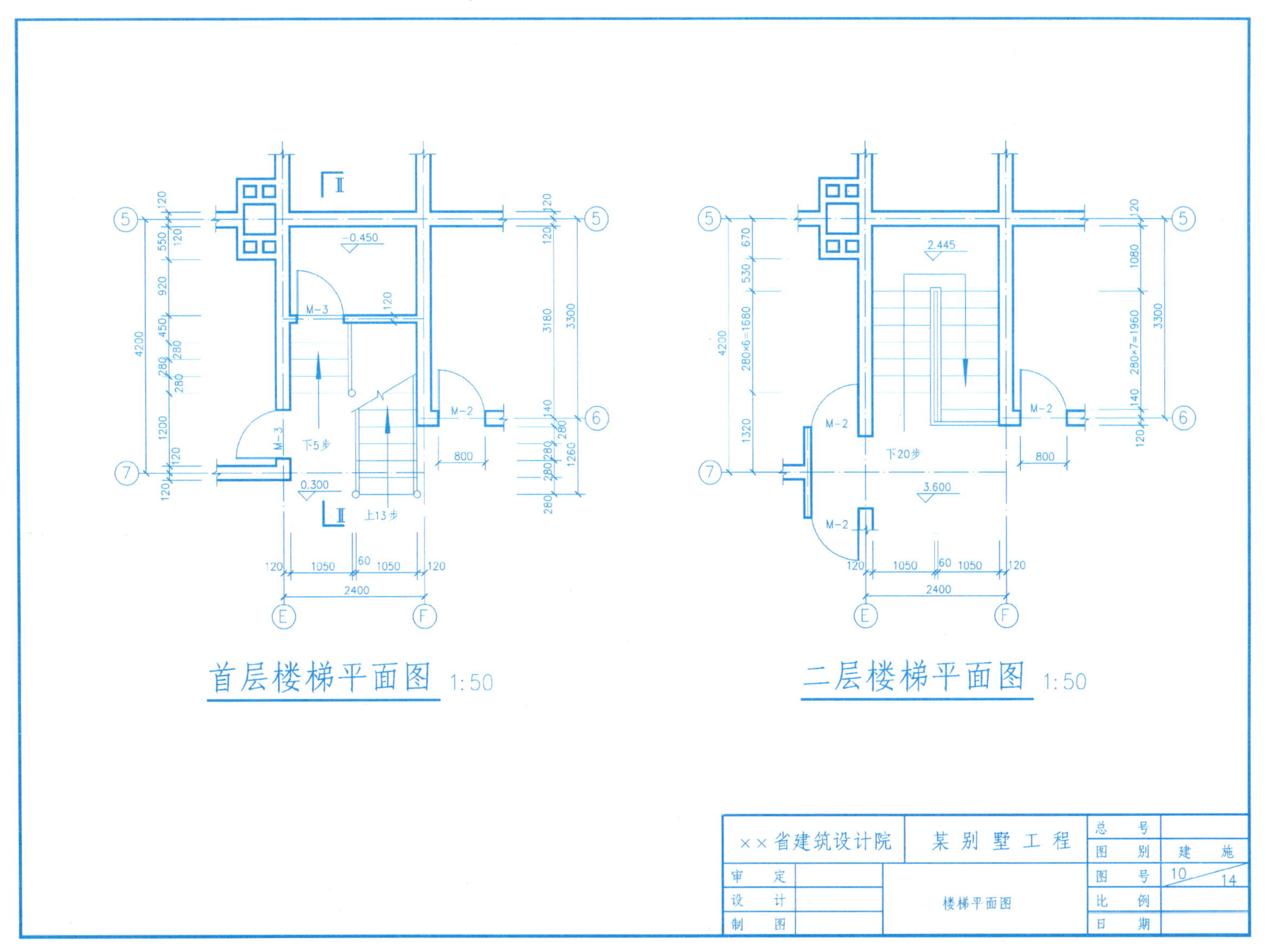
首层楼梯平面图 1:50
二层楼梯平面图 1:50
-0.450
M-3
M-2
下5步
0.300
上13步
2.445
下20步
3.600
××省建筑设计院
某别墅工程
总　号
图　别
建　施
图　号
10
14
比　例
日　期
审　定
设　计
制　图
楼梯平面图

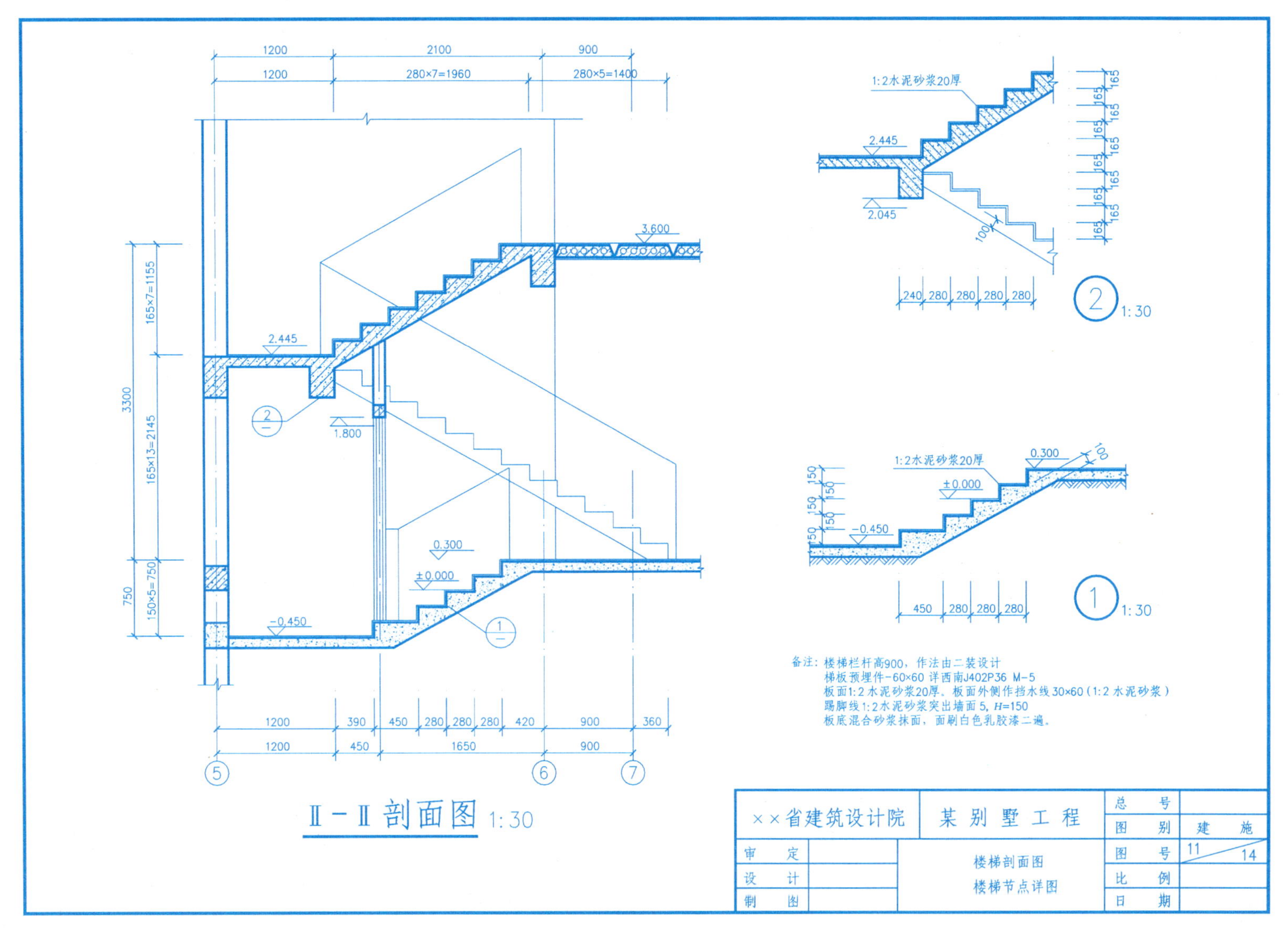

1200
2100
900
1200
280×7=1960
280×5=1400
3.600
2.445
1.800
0.300
±0.000
-0.450
3300
165×7=1155
165×13=2145
750
150×5=750
1200
390
450
280
280
280
420
900
360
1200
450
1650
900
5
6
7
Ⅱ－Ⅱ剖面图 1:30
1:2水泥砂浆20厚
2.445
2.045
100
165
240
280
280
280
280
2 1:30
1:2水泥砂浆20厚
0.300
100
±0.000
-0.450
150
450
280
280
280
1 1:30
备注：楼梯栏杆高900，作法由二装设计
梯板预埋件-60×60 详西南J402P36 M-5
板面1:2水泥砂浆20厚。板面外侧作挡水线30×60（1:2水泥砂浆）
踢脚线1:2水泥砂浆突出墙面5，H=150
板底混合砂浆抹面，面刷白色乳胶漆二遍。
××省建筑设计院
某别墅工程
总号
图别
建施
图号
11
14
审定
设计
制图
楼梯剖面图
楼梯节点详图
比例
日期

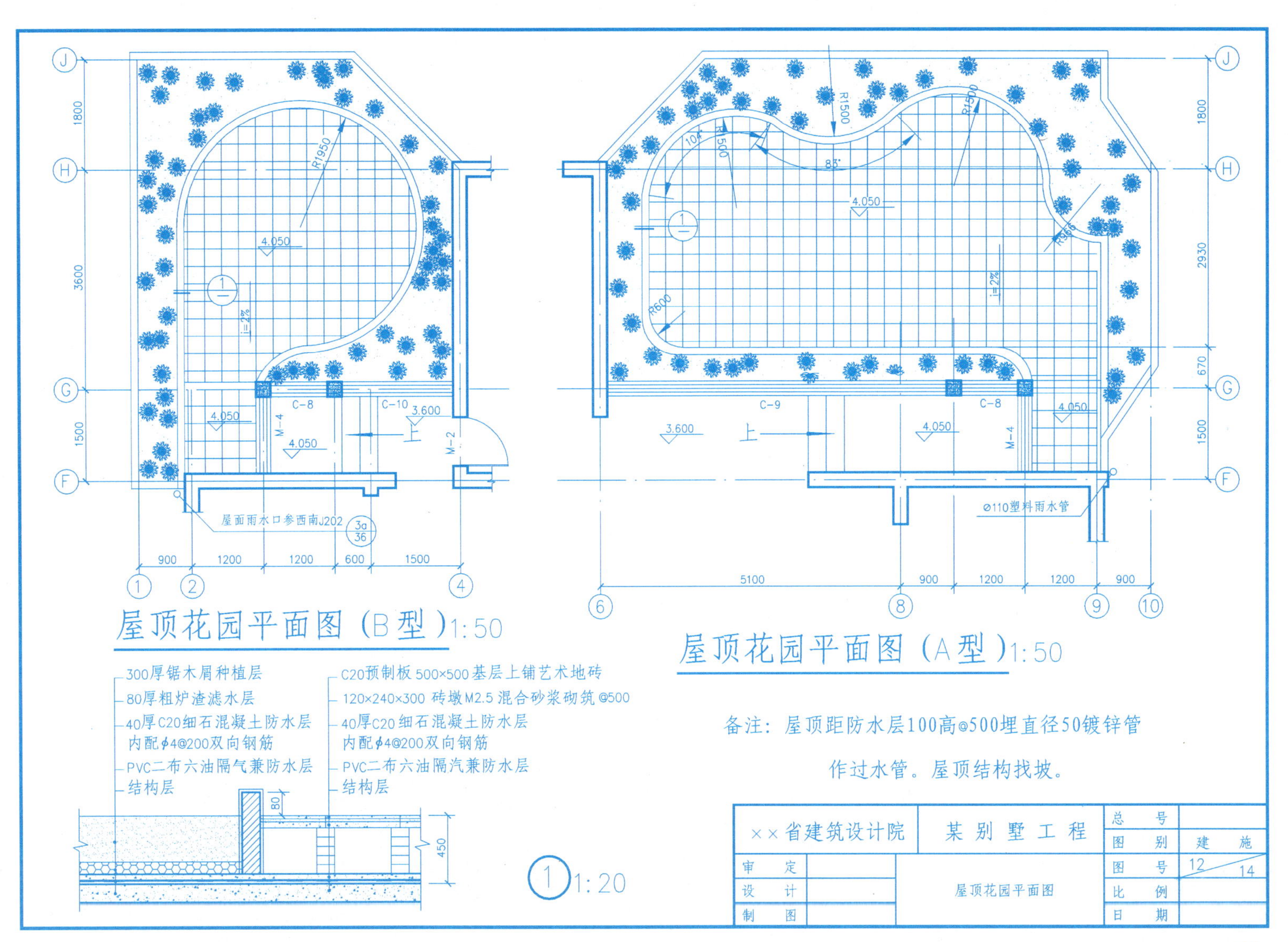
屋顶花园平面图（B型）1:50
屋顶花园平面图（A型）1:50
300厚锯木屑种植层
80厚粗炉渣滤水层
40厚C20细石混凝土防水层
内配φ4@200双向钢筋
PVC二布六油隔气兼防水层
结构层
C20预制板 500×500 基层上铺艺术地砖
120×240×300 砖墩M2.5 混合砂浆砌筑 @500
40厚C20细石混凝土防水层
内配φ4@200双向钢筋
PVC二布六油隔汽兼防水层
结构层
屋面雨水口参西南J202
Ø110塑料雨水管
备注：屋顶距防水层100高@500埋直径50镀锌管
作过水管。屋顶结构找坡。
××省建筑设计院
某别墅工程
屋顶花园平面图
总号
图别
建施
图号
12
14
比例
日期
审定
设计
制图

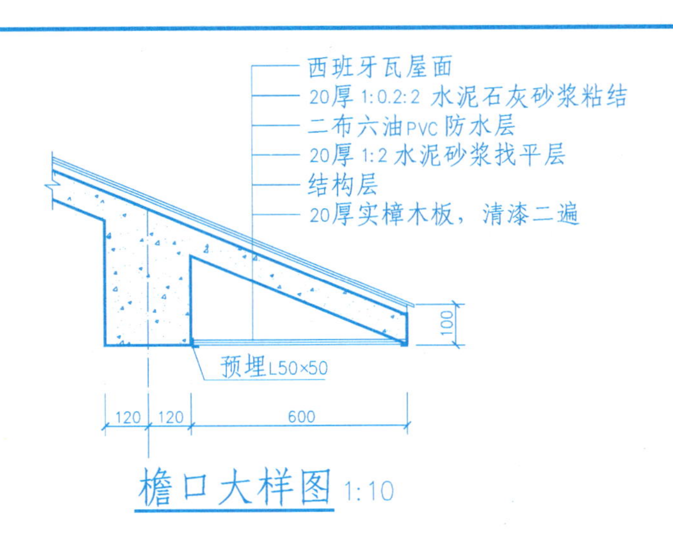

檐口大样图 1:10

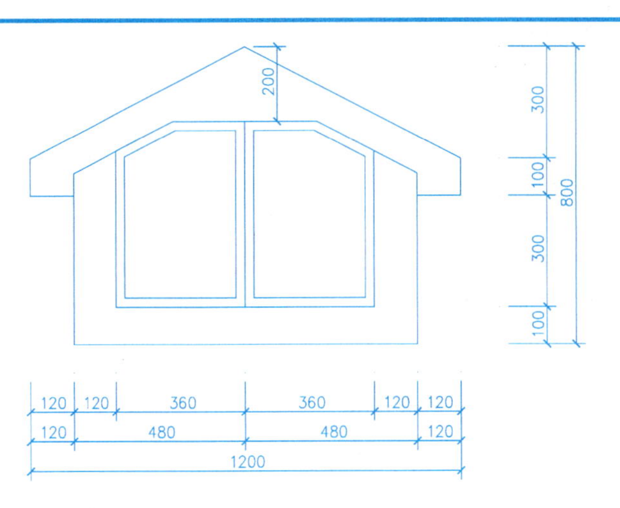

老虎窗正立面图 1:10

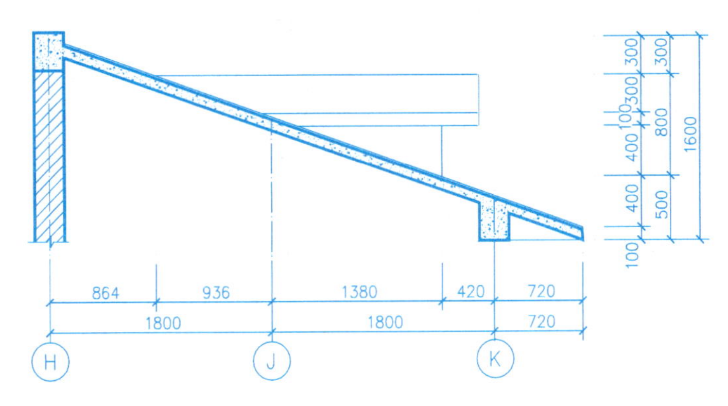

一层入口坡顶断面图 1:30

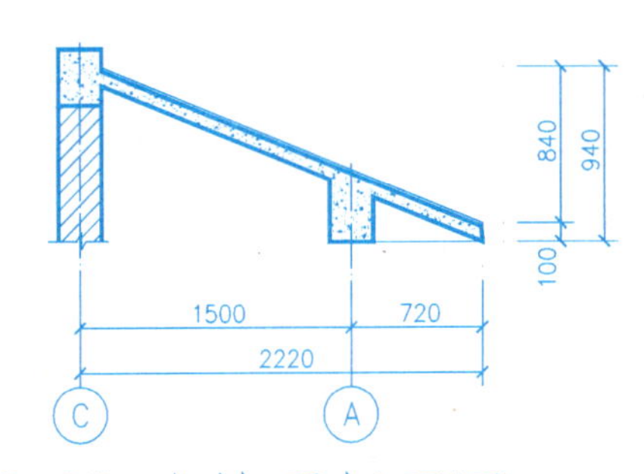

一层后阳台坡顶断面图 1:30

备注：坡顶屋脊与檐口封口按有关施工及验收规范执行。

××省建筑设计院	某别墅工程	总　号	
		图　别	建　施
审　定	檐口大样图、老虎窗立面图 坡顶断面图	图　号	13/14
设　计		比　例	
制　图		日　期	

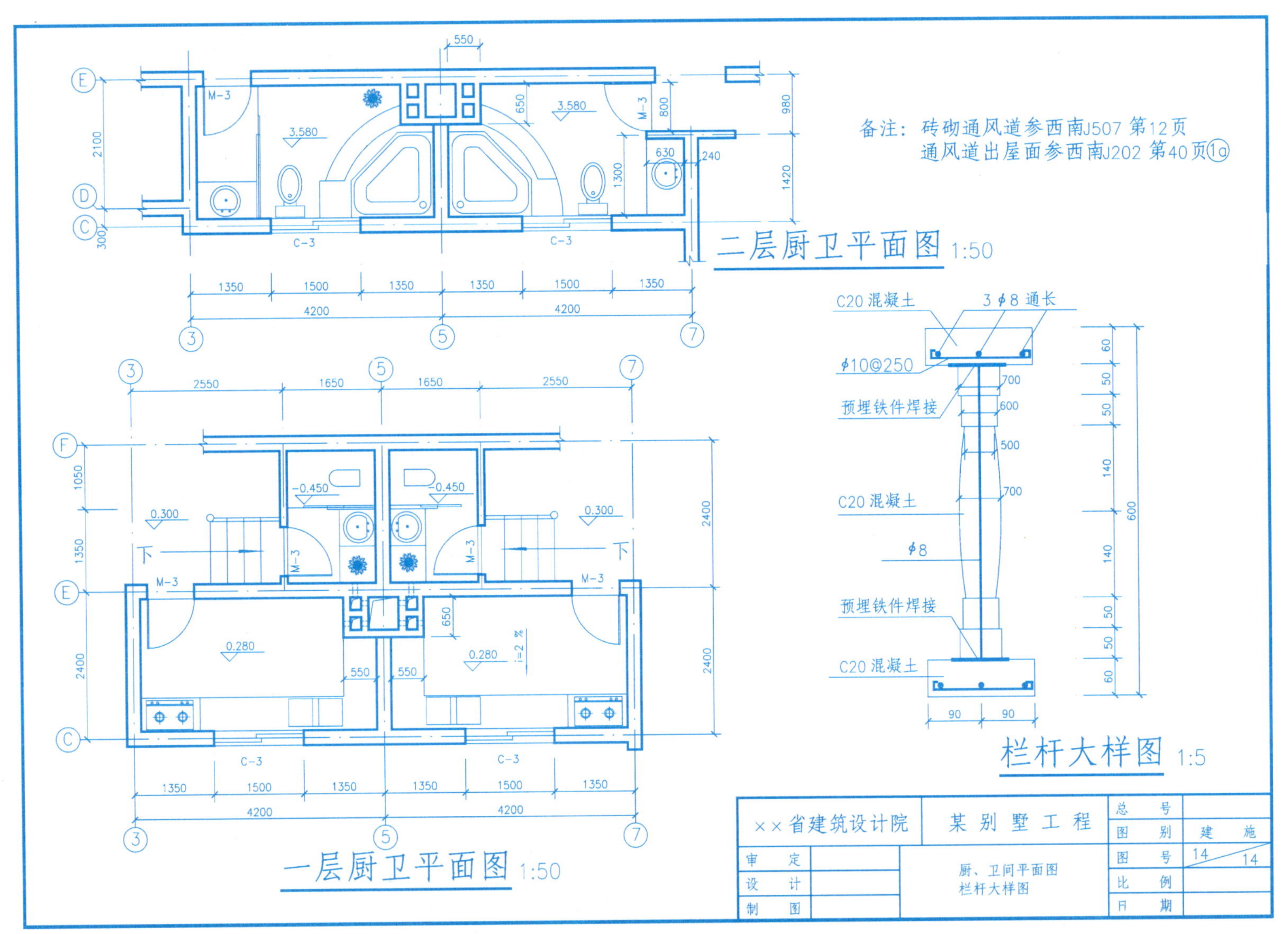

备注：砖砌通风道参西南J507 第12页
通风道出屋面参西南J202 第40页①a
二层厨卫平面图 1:50
一层厨卫平面图 1:50
栏杆大样图 1:5
C20 混凝土
3 φ8 通长
φ10@250
预埋铁件焊接
C20 混凝土
φ8
预埋铁件焊接
C20 混凝土
M-3
C-3
3.580
0.300
0.280
-0.450
i=2%
下
1350
1500
4200
2550
1650
××省建筑设计院
某 别 墅 工 程
总 号
图 别
建 施
图 号
14
14
比 例
日 期
审 定
设 计
制 图
厨、卫间平面图
栏杆大样图

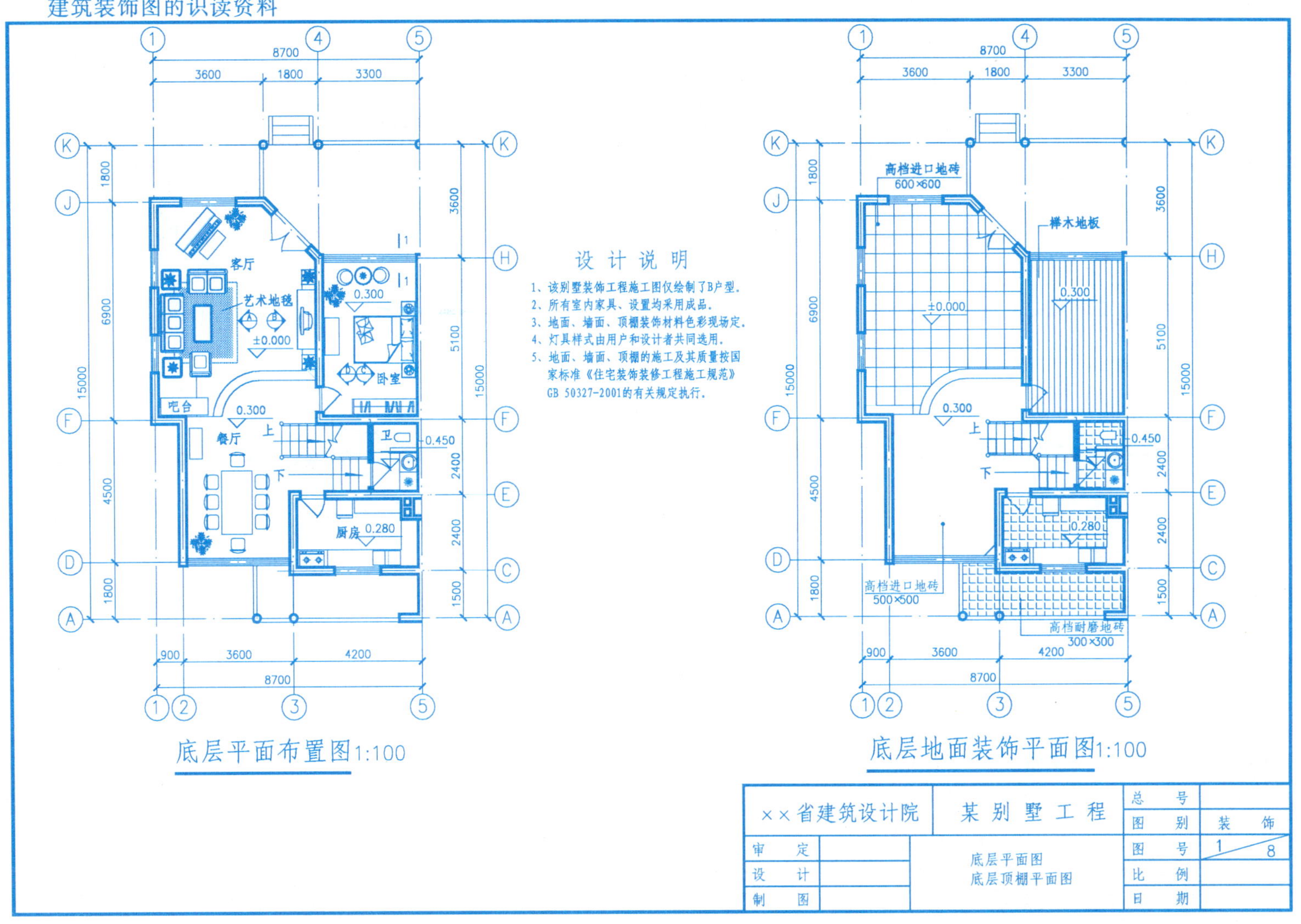

8700
3600
1800
3300
1800
6900
4500
15000
3600
5100
2400
1500
客厅
艺术地毯
±0.000
0.300
卧室
吧台
餐厅
上
下
卫
-0.450
厨房
0.280
900
4200
底层平面布置图1:100
设计说明
1、该别墅装饰工程施工图仅绘制了B户型。
2、所有室内家具、设置均采用成品。
3、地面、墙面、顶棚装饰材料色彩现场定。
4、灯具样式由用户和设计者共同选用。
5、地面、墙面、顶棚的施工及其质量按国家标准《住宅装饰装修工程施工规范》GB 50327-2001的有关规定执行。
高档进口地砖
600×600
榉木地板
高档进口地砖
500×500
高档耐磨地砖
300×300
底层地面装饰平面图1:100
××省建筑设计院
某别墅工程
总号
图别
装饰
图号
1
8
比例
日期
审定
设计
制图
底层平面图
底层顶棚平面图

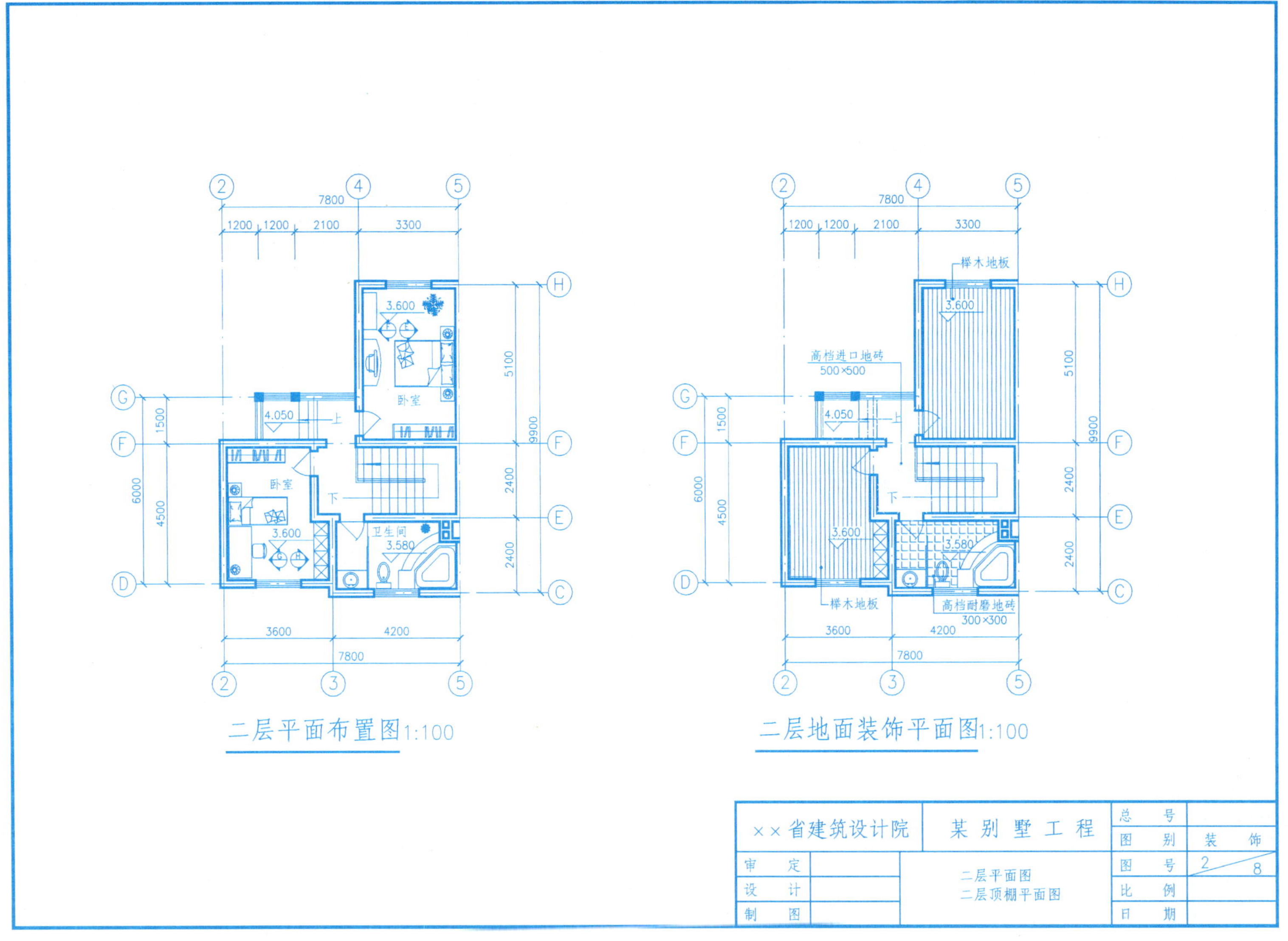

二层平面布置图1:100
二层地面装饰平面图1:100
卧室
卫生间
榉木地板
高档进口地砖 500×500
高档耐磨地砖 300×300
××省建筑设计院
某别墅工程
二层平面图
二层顶棚平面图
审定
设计
制图
总号
图别 装饰
图号 2/8
比例
日期

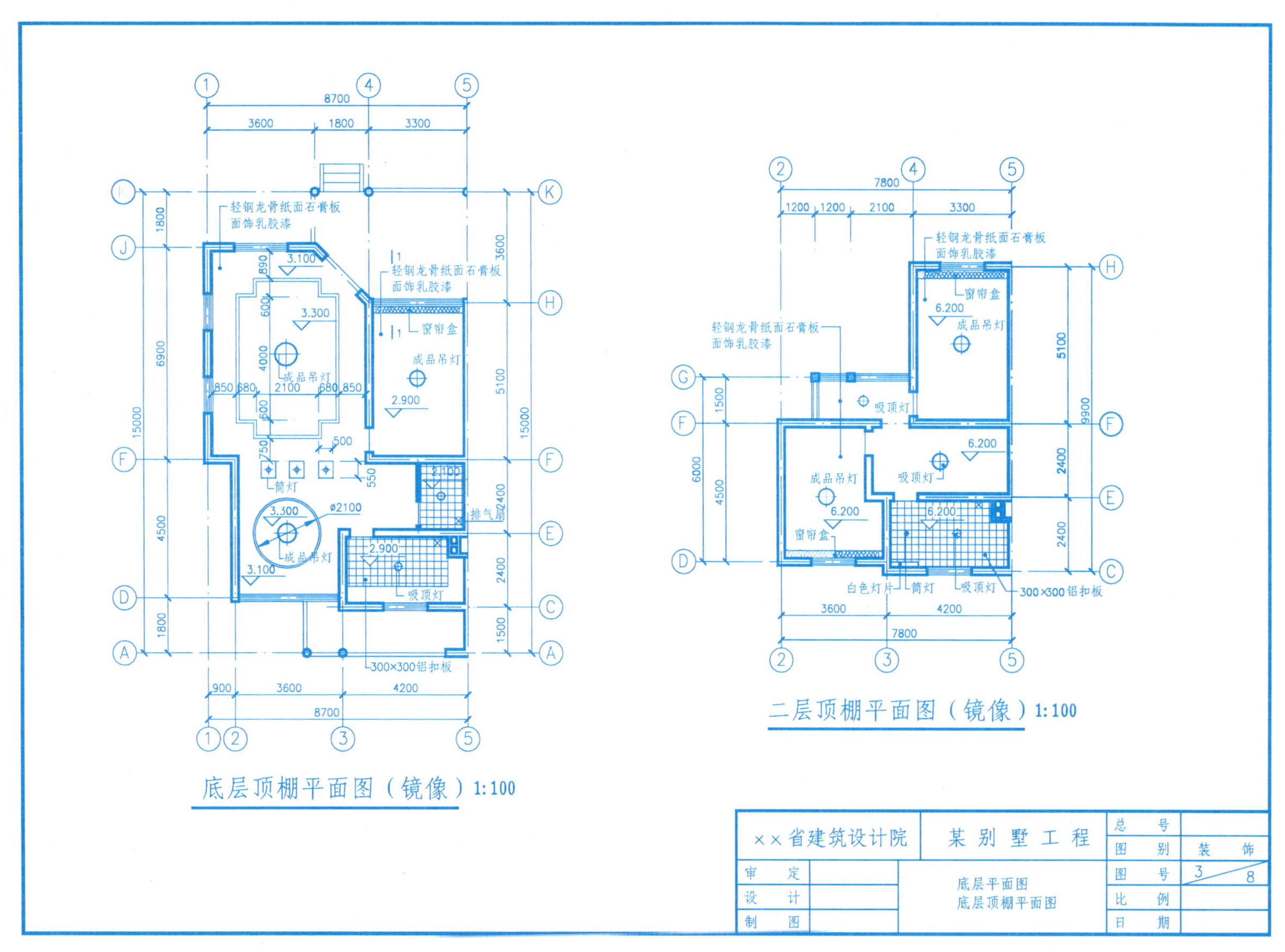
轻钢龙骨纸面石膏板
面饰乳胶漆
窗帘盒
成品吊灯
筒灯
排气扇
吸顶灯
300×300铝扣板
白色灯片
底层顶棚平面图（镜像）1:100
二层顶棚平面图（镜像）1:100
××省建筑设计院
某别墅工程
审定
设计
制图
底层平面图
底层顶棚平面图
总号
图别
装饰
图号
3/8
比例
日期

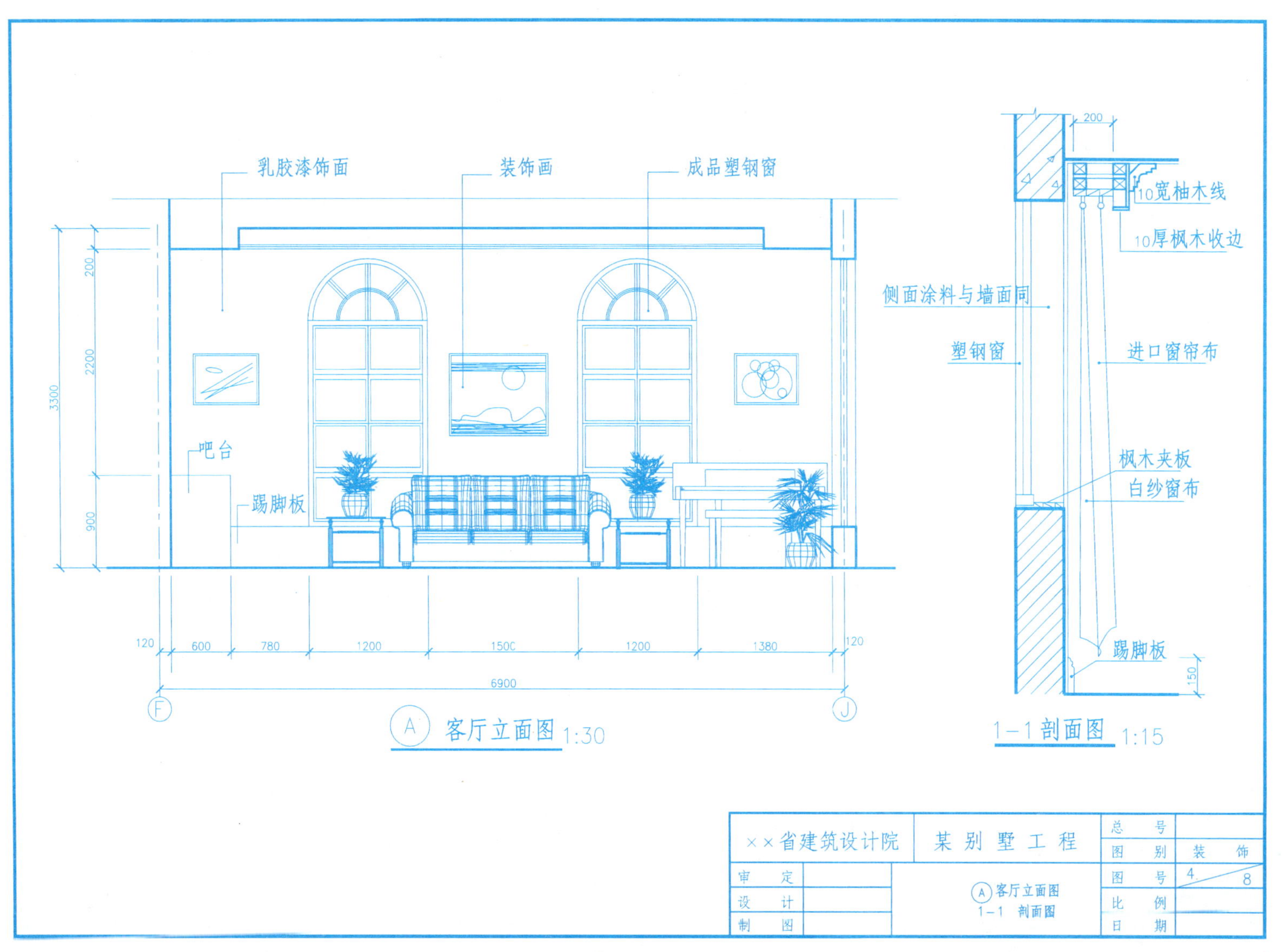

乳胶漆饰面
装饰画
成品塑钢窗
吧台
踢脚板
3300
200
2200
900
120
600
780
1200
1500
1200
1380
120
6900
F
J
A 客厅立面图 1:30
200
10宽柚木线
10厚枫木收边
侧面涂料与墙面同
塑钢窗
进口窗帘布
枫木夹板
白纱窗布
踢脚板
150
1-1 剖面图 1:15
××省建筑设计院
某别墅工程
总 号
图 别
装 饰
审 定
设 计
制 图
A 客厅立面图
1-1 剖面图
图 号
4
8
比 例
日 期

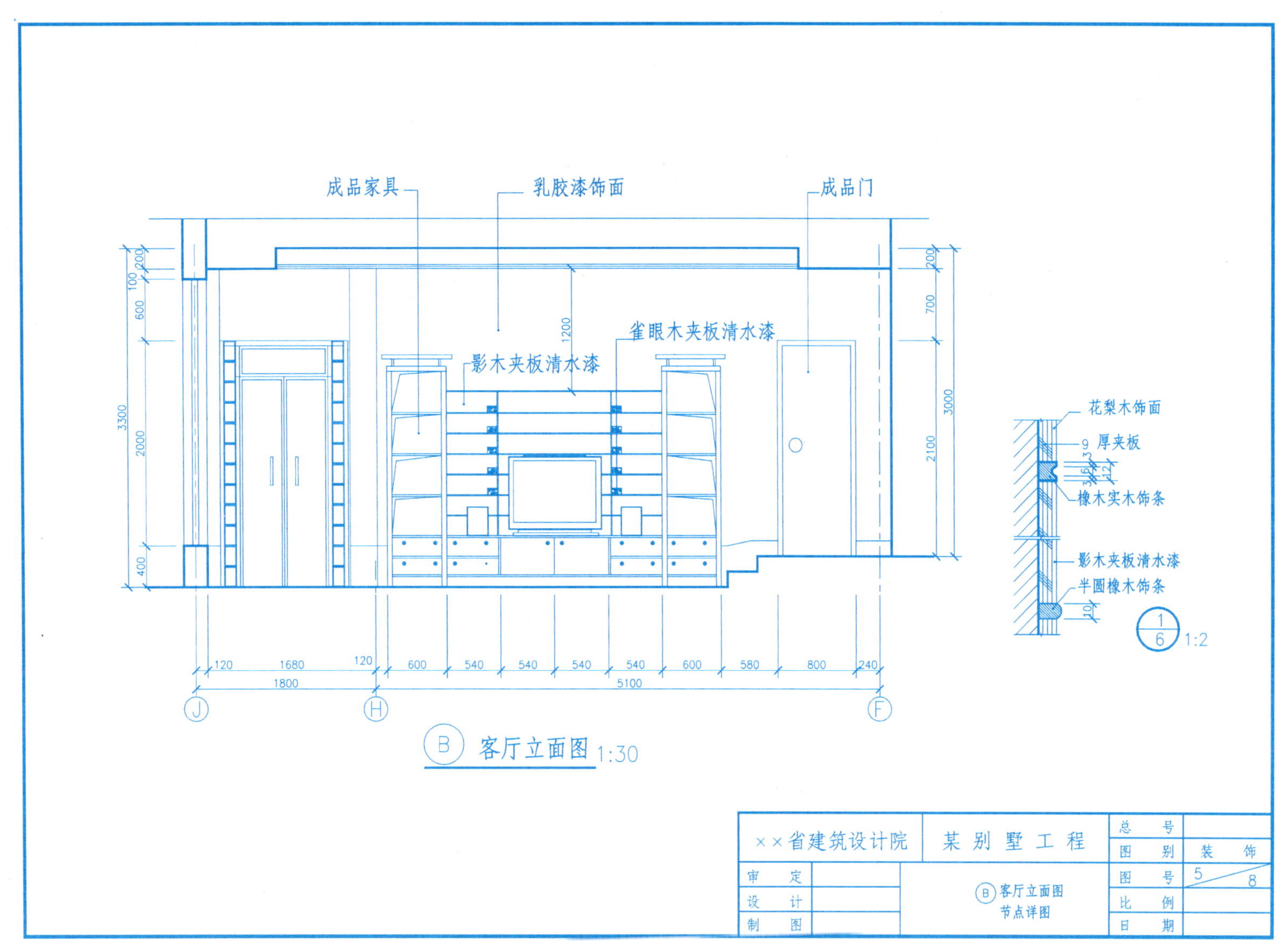
成品家具
乳胶漆饰面
成品门
雀眼木夹板清水漆
影木夹板清水漆
花梨木饰面
9 厚夹板
橡木实木饰条
影木夹板清水漆
半圆橡木饰条
1:2
B 客厅立面图 1:30
××省建筑设计院
某别墅工程
总 号
图 别 装 饰
图 号 5 8
比 例
日 期
审 定
设 计
制 图
B 客厅立面图
节点详图

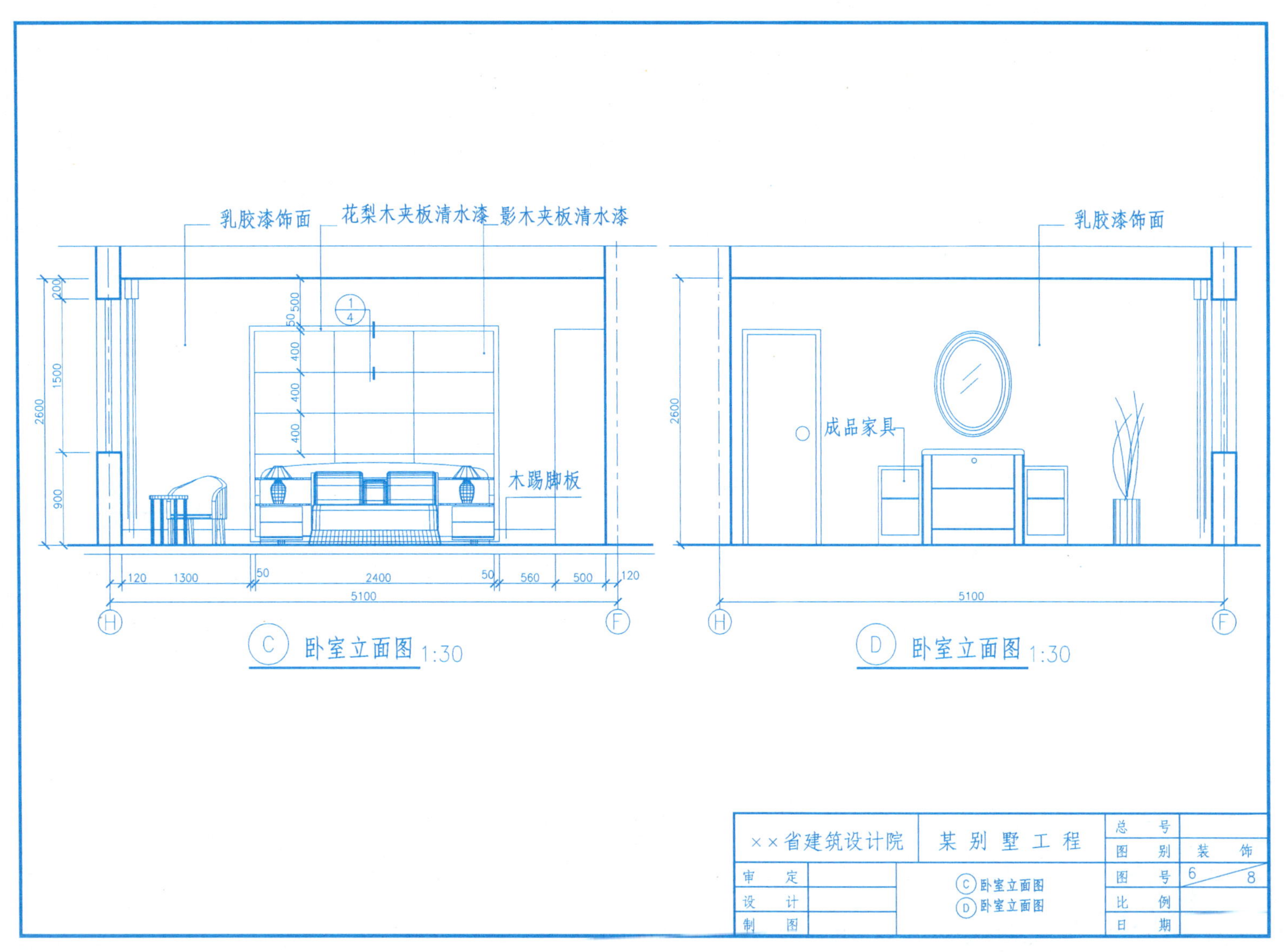
乳胶漆饰面
花梨木夹板清水漆
影木夹板清水漆
木踢脚板
成品家具
乳胶漆饰面
2600
200
1500
900
500
50
400
400
400
120
1300
50
2400
50
560
500
120
5100
5100
H
F
H
F
C 卧室立面图 1:30
D 卧室立面图 1:30
××省建筑设计院
某别墅工程
总 号
图 别
装 饰
审 定
设 计
制 图
C 卧室立面图
D 卧室立面图
图 号
6/8
比 例
日 期

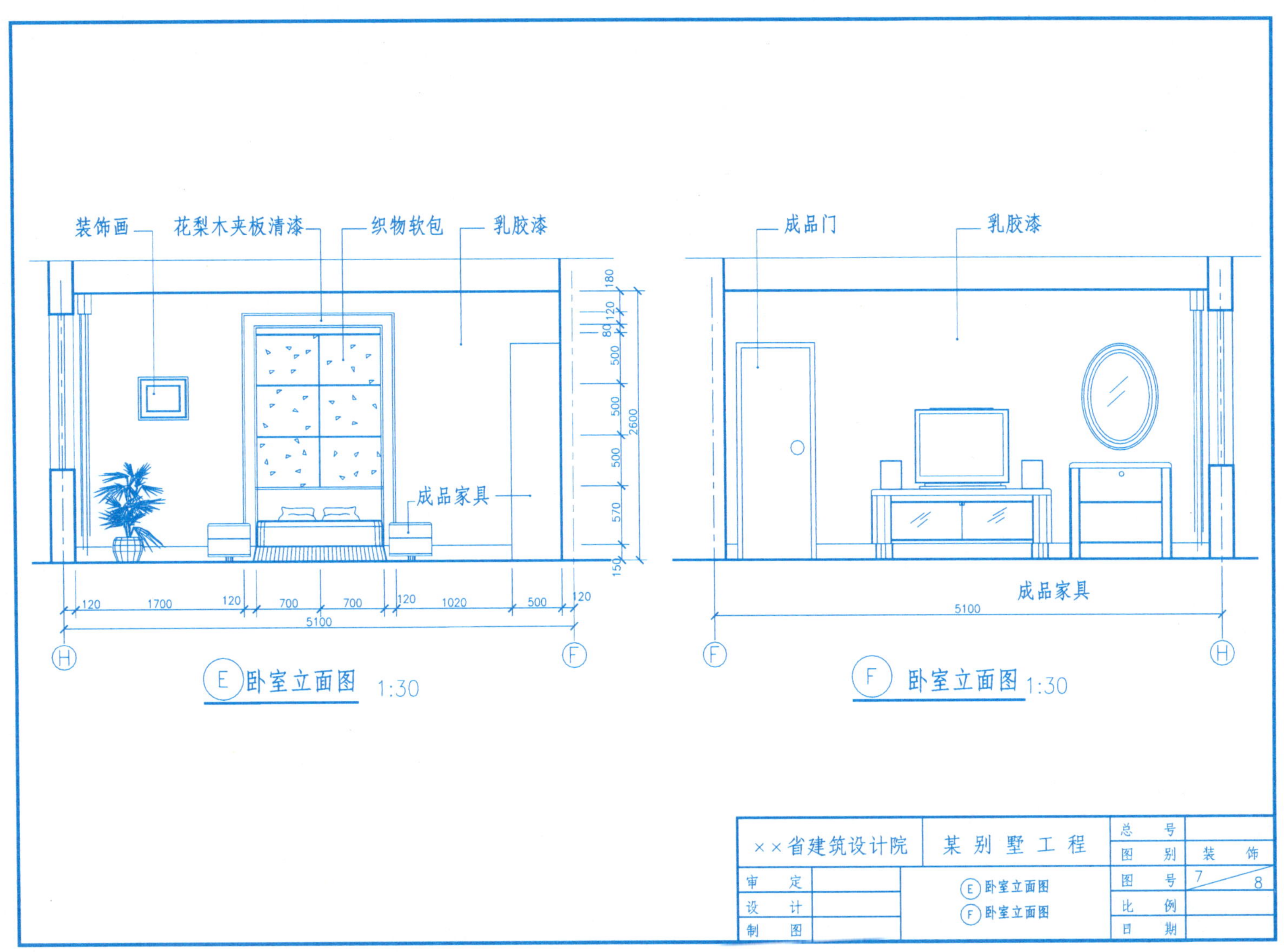

装饰画
花梨木夹板清漆
织物软包
乳胶漆
成品家具
180
120
80
500
500
500
570
150
2600
120
1700
120
700
700
120
1020
500
120
5100
H
F
E 卧室立面图 1:30
成品门
乳胶漆
成品家具
5100
F
H
F 卧室立面图 1:30
××省建筑设计院
某别墅工程
总 号
图 别
装 饰
图 号
7
8
比 例
日 期
审 定
设 计
制 图
E 卧室立面图
F 卧室立面图

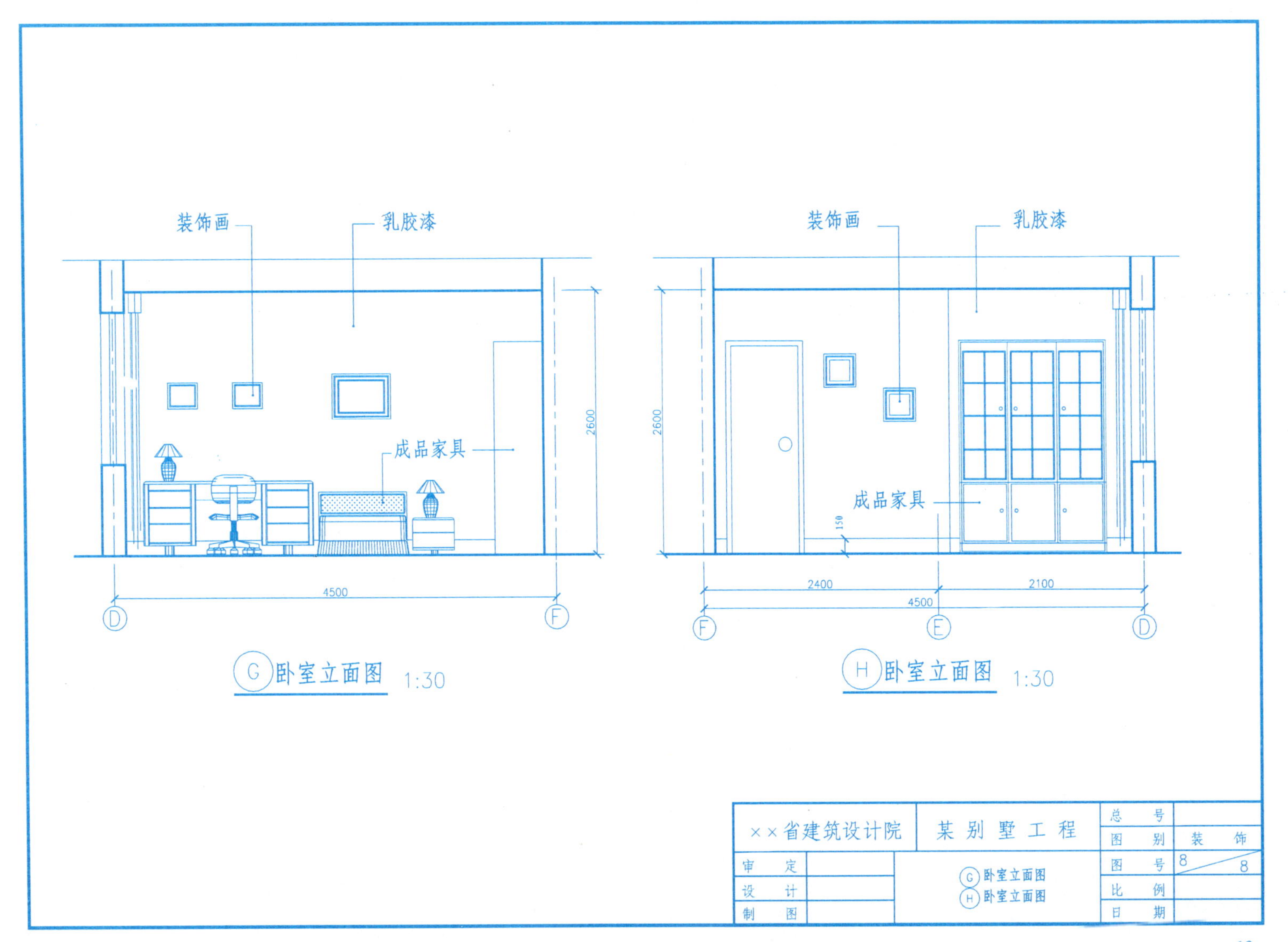

装饰画
乳胶漆
成品家具
2600
4500
D
F
G 卧室立面图 1:30
装饰画
乳胶漆
成品家具
150
2600
2400
2100
4500
F
E
D
H 卧室立面图 1:30
××省建筑设计院
某别墅工程
总 号
图 别
装 饰
审 定
图 号
8
8
设 计
G 卧室立面图
H 卧室立面图
比 例
制 图
日 期

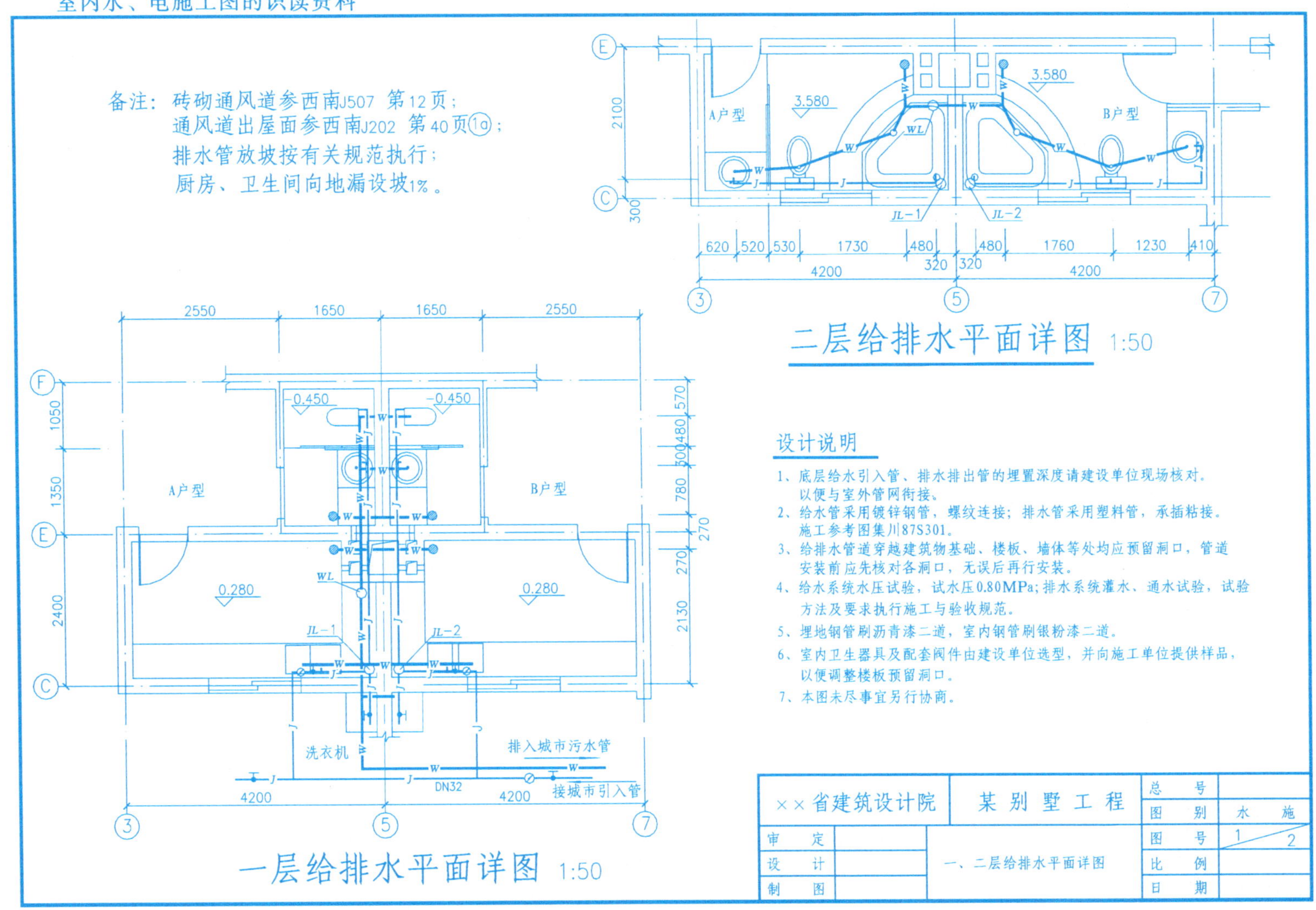

备注：砖砌通风道参西南J507 第12页；
通风道出屋面参西南J202 第40页①a；
排水管放坡按有关规范执行；
厨房、卫生间向地漏设坡1%。
A户型
B户型
3.580
3.580
JL-1
JL-2
WL
620 520 530 1730 480 320 320 480 1760 1230 410
4200
4200
二层给排水平面详图 1:50
2550 1650 1650 2550
-0.450
-0.450
0.280
0.280
1050 1350 2400
570 480 500 780 270 270 2130
洗衣机
排入城市污水管
DN32
接城市引入管
4200
4200
一层给排水平面详图 1:50
设计说明
1、底层给水引入管、排水排出管的埋置深度请建设单位现场核对。以便与室外管网衔接。
2、给水管采用镀锌钢管，螺纹连接；排水管采用塑料管，承插粘接。施工参考图集川87S301。
3、给排水管道穿越建筑物基础、楼板、墙体等处均应预留洞口，管道安装前应先核对各洞口，无误后再行安装。
4、给水系统水压试验，试水压0.80MPa；排水系统灌水、通水试验，试验方法及要求执行施工与验收规范。
5、埋地钢管刷沥青漆二道，室内钢管刷银粉漆二道。
6、室内卫生器具及配套阀件由建设单位选型，并向施工单位提供样品，以便调整楼板预留洞口。
7、本图未尽事宜另行协商。
××省建筑设计院
某别墅工程
总号
图别 水施
图号 1/2
比例
日期
审定
设计
制图
一、二层给排水平面详图

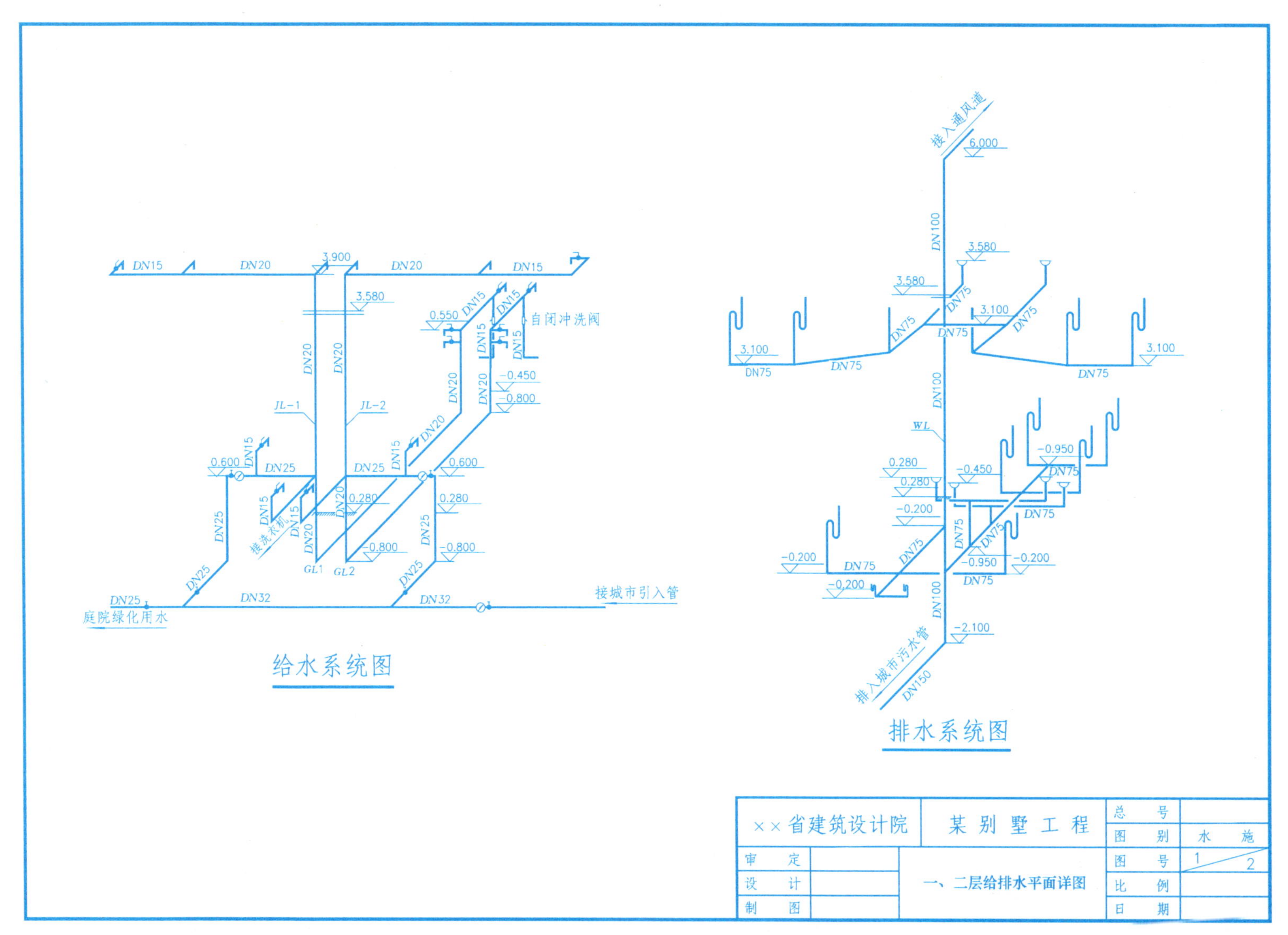
DN15
DN20
3.900
DN20
DN15
3.580
0.550
DN15
DN15
自闭冲洗阀
DN20
DN20
-0.450
-0.800
JL-1
JL-2
0.600
DN25
DN25
0.600
0.280
0.280
-0.800
-0.800
接洗衣机
GL1
GL2
DN25
DN32
DN32
庭院绿化用水
接城市引入管
给水系统图
接入通风道
6.000
DN100
3.580
3.580
DN75
3.100
3.100
3.100
WL
0.280
-0.450
-0.950
-0.200
-0.200
-2.100
排入城市污水管
DN150
排水系统图
××省建筑设计院
某别墅工程
总号
图别
水施
图号
1
2
审定
设计
制图
一、二层给排水平面详图
比例
日期

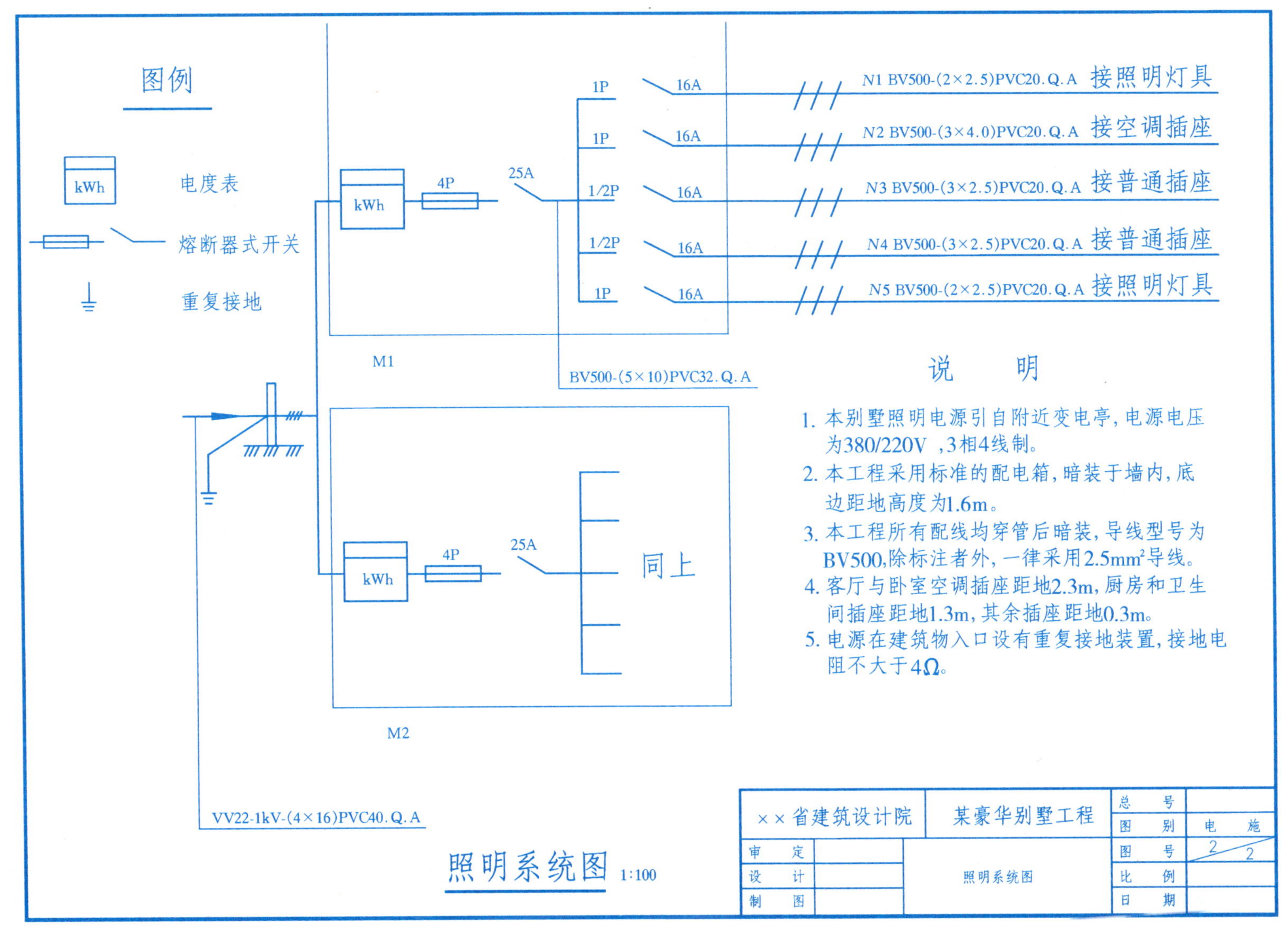

说明

1. 本别墅照明电源引自附近变电亭，电源电压为380/220V ，3相4线制。
2. 本工程采用标准的配电箱，暗装于墙内，底边距地高度为1.6m。
3. 本工程所有配线均穿管后暗装，导线型号为BV500，除标注者外，一律采用2.5mm²导线。
4. 客厅与卧室空调插座距地2.3m，厨房和卫生间插座距地1.3m，其余插座距地0.3m。
5. 电源在建筑物入口设有重复接地装置，接地电阻不大于4Ω。

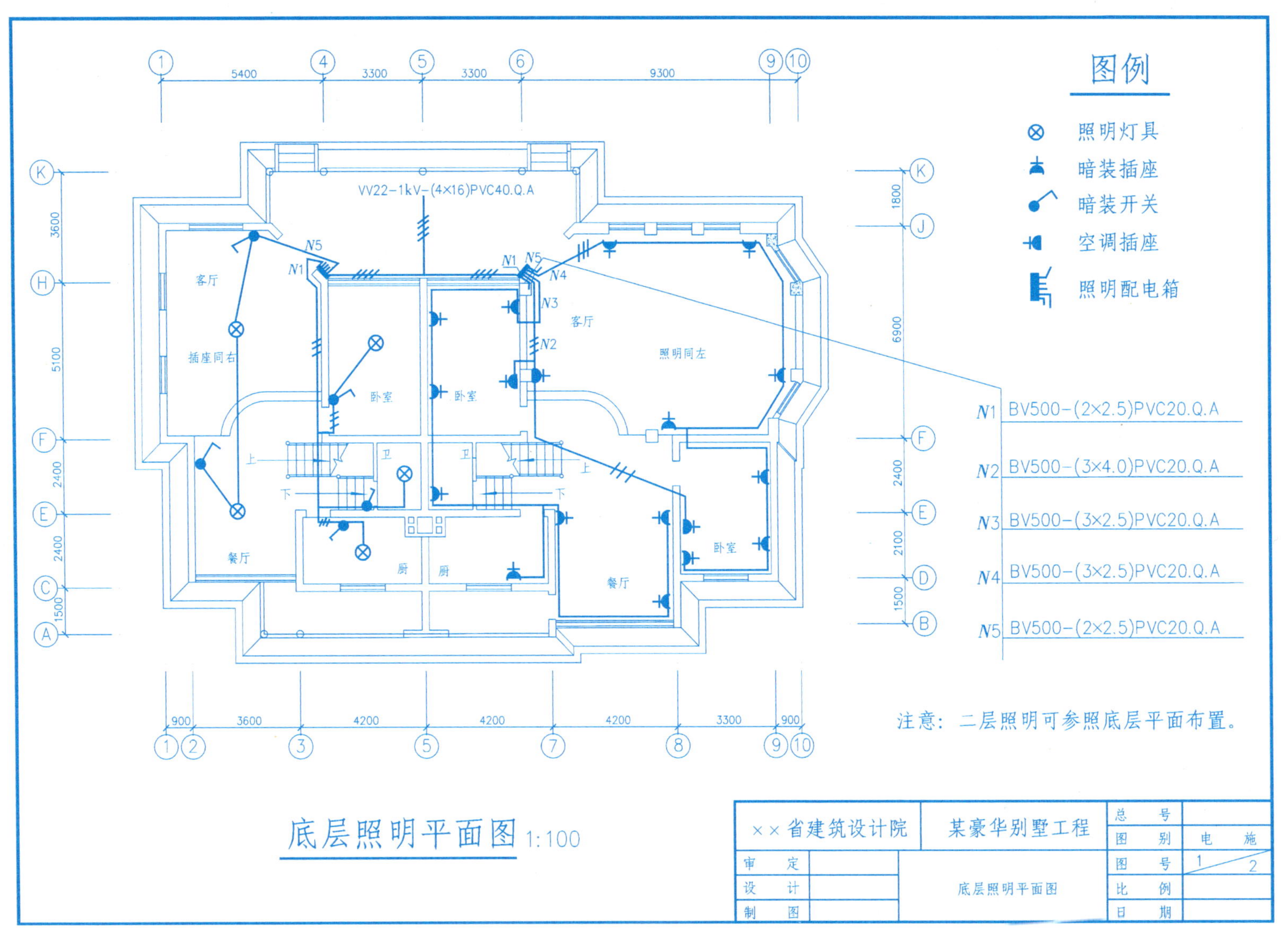

底层照明平面图 1:100

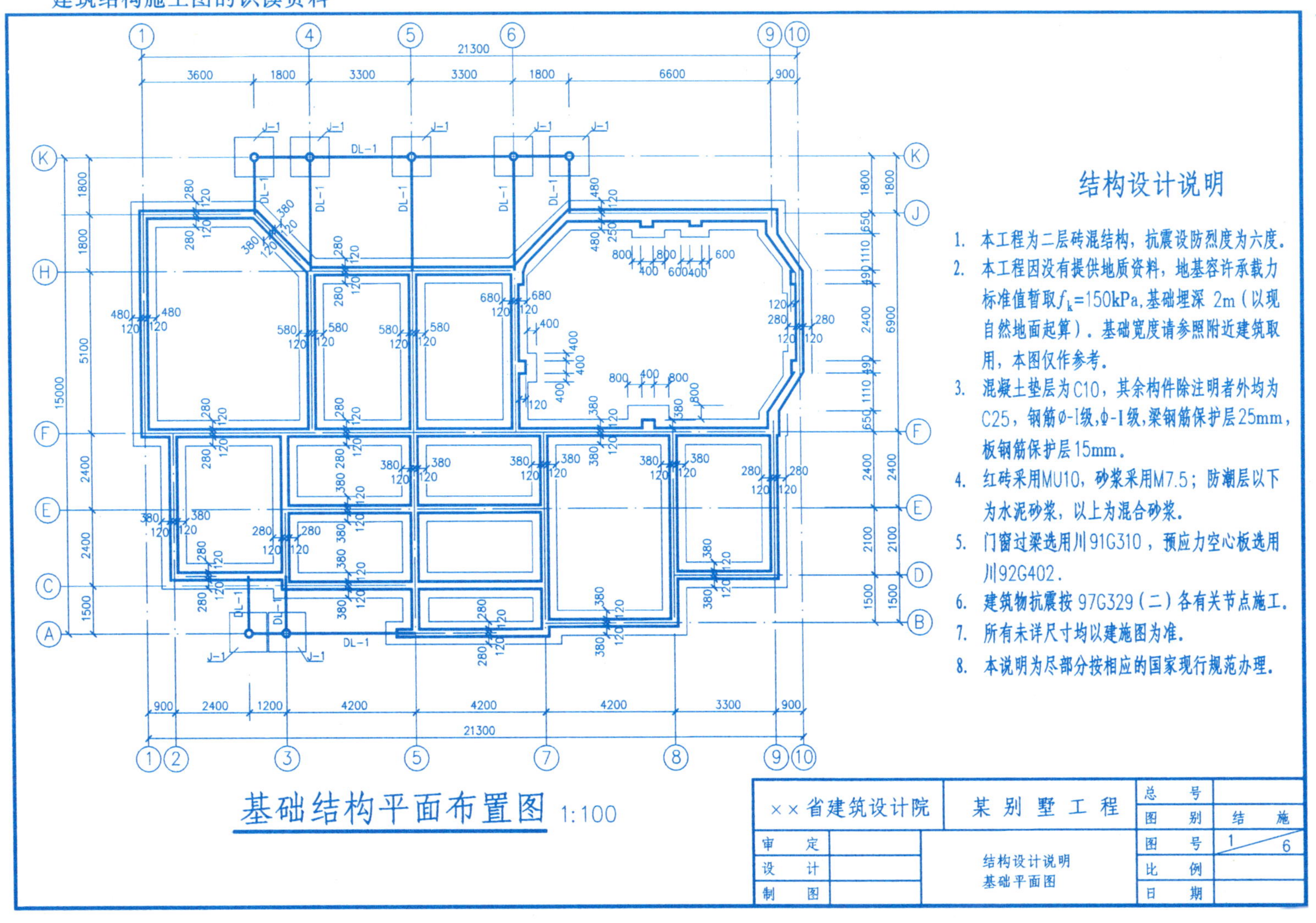
结构设计说明
1. 本工程为二层砖混结构，抗震设防烈度为六度。
2. 本工程因没有提供地质资料，地基容许承载力标准值暂取f_k=150kPa，基础埋深 2m（以现自然地面起算）。基础宽度请参照附近建筑取用，本图仅作参考。
3. 混凝土垫层为C10，其余构件除注明者外均为C25，钢筋φ-Ⅰ级，φ-Ⅰ级，梁钢筋保护层25mm，板钢筋保护层15mm。
4. 红砖采用MU10，砂浆采用M7.5；防潮层以下为水泥砂浆，以上为混合砂浆。
5. 门窗过梁选用川91G310，预应力空心板选用川92G402。
6. 建筑物抗震按 97G329（二）各有关节点施工。
7. 所有未详尺寸均以建施图为准。
8. 本说明为尽部分按相应的国家现行规范办理。
基础结构平面布置图 1:100
××省建筑设计院
某别墅工程
总号
图别 结施
图号 1/6
比例
日期
审定
设计
制图
结构设计说明
基础平面图
J-1
DL-1
21300
3600 1800 3300 3300 1800 6600 900
900 2400 1200 4200 4200 4200 3300 900
15000
6900
1800 1800 5100 2400 2400 1500
2100 1500

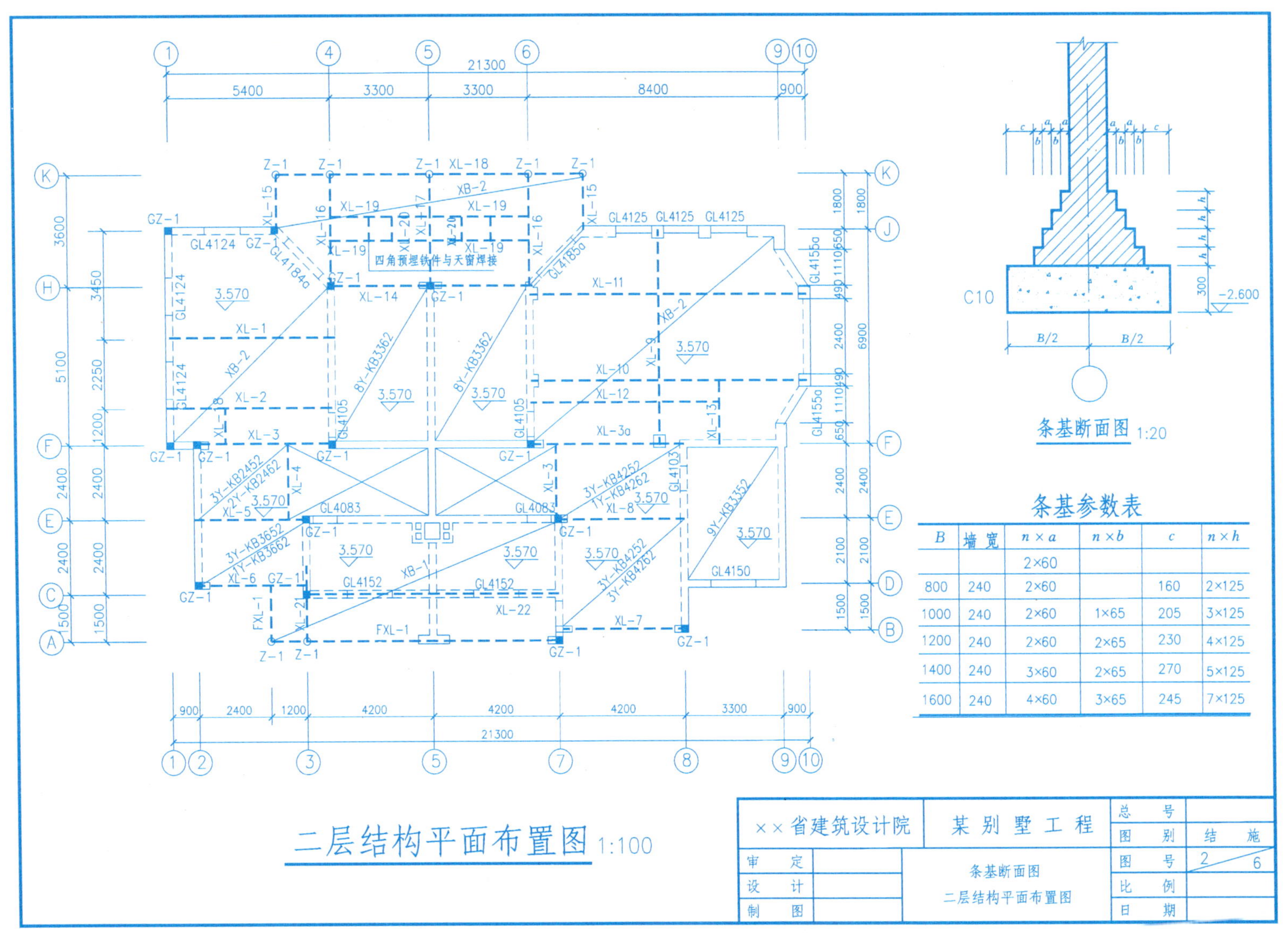

条基参数表

B	墙宽	$n\times a$	$n\times b$	c	$n\times h$
		2×60			
800	240	2×60		160	2×125
1000	240	2×60	1×65	205	3×125
1200	240	2×60	2×65	230	4×125
1400	240	3×60	2×65	270	5×125
1600	240	4×60	3×65	245	7×125

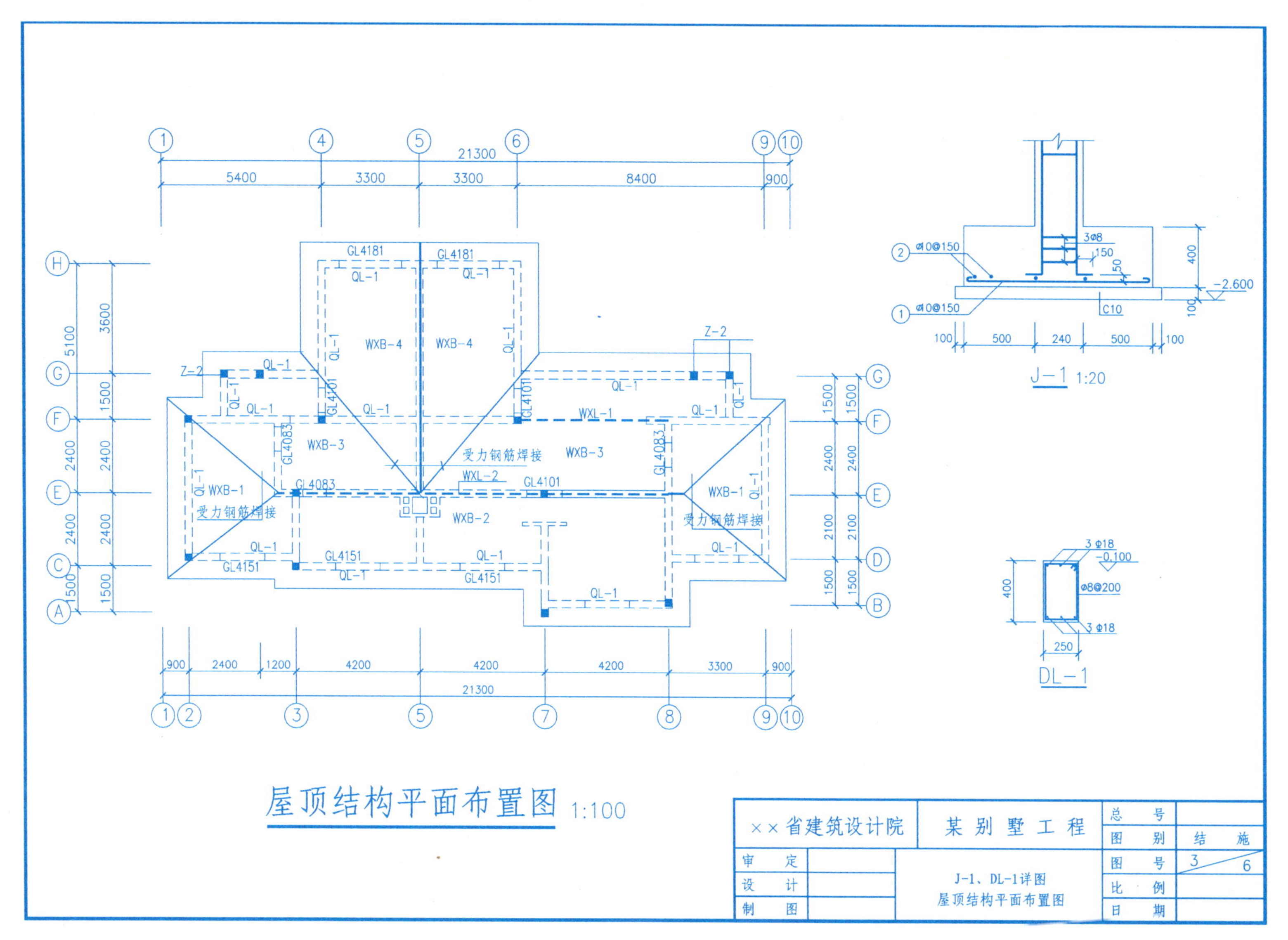

21300
5400
3300
3300
8400
900
GL4181
QL-1
WXB-4
WXB-4
Z-2
QL-1
GL4101
WXL-1
WXB-3
受力钢筋焊接
WXB-3
GL4083
WXL-2
GL4101
WXB-1
受力钢筋焊接
WXB-2
WXB-1
受力钢筋焊接
GL4151
2400
1200
4200
3300
5100
3600
1500
2100
J-1 1:20
2 ⌀10@150
1 ⌀10@150
3⌀8
150
50
400
100
-2.600
C10
500
240
DL-1
3 ⌀18
-0.100
⌀8@200
250
屋顶结构平面布置图 1:100
××省建筑设计院
某别墅工程
审定
设计
制图
J-1、DL-1详图
屋顶结构平面布置图
总号
图别
结施
图号
3/6
比例
日期

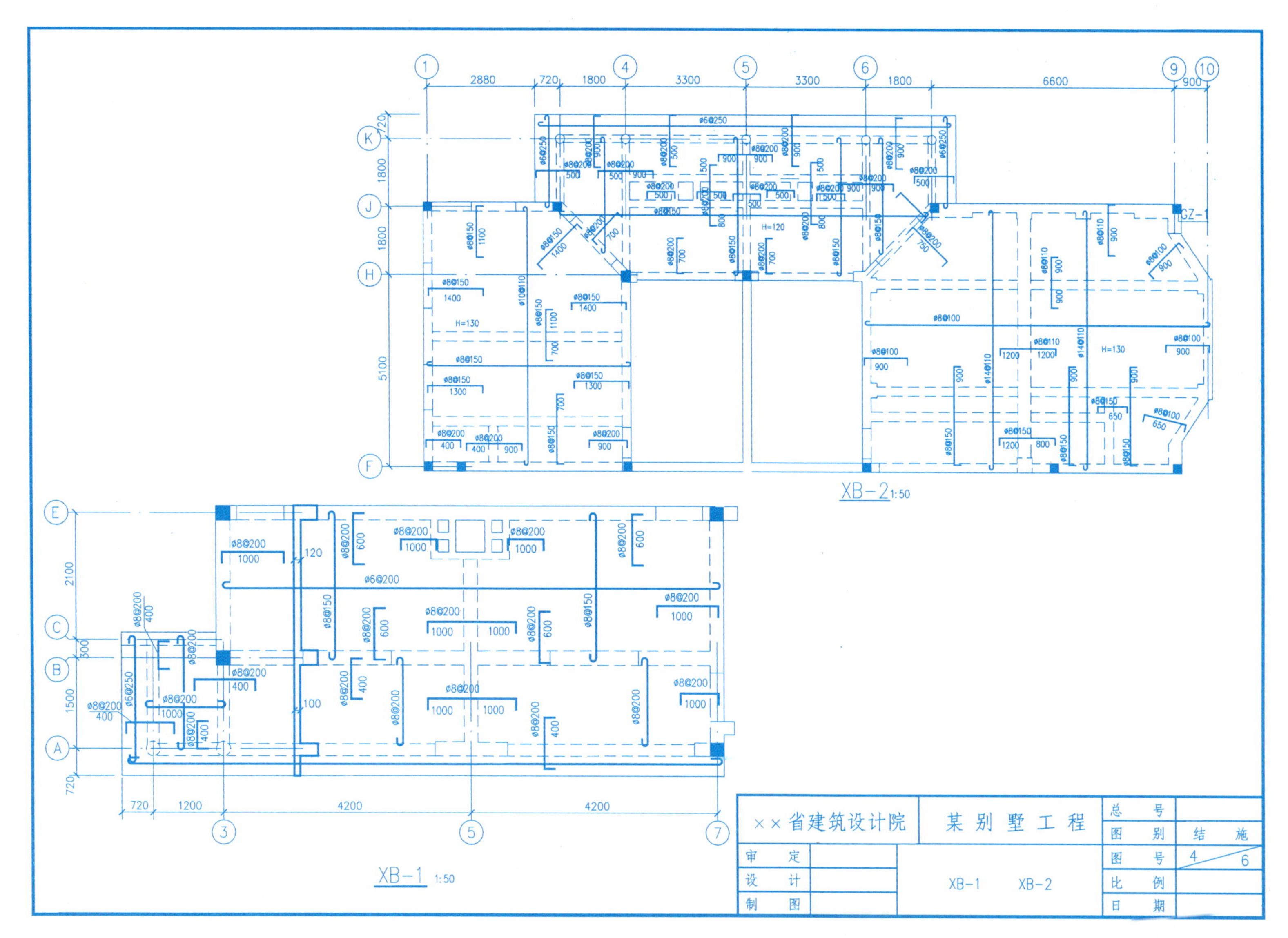
XB-2 1:50
XB-1 1:50
××省建筑设计院
某别墅工程
总号
图别
结施
图号
4
6
比例
日期
审定
设计
制图
XB-1
XB-2

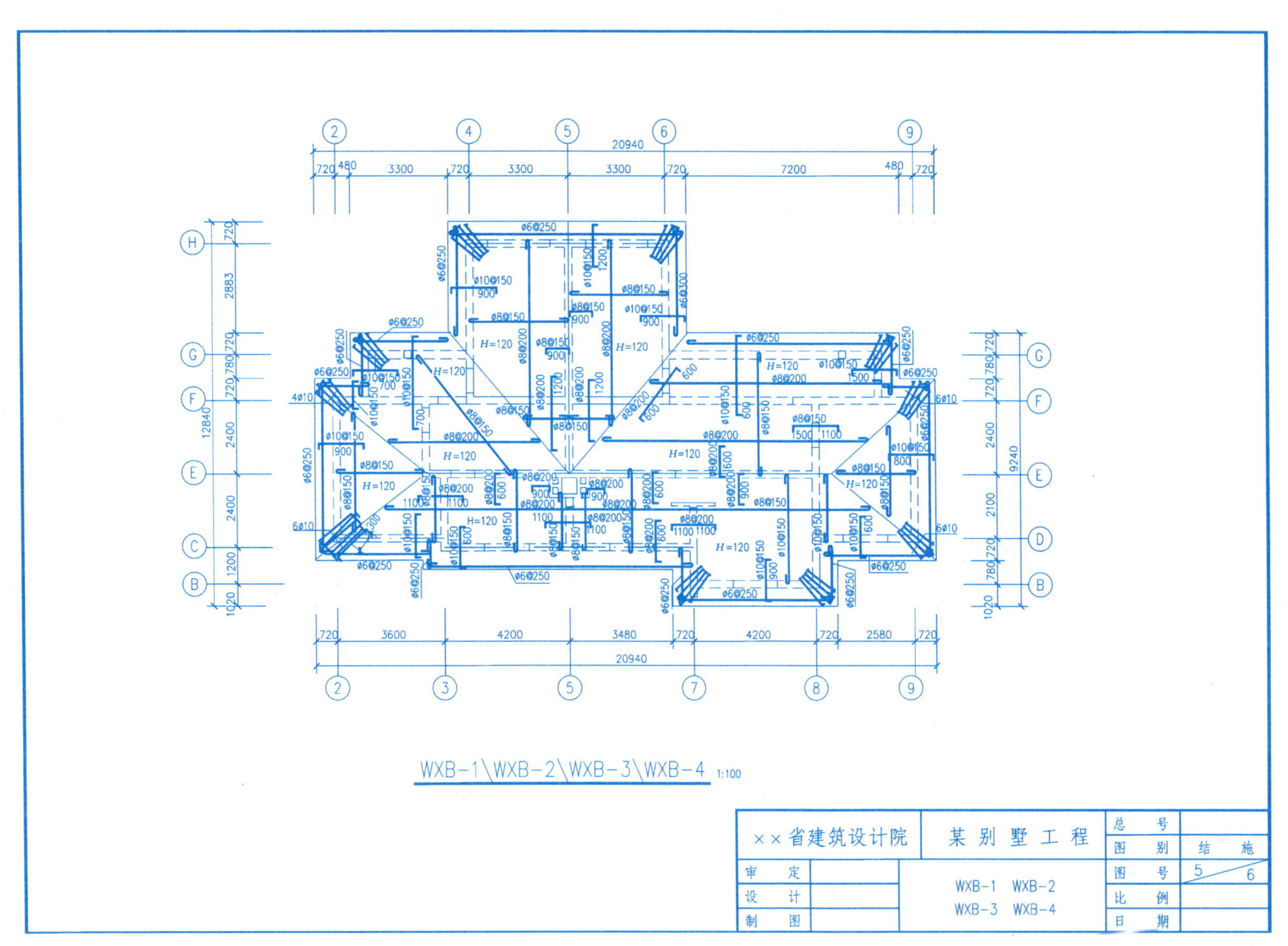

WXB-1\WXB-2\WXB-3\WXB-4 1:100
20940
720 480 3300 720 3300 3300 720 7200 480 720
720 3600 4200 3480 720 4200 720 2580 720
12840
720 2883 720 780 720 2400 2400 1200 1020
9240
720 780 720 2400 2100 720 780 1020
H=120
××省建筑设计院
某别墅工程
总号
图别
结施
图号
5
6
比例
日期
审定
设计
制图
WXB-1 WXB-2
WXB-3 WXB-4

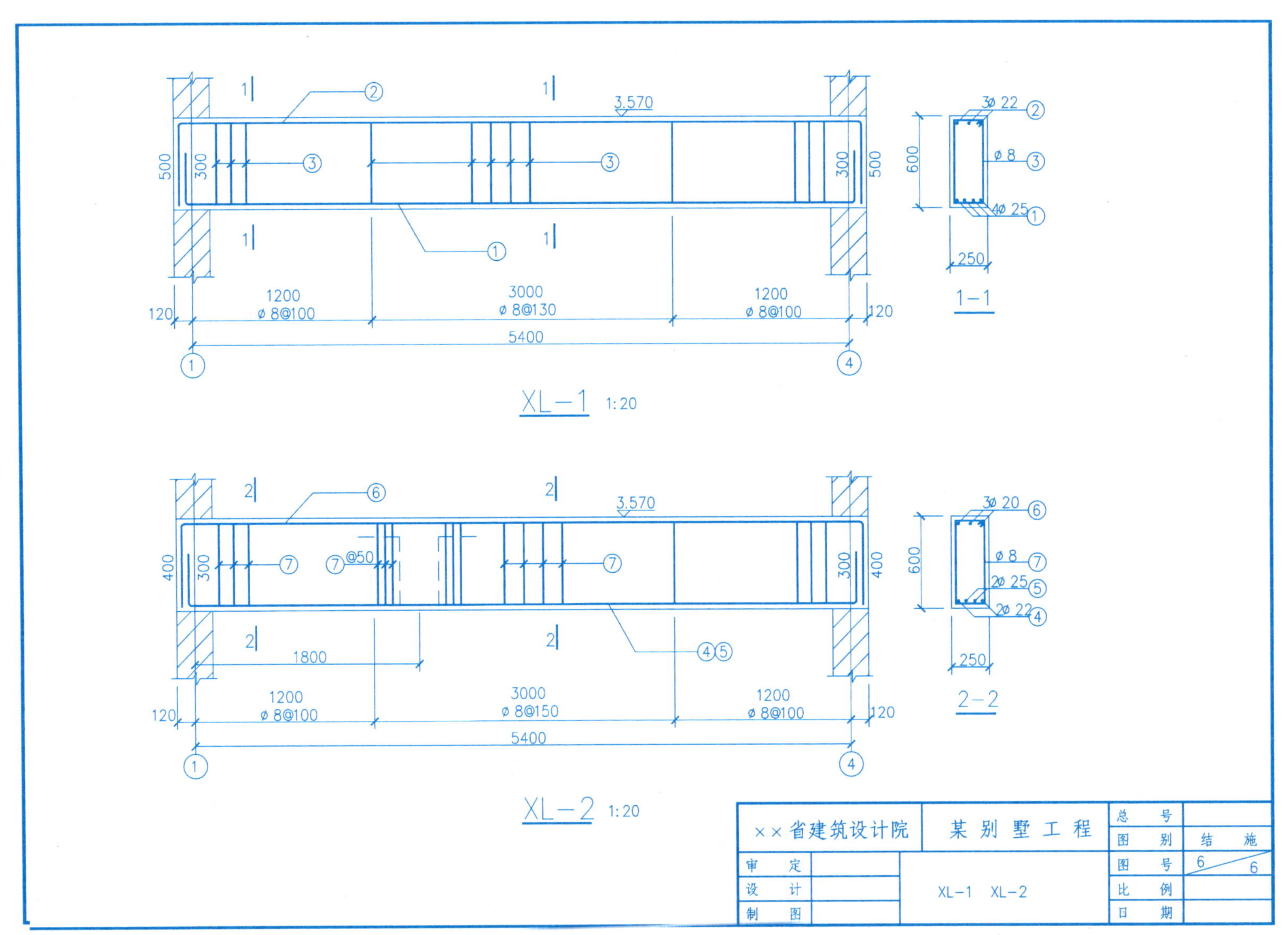

××省建筑设计院	某别墅工程	总　号	
		图　别	结　施
审　定	XL—1　XL—2	图　号	6 / 6
设　计		比　例	
制　图		日　期